工业和信息化普通高等教育“十二五”规划教材立项项目
21世纪高等教育计算机规划教材　21世纪高等学校应用型本科规划教材

U0914775

C语言程序设计

（第2版）

王洪海　郑利平 ◎ 主编
薛峰　杜秀全　李凌峰　徐丽萍　邵立　张春光 ◎ 副主编

计算机 程序

人 民 邮 电 出 版 社
北 京

图书在版编目（CIP）数据

C语言程序设计 / 王洪海，郑利平主编. -- 2版. -- 北京 : 人民邮电出版社，2016.2（2020.9重印）
21世纪高等教育计算机规划教材
ISBN 978-7-115-41000-9

Ⅰ. ①C… Ⅱ. ①王… ②郑… Ⅲ. ①C语言－程序设计－高等学校－教材 Ⅳ. ①TP312

中国版本图书馆CIP数据核字(2016)第015049号

内容提要

本书共分10章，首先简要介绍程序设计基础，然后分别系统地介绍C语言的数据类型与运算符、C语言的3种程序结构、数组与函数、指针与文件等相关知识。

本书面向初学者，内容通俗易懂，概念清晰，实践性强。本书提供了大量的实例与习题，注重各部分知识的综合应用训练。

本书适合作为高等学校本科、高职高专、成人高校的学生和其他初学者学习C程序设计的教材，也可供参加全国计算机等级考试（二级C）的读者选用。

◆ 主　　编　王洪海　郑利平
副 主 编　薛　峰　杜秀全　李凌峰　徐丽萍　邵　立　张春光
责任编辑　邹文波
责任印制　沈　蓉　彭志环
◆ 人民邮电出版社出版发行　北京市丰台区成寿寺路11号
邮编　100164　电子邮件　315@ptpress.com.cn
网址　http://www.ptpress.com.cn
北京七彩京通数码快印有限公司印刷
◆ 开本：787×1092　1/16
印张：16.75　　2016年2月第2版
字数：435千字　　2020年9月北京第5次印刷

定价：42.00元

读者服务热线：(010)81055256　印装质量热线：(010)81055316
反盗版热线：(010)81055315

参编及合作单位

（排名不分先后）

安徽三联学院

合肥工业大学

安徽大学

解放军电子工程学院

前　言

C 语言是目前世界上最流行、使用最广泛的高级程序设计语言之一。在对操作系统、系统应用及需要对硬件进行操作的场合中，用 C 语言明显优于用其他高级语言，因此，许多大型应用软件都是用 C 语言编写的。由于 C 语言功能强、使用灵活、可移植性好、目标程序质量好，从而受到编程者广泛的欢迎。

作为长期在教学一线工作的教学工作者，作者与众多优秀老师一起合作，于 2011 年编写并出版了《C 语言程序设计》教材，至今已经走过 4 个年头。《C 语言程序设计》教材自出版后得到了很多高校的专家、教师和学生的支持和关注，他们提出了很多宝贵的建议和意见，我们在此基础上，结合应用型本科高校人才培养需求，重新改写了部分章节，形成了《C 语言程序设计》(第 2 版)。

在新版教材中，我们沿袭了第 1 版中所遵循的知识讲授和能力训练并重的原则，在讲清基本知识的基础上，注意例题的选择，力求理论联系实际和循序渐进，注重培养读者分析问题和程序设计的能力，使读者养成良好的程序设计风格和习惯。另外，在第 2 版中，我们着重更新了部分例题和练习题，目的是逐步引导学生掌握程序设计的方法和技巧，突出应用实践编程能力。

全书共分 10 章，内容包括程序设计基础，C 语言概述，数据类型、运算符及表达式，程序控制结构，数组，函数，指针，结构体与共用体，文件，编译预处理等。与同类书相比，本书注重可读性和实用性，难点分散，努力用人们易于理解的方式清楚地叙述复杂的概念，具有体系合理、逻辑清楚、例题丰富、通俗易懂的特点。本书既可供 C 语言初学者学习使用，也可供参加全国计算机等级考试（二级 C）的读者选用。为了方便读者学习，本书配套教材《C 语言程序设计实验指导（第 2 版）》同期出版，以帮助读者梳理所学知识，掌握应会和必会内容。

本教材由安徽三联学院王洪海、合肥工业大学计算机与信息学院郑利平教授共同担任主编，其他参与编写工作的老师有薛峰、徐丽萍、张春光、李凌峰、杜秀全、邵立。全书由王洪海统稿并定稿。另外，教材的出版也得到了安徽三联学院校领导和人民邮电出版社的大力支持与帮助，在此一并表示衷心的感谢！

由于编者水平有限，书中难免存在错误和不妥之处，敬请广大读者批评指正。

编　者

2015 年 12 月

目 录

第1章 程序设计基础

1.1 程序设计的基本概念

电子计算机是 20 世纪人类最伟大、最杰出的科技发明之一，对人类社会的发展具有极其深远的影响。目前，计算机已经广泛而深入地渗透到人类社会的各个领域，极大地增加了人类认识世界和改造世界的能力。

一个完整的计算机系统由硬件系统和软件系统两大部分所组成。硬件是计算机系统中的物理装置的总称，它可以是电子的、机械的、光/电的元件或装置；软件是指在计算机硬件上运行的各种程序、数据和一些相关的文档、资料等。如果没有程序，计算机什么也不会做。

1.1.1 程序

从自然语言的角度来说，程序是对解决某个问题的方法步骤的描述；从计算机的角度来说，程序是用某种计算机能识别并可执行的计算机语言描述解决问题的方法步骤。

程序的特点是有始有终、每个步骤都能操作、所有步骤执行完对应问题要能得到解决。

例 1.1 求解任一圆的面积。

操作步骤如下。

第 1 步：输入圆的半径 R。

第 2 步：利用公式 S=3.14×R×R，求出圆的面积 S。

第 3 步：输出结果 S。

以上操作步骤就是求解任一圆面积的程序。

例 1.2 求 1～100 的和。

操作步骤如下。

第 1 步：初始化变量 S=0 和计数器 I=1。

第 2 步：S=S+I
　　　　I=I+1

第 3 步：判断计数器 I 的值有没有大于 100，如果没有，返回到第 2 步执行；否则执行第 4 步。

第 4 步：输出结果 S 的值。

以上操作步骤就是求 1～100 的和程序。

1.1.2 算法与数据结构

著名计算机科学家沃斯（N.Wirth）曾经提出过一个经典公式：程序=算法+数据结构。

1. 算法

程序设计的关键是解题的方法与步骤——算法，它反映了计算机的执行过程，是对解决特定问题操作步骤的一种描述。

算法可分为两大类：数值运算算法和非数值运算算法。数值运算算法即求数值解，通过运算得出一个具体值。数值运算一般有现成的模型，算法较成熟。非数值运算算法：用于事务管理，如图书检索、人事管理等，具体对语言而言，其语法就是工具，是算法的一个具体实现和描述。所以，在程序设计的学习中，一方面要熟练掌握高级语言的语法，因为它是算法实现的基础；另一方面，还要掌握程序设计的基本方法，更重要的是必须认识算法的重要性，加强思维训练，达到写出高质量程序的目的。下面先看两个常用的简单算法。

例 1.3 累加求：1+3+5+…+99。

操作步骤如下。

第 1 步：1+3→S（结果）

第 2 步：S+5→S（结果）

第 3 步：S+7→S（结果）

⋮

第 50 步：S+99→S（结果）

这样的算法虽然正确，但太烦琐。

改进的算法操作步骤如下。

第 1 步：初始化变量 S=0 和计数器 I=1。

第 2 步：S=S+I

I=I+2

第 3 步：判断计数器 I 的值有没有大于 99，如果没有，返回到第 2 步执行；否则执行第 4 步。

第 4 步：输出结果 S 的值。

一个优秀的算法应该具备以下特性。

（1）有穷性：一个算法在合理的范围内应包含有限的操作步骤，而不能是无限的。

（2）确定性：算法中每一个步骤应当是唯一的和确定无误的，而不能出现含糊、模棱两可而产生歧义的。

（3）有零个或多个输入：在执行算法时，需从外界得到必要的信息。

（4）有一个或多个输出：算法的目的是为了求解，解就是得到的输出。一个算法得到的结果就是该算法的输出，没有输出的算法是没有任何意义的。

（5）有效性：算法中每一个步骤应当能有效地执行，并得到确定的结果。

对于程序设计人员，必须会设计算法，并根据算法写出程序。

2. 常用算法的表示方法

算法的表示方法有很多种，常用的有自然语言描述、伪代码、流程图、N-S 图等。在这里重点介绍流程图和 N-S 图。

（1）用自然语言表示算法。

用自然语言表示算法的优点是通俗易懂，但文字冗长，易产生歧义。除了很简单的问题，一般不用自然语言表示算法。

（2）用流程图表示算法。

流程图是一种传统的算法表示法，它利用几何图形框来表示各种不同性质的操作，用流程线来指示算法的执行方向。

一个流程图包括：表示相应操作的框、带箭头的流程线以及框内外必要的文字说明。几何图形框的含义如图 1-1 所示。

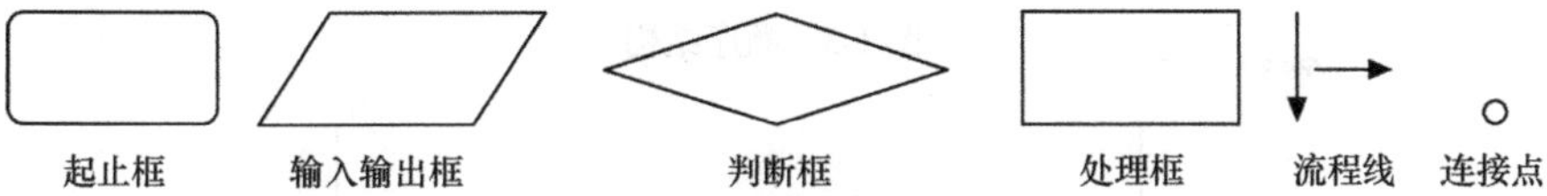

图 1-1　几何图形框的含义

例 1.4　用流程图表示例 1.3，如图 1-2 所示。

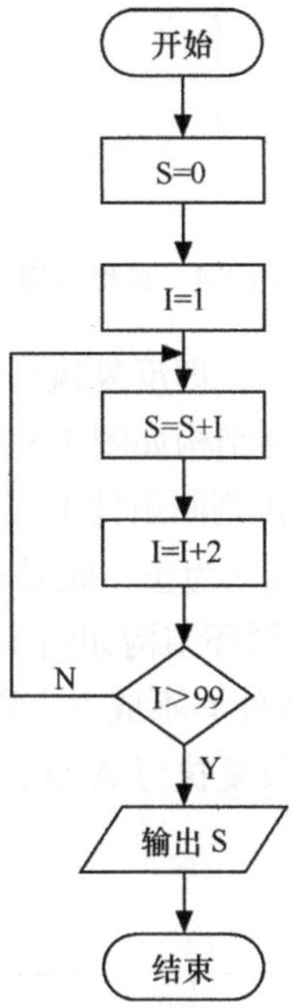

图 1-2　流程图示例

从上述例子可以看出，用流程图表示算法直观形象，易于理解，流程图是表示算法的良好工具。

注意，画流程线时，不要忘记画箭头，因为它是反映流程的执行先后次序的，如不画出箭头就很难判断各框的执行次序了。

根据结构化程序设计的思想，任何一个程序都由顺序、循环、选择 3 种基本结构组成，其流程图结构介绍如下。

① 顺序结构：如图 1-3 所示，虚线框内是一个顺序结构，其中 A 和 B 两个框是顺序执行的，即先执行 A，再执行 B。顺序结构是最简单的一种基本结构。

② 选择结构：选择结构又称分支结构。如图 1-4 所示，虚线框内是一个选择结构。注意，无论 P 条件是否成立，只能执行 A 框或 B 框之一，不可能两者都执行，如图 1-4 左图所示。其中，A 或 B 两个框中可以有一个是空的，即不执行任何操作，如图 1-4 右图所示。

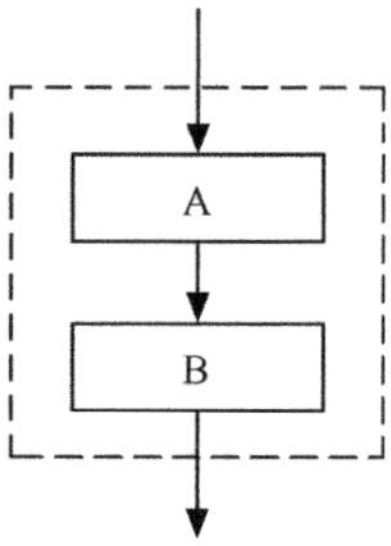

图 1-3　顺序结构

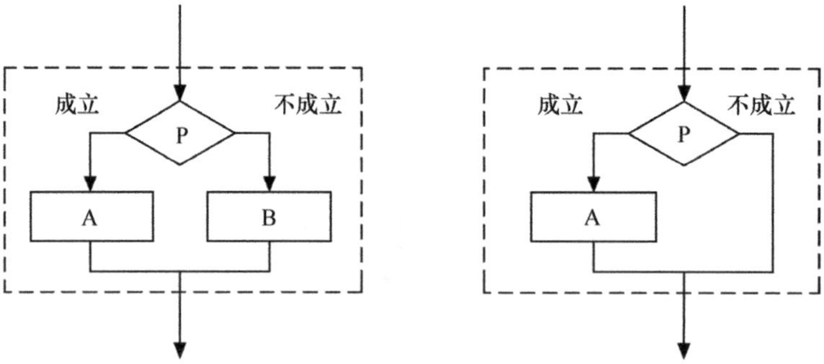

图 1-4　选择结构

③ 循环结构：循环结构又称重复结构，即反复执行某一部分的操作。循环结构有两种类型。

a. 当（while）型循环结构。当型循环结构如图 1-5 左图所示。它的功能是：当给定的条件 P 成立时，执行 A 框操作，执行完 A 后，再判断条件 P 是否成立，如果仍然成立，再执行 A 框，如此反复执行 A 框，直到某次 P 条件不成立为止，此时不再执行 A 框，而是脱离循环结构。

b. 直到（until）型循环结构。直到型循环结构如图 1-5 右图所示。它的功能是：先执行 A 框，然后判断给定的条件 P 是否成立，如果条件 P 不成立，则再执行 A 框，然后再对条件 P 作判断，如条件 P 仍不成立，又执行 A 框，如此反复执行 A 框，直到给定的条件 P 成立为止，此时不再执行 A 框，而是脱离循环结构。

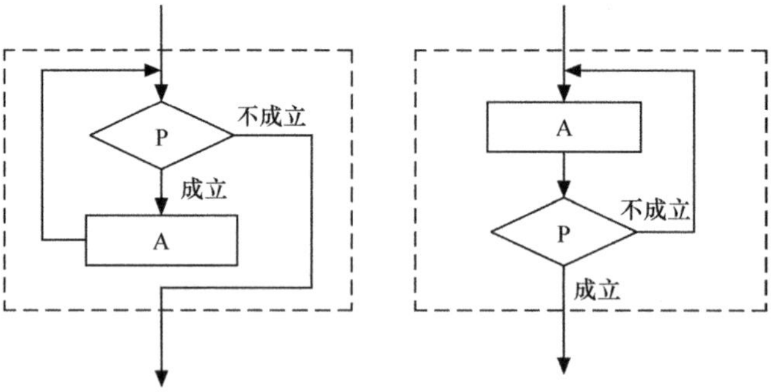

图 1-5　循环结构

以上 3 种基本结构，具有以下的共同特点。

- 只有一个入口。
- 只有一个出口。
- 结构内的每一部分都有机会被执行到。

- 结构内不存在“死循环”。

（3）用 N-S 流程图表示算法。

用流程图表示算法的优点是直观形象、表示清晰、易于理解，缺点是流程图占篇幅较多，当算法复杂时，画流程图费时且不方便。1973 年美国学者提出了一种新型流程图，即 N-S 流程图。N-S 流程图适合于结构化程序设计，因而作为编程人员，传统流程图和 N-S 流程图的使用方法都应掌握。用 N-S 流程图表示顺序结构、选择结构和循环结构分别如图 1-6、图 1-7 和图 1-8 所示。

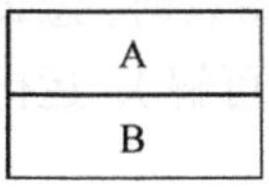

图 1-6 N-S 流程图顺序结构

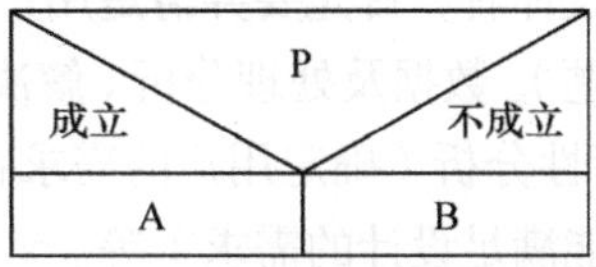

图 1-7 N-S 流程图选择结构

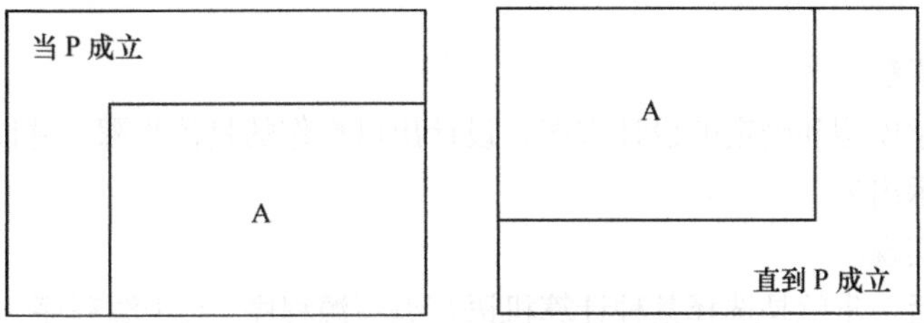

图 1-8 N-S 流程图循环结构

（4）用伪代码表示算法。

伪代码就是用介于自然语言和计算机语言之间的文字和符号来描述算法，它不必遵守严格的语法规则。

（5）用计算机语言表示算法。

我们的任务是用计算机解题，就是用计算机实现算法。用计算机语言表示算法必须严格遵守所用的语言的语法规则，这是和伪代码不同的。下面将对前面介绍过的例 1.4 的算法用 C 语言表示。

例 1.5 用 C 语言表示例 1.4。

```
(1_5.c)
#include<stdio.h>
void main()
{
  int i,s;
  i=2;
  s=0;
  do
  {
    s=s+i;
    i=i+2;
  }
  while(i<=99);
  printf("sum is %d\n",s);
}
```

数据结构是对参与运算的数据及它们之间的关系进行的描述，算法和数据结构是程序的两个重要方面。

1.2 程序设计的一般步骤

程序设计过程一般包括3个基本步骤。

第1步：分析问题。

作为一名程序设计者，首先要弄清楚用户的具体需求，在这里要进行用户需求分析（弄清楚用户要解决什么问题）、数据及处理分析（解决问题时需要哪些原始数据、怎么获得以及怎样处理这些数据等）、可行性分析（确定用户的需求在现有的条件下是否可解）、运行环境分析（计算机的硬件和软件是否能满足设计的需求）等。

设计者在以上分析的基础上，将实际的问题抽象化并建立相应的数学模型，最终确定设计方案。

第2步：确定算法。

根据选取的数学模型和确定的设计方案，设计出可操作的具体步骤，并以流程图的形式将算法清晰、直观地表示出来。

第3步：编程实现。

程序设计的最后一步就是选择某种计算机语言编写源程序。对于源程序，应包含注释的语句，以描述程序各个部分做何种工作。此外，编程实现还应包含程序的调试与运行。调试主要是为了测试程序在运行过程中出现的一些错误。一旦程序运行情况良好，该源程序应以文件的形式固定保留下来，以便于维护和修改。

1.3 结构化程序设计方法

结构化程序设计是以模块化设计为中心，将待开发的软件系统划分为若干个相互独立的模块，是以模块化设计为中心，将待开发的软件系统划分为若干个相互独立的模块，这样的每一个模块不会受到其他模块的牵连，因而可将原来较为复杂的问题简化为一系列简单模块的设计，使完成每一个模块的工作变得单纯而明确，为设计一些较大的软件打下了良好的基础。结构化程序设计的具体方法如下。

（1）自顶向下。

（2）逐步细化。

（3）模块化设计。

（4）结构化编码。

结构化程序设计的基本思想是采用“自顶向下，逐步求精”的程序设计方法和“单入口单出口”的控制结构。自顶向下、逐步求精的程序设计方法从问题本身开始，经过逐步细化，将解决问题的步骤分解为由基本程序结构模块组成的结构化程序框图；“单入口单出口”的思想认为，一个复杂的程序，如果它仅是由顺序、选择和循环3种基本程序结构通过组合、嵌套构成，那么这个新构造的程序一定是一个单入口单出口的程序。据此就很容易编写出结构良好、易于调试的程序来。

小　　结

本章简要介绍了程序设计的基本概念、什么是程序以及程序设计的一般步骤、结构化程序设计方法等。本章的难点是给出一个问题，怎样设计出合适的算法并表示出来。

习 题 1

1. 什么是程序？
2. 程序设计过程一般有哪 3 个基本步骤？
3. 结构化程序设计的方法是什么？

第 2 章 C 语言概述

2.1 C 语言的发展及其特点

2.1.1 C 语言的发展简史

1972 年，贝尔实验室的布朗・W.卡尼汉（Brian W.Kernighan）和丹尼斯・M.利奇（Dennis M.Ritchie）对 B 语言进行了完善和扩充，在保留 B 语言强大的硬件处理能力的基础上，扩充了数据类型，恢复了通用性，实现了最初的 C 语言。此后，为了让 C 语言成为在任何计算机上都能运行的通用计算机语言，1977 年，由两人合写了著名的《THE C PROGRAMMING LANGUAGE》一书。

随着微型机的普及，出现了不同版本的 C 语言，为了统一标准，美国国家标准协会（American National Standards Institute）于 1987 年制定了一个 C 语言标准，通常称之为 ANSI C。

C 语言是当今最流行的程序设计语言之一，它适合作为系统描述语言，既可以用来编写系统软件，也可以用来编写应用软件。目前最流行的 C 语言有以下几种。

- Microsoft C 或称 MS C。
- Borland Turbo C 或称 Turbo C。
- AT&T C。

这些 C 语言版本不仅实现了 ANSI C 标准，而且在此基础上各自作了一些扩充，使之更加方便、完美。

2.1.2 C 语言的特点

C 语言之所以发展迅速，而且成为最受欢迎的语言之一，主要是因为它具有强大的功能。许多著名的系统软件，如 UNIX/Linux、Windows、dBASE Ⅲ PLUS、dBASE Ⅳ，都是由 C 语言编写的。用 C 语言加上一些汇编语言子程序，就更能显示 C 语言的优势，像 PC-DOS、WordStar 等就是用这种方法编写的。

归纳起来，C 语言具有下列特点。

（1）语言简洁、紧凑，使用方便、灵活。C 语言一共只有 32 个关键字，9 种控制语句，程序书写形式自由，主要用小写字母表示，压缩了一切不必要的成分。

（2）运算符丰富。C 的运算符包含的范围很广泛，共有 34 种运算符。C 把括号、赋值、强制类型转换等都作为运算符处理，从而使 C 的运算类型极其丰富，表达式类型多样化。灵活使用各种运算符可以实现在其他高级语言中难以实现的运算。

（3）数据结构丰富，具有现代化语言的各种数据结构。C 的数据类型有整型、实型、字符型、数组类型、指针类型、结构体类型、共用体类型等，能用来实现各种复杂的数据结构（如链表、树、栈等）的运算。

（4）具有结构化的控制语句（如 if…else 语句、while 语句、do…while 语句、switch 语句、for 语句）。用函数作为程序的模块单位，便于实现程序的模块化。C 是良好的结构化语言，符合现代编程风格的要求。

（5）语法限制不太严格，程序设计自由度大。例如，对数组下标越界不作检查，由程序编写者自己保证程序的正确；对变量的类型使用比较灵活，如整型数据与字符型数据可以通用；一行可以写多个语句等。

一般的高级语言语法检查比较严，能检查出几乎所有的语法错误；而 C 语言允许程序编写者有较大的自由度，因此，放宽了语法检查。程序员应当仔细检查程序，保证其正确，而不要过分依赖 C 编译程序去查错。“限制”与“灵活”是一对矛盾，限制严格，就失去灵活性；而强调灵活，就必然放松限制。对于一个对 C 语言使用不熟练的编程人员，编一个正确的 C 程序可能会比编一个其他高级语言程序难一些。也就是说，对于用 C 语言的人，要求对程序设计更熟练一些。

（6）C 语言能进行位（bit）操作，能实现汇编语言的大部分功能，可以直接对硬件进行操作。因此，C 既具有高级语言的功能，又具有低级语言的许多功能，可用来写系统软件。C 语言的这种双重性，使它既是成功的系统描述语言，又是通用的程序设计语言。

（7）生成目标代码质量高，程序执行效率高，与汇编语言相比，用 C 语言写的程序可移植性好。C 语言一般只比汇编程序生成的目标代码效率低 10%～20%，基本上不用修改就可以用于各种计算机系统。

2.2　简单的 C 程序介绍

2.2.1　简单的 C 程序

为了说明 C 语言源程序结构的特点，先看以下几个程序。这几个程序由简到难，表现了 C 语言源程序在组成结构上的特点。虽然有关内容还未介绍，但可从这些例子中了解到组成一个 C 源程序的基本部分和书写格式。

例 2.1　输出指定字符串。

```
  (2_1.c)
#include<stdio.h>
void main()
{
 printf("Hello, this is a c programming language.\n");/*输出 C 程序语言字符串*/
}
```

程序运行结果：

```
Hello, this is a c programming language.
```

例 2.2 计算指定圆的面积。

```
  (2_2.c)
#include<math.h>
#include<stdio.h>
void main()
{
  float r,s;                            /*定义两个实型变量*/
  printf("input number:\n");
  scanf("%f",&r);                       /*输入数字*/
  s=3.14*r*r;                           /*计算指定函数关系式的结果*/
  printf("%f\n",s);                     /*按指定格式输出*/
}
```

程序运行结果：

```
input number:
2
12.560000
```

在前两个例子中用到了输入和输出函数 scanf 和 printf，为了便于理解，这里先简单介绍一下它们的格式，以便下面使用。

scanf 和 printf 这两个函数分别称为格式输入函数和格式输出函数，其意义是按指定的格式输入/输出值。这两个函数的一般形式为

```
printf 或 scanf(格式控制,参数表)
```

格式控制是一个字符串，必须用双引号括起来，它表示了输入/输出量的数据类型。各种类型的格式表示法可参阅后续章节。在 printf 函数中还可以在格式控制内出现非格式控制字符，这时在显示屏幕上将按原样输出。参数表中给出了输入或输出的量，当有多个量时，用逗号间隔。例如：

```
printf("%f\n",s);
```

其中，%f 为格式字符，对应变量 s，表示 s 按实数处理。

例 2.3 求两个数的最小值。

```
  (2_3.c)
#include<stdio.h>
int min(int x,int y)                    /*定义 min 函数*/
{
  int m;
  if(x<y)
   m=x;
  else
   m=y;
  return m;                             /*把结果返回主调函数*/
}
void main()                             /*主函数入口，程序执行起点*/
{
  int a,b,c;                            /*变量说明*/
  int min(int a,int b);                 /*函数说明*/
  printf("input two numbers:a,b\n");
  scanf("%d,%d",&a,&b);                 /*输入 a、b 的值*/
  c=min(a,b);                           /*调用 min 函数*/
```

```
    printf("min=%d\n",c);                /*输出两数的最小值*/
}
```

程序运行结果：

```
input two numbers:a,b
3,4
min=3
```

2.2.2　C 源程序的结构特点

C 源程序的结构特点如下。

（1）一个 C 语言源程序可以由一个或多个源文件组成。

（2）每个源文件可由一个或多个函数组成。

（3）一个源程序不论由多少个文件组成，都有一个且只能有一个 main 函数，即主函数。

（4）源程序中可以有预处理命令（include 命令仅为其中的一种），预处理命令通常应放在源文件或源程序的最前面。

（5）每一个说明、每一个语句都必须以分号结尾。但预处理命令、函数头和花括号“}”之后不能加分号。

（6）标识符、关键字之间必须至少加一个空格以示间隔。若已有明显的间隔符，也可不再加空格来间隔。

2.2.3　C 源程序的书写规则

从书写清晰，便于阅读、理解、维护的角度出发，在书写程序时应遵循以下规则。

（1）一个说明或一个语句占一行。

（2）用{}括起来的部分通常表示了程序的某一层次结构。{}一般与该结构语句的第 1 个字母对齐，并单独占一行。

（3）低一层次的语句或说明可比高一层次的语句或说明缩进若干字符后书写，以便看起来更加清晰，增加程序的可读性。

在编程时应力求遵循这些规则，以养成良好的编程风格。

2.3　运行 C 语言程序的基本步骤

写好一个程序后，要经过这样几个步骤：上机输入与编辑源程序→对源程序进行编译→与库函数链接→运行目标程序。以上过程如图 2-1 所示，其中实线表示操作流程，虚线表示文件的输入和输出。

本书所有例题均可在 Turbo C 2.0 上实现。Turbo C 是美国 Borland 公司的产品，该公司相继推出了一套 Turbo 系列软件，如 Turbo BASIC、Turbo Pascal、Turbo Prolog，这些软件很受用户欢迎。该公司在 1987 年首次推出 Turbo C 1.0 产品，其中使用了全然一新的集成开发环境，即使用了一系列下拉式菜单，将文本编辑、程序编译、链接以及程序运行一体化，大大方便了程序的开发。Turbo C 2.0 是该公司 1989 年推出的，它在原来集成开发环境的基础上增加了查错功能，并可以在 Tiny 模式下直接生成.COM（数据、代码、堆栈处在同一 64 KB 内存中）文件，还可对数学协处理器（支持 8087/80287/80387 等）进行仿真。

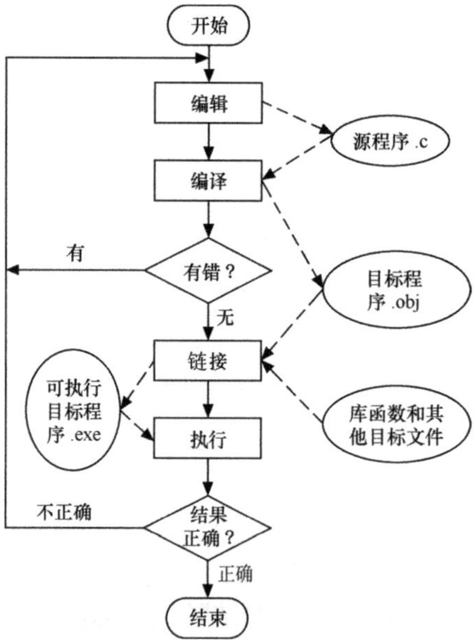

图 2-1　C 语言运行的流程图

小　　结

本章主要介绍了 C 语言的发展、C 语言的特点，并从一些简单的 C 程序入手，介绍了 C 源程序的结构特点、书写规则和运行基本步骤。本章难点是在实际编写 C 程序的过程中书写格式的把握。

习 题 2

1. 简述 C 语言的特点。
2. 简述 C 语言源程序的结构特点和书写规则。
3. C 程序运行的基本步骤有哪些？

第 3 章 数据类型、运算符及表达式

3.1 C 语言的数据类型

C 语言是一种强类型语言，程序在处理数据之前，要求数据具有明确的数据类型。所谓数据类型是按被定义变量的性质、表示形式、占据存储空间的多少和构造特点来划分的。C 语言支持的数据类型非常丰富，包括基本数据类型、构造数据类型、指针类型、空类型及定义类型 5 大类，具体如图 3-1 所示。

- 数据类型
  - 基本数据类型
    - 字符类型
    - 整型
      - 短整型 short
      - 整型 int
      - 长整型 long
    - 实型
      - 单精度型 float
      - 双精度型 double
    - 枚举型
  - 构造数据类型
    - 数组类型
    - 结构体类型 struct
    - 共用体类型 union
  - 指针类型
  - 空类型 void
  - 定义类型 typedef

图 3-1　C 语言数据类型

基本数据类型是编译系统已定义的类型，其特点是它的值不可以再分解为其他类型。构造数据类型是用户自定义的类型，是根据已定义的一个或多个数据类型构造出来的。一个构造类型的值可以最终分解为基本数据类型的若干个“成员”或“元素”。在 C 语言中，构造数据类型主要有数组类型、结构体类型和共用体（联合）类型。指针类型是一种特殊的又非常重要的数据类型，它用来表示某个变量在内存储器中的存放地址。指针提供了动态处理变量的能力，使得 C 语言在应用上更加灵活。指针变量不同于整型量，它们一个代表地址、一个代表数值，一定不能混淆了。其类型说明符为“*”。在后续章节中对指针类型作详细介绍。空类型的主要用途有两个，一是在调用函数值时用作函数的返回类型；二是用作指针的基本类型，描述一个可以指向任何数据的指

针。其类型说明符为 void。

本章主要先介绍基本数据类型中的整型、实型和字符型，其他数据类型在后续章节介绍。

3.2 标识符与关键字

1. 标识符

标识符用来标识变量名、符号常量名、函数名、数组名、类型名、文件名的有效字符序列。简单地说，标识符就是一个名字。

C 规定，标识符只能是字母（A～Z，a～z）、数字（0～9）和下画线（_）组成的字符串，并且其第一个字符必须是字母或下画线。在使用标识符时还必须注意以下几点。

（1）标准 C 不限制标识符的长度（字符个数），但它受各种版本的 C 语言编译系统限制，同时也受到具体机器的限制。例如，在某版本 C 中规定标识符前 8 位有效，当两个标识符前 8 位相同时，则被认为是同一个标识符。

（2）在标识符中，大小写是有区别的，如 BOOK 和 book 是两个不同的标识符。

（3）标识符虽然可由程序员随意定义，但标识符是用于标识某个量的符号，因此，命名应尽量有相应的意义，以便阅读理解，做到“顾名思义”。

（4）不能与 C 编译系统已经预定义的、具有特殊用途的保留标识符（即关键字）同名。例如，不能将标识符命名为 float、auto、break、case、this、try、for 等。

下面列出的是合法的标识符，可以作为变量名用：sum、_average、stud_id、a123、b_1_2。

下面是不合法的标识符：M.D.Tom、#33、3ds 等。

2. 关键字

关键字就是 C 语言中已经被赋予特定意义的一些单词，不可以把这类词作为名字来用。C 的关键字有：auto、break、case、char、const、continue、default、do、double、else、enum、extern、float、for、goto、if、int、long、register、return、short、signed、static、sizeof、struct、switch、typedef、union、unsigned、void、volatile、while。

3.3 常　　量

C 语言中存在着两种表征数据的形式：常量和变量。值不能被改变并且不用存放在内存中的量称为常量。常量与数据类型结合起来分类，如整型常量、实型常量、字符型常量、字符串常量和符号常量。在编程过程中，常量是可以不经说明而直接引用的。

3.3.1 整型常量

整型常量就是整常数。在 C 语言中，使用的整常数有八进制、十六进制和十进制 3 种。

1. 整型常量的表示

十进制整常数：十进制整常数没有前缀，其数码为 0～9。

以下各数是合法的十进制整常数：237、-568、65535、1627。

以下各数不是合法的十进制整常数：023（不能有前导 0）、23D（含有非十进制数码）。

八进制整常数：八进制整常数必须以 0 开头，即以 0 作为八进制数的前缀。其数码取值为 0～7。八进制数通常是无符号数。

以下各数是合法的八进制数：015（十进制为 13）、0101（十进制为 65）、0177777（十进制为 65535）。

以下各数不是合法的八进制数：256（无前缀 0）、03A2（包含了非八进制数码）、−0127（出现了负号）。

十六进制整常数：十六进制整常数的前缀为 0X 或 0x。其数码取值为 0～9，A～F 或 a～f。

以下各数是合法的十六进制整常数：0X2A（十进制为 42）、0XA0（十进制为 160）、0XFFFF（十进制为 65535）。

以下各数不是合法的十六进制整常数：5A（无前缀 0X）、0X3H（含有非十六进制数码）。

2. 整型常数的后缀

在 16 位字长的机器上，基本整型的长度也为 16 位，因此，表示的数的范围也是有限定的。十进制无符号整常数的表示范围为 0～65535，有符号数为−32768～+32767。八进制无符号数的表示范围为 0～0177777。十六进制无符号数的表示范围为 0X0～0XFFFF 或 0x0～0xFFFF。如果使用的数超过了上述范围，就必须用长整型数来表示。长整型数是用后缀“L”或“l”来表示的。举例如下。

十进制长整常数：158L（十进制为 158）、358000L（十进制为 358000）。

八进制长整常数：012L（十进制为 10）、077L（十进制为 63）、0200000L（十进制为 65536）。

十六进制长整常数：0X15L（十进制为 21）、0XA5L（十进制为 165）、0X10000L（十进制为 65536）。

长整数 158L 和基本整常数 158 在数值上并无区别，但对 158L，因为是长整型量，C 编译系统将为它分配 4 字节存储空间；而对 158，因为是基本整型，只分配 2 字节的存储空间。因此，在运算和输出格式上要予以注意，避免出错。

无符号数也可用后缀表示，整型常数的无符号数的后缀为“U”或“u”。例如：358u、0x38Au、235Lu 均为无符号数。

前缀、后缀可同时使用，以表示各种类型的数，如 0XA5Lu 表示十六进制无符号长整数 A5，其十进制数为 165。

3.3.2　实型常量

实型也称为浮点型。浮点数均为有符号浮点数，没有无符号浮点数，只采用十进制表示。它有两种形式：十进制小数形式和指数形式。

（1）十进制小数形式：它由数码 0～9 和小数点组成（必须有小数点）。一般数值不是很大或很小的采用这种形式表示，这种形式方便易读。例如，0.56、25.0、5.789、0.13、5.0、0.0、−267.8230 等均为合法的实数。

（2）指数形式：指数表示法又称科学记数法。该表示形式由十进制数加阶码标志“e”或“E”组成。对于过大或过小的数值采用这种形式表示，这种形式简明清晰。具体格式如下：

```
<整数部分>.<小数部分>e<阶码部分>
```

字母 e 左边部分可以是<整数部分>.<小数部分>，也可以只有<整数部分>不含小数点，或者只有<小数部分>前面含有小数点；<阶码部分>只能为整数，可以带符号。例如，下列浮点数都是正确的：1234e3、1234E-2、12.34e-3、1234e5、0e0 等。

而下面的浮点数表示是错误的：E2、3.5e1.5、.e5、e 等。其出错的原因是：E2 在字母 e 前面没有数字；3.5e1.5 字母 e 后面阶码是小数；.e5 在字母 e 前面只有小数点而没有数字；e 是字母前后没有数字不能表示实数。

标准 C 允许浮点数使用后缀。后缀为“f”或“F”即表示该数为浮点数，如 356f 和 356F 是等价的。

例 3.1 实型常量的表示。

```
  (3_1.c)
#include<stdio.h>
void main()
{
  printf("%f\t%e\t%g\n ",12e3,12.3,12.3);
  printf("%f\t%e\t%g\n ",12.3456,12.3456,12.3456);
  printf("%d\t%.2f\t%f\n ",12.3,12.345,123);
}
```

分析上述程序的输出结果，并上机验证。

3.3.3 字符型常量

1. 一般字符型常量

字符常量是用单引号括起来的一个字符。例如：'a'、'b'、'='、'+'、'? '都是合法字符常量。在 C 语言中，字符常量有以下特点。

（1）字符常量只能用单引号括起来，不能用双引号或其他括号。

（2）字符常量只能是单个字符，不能是字符串。

（3）字符可以是字符集中的任意字符，但数字被定义为字符型之后则不能参与数值运算。例如，'5'和 5 是不同的，'5'是字符常量，不是数值 5。

在 C 语言中，字符常量具有数值，该值便是该字符的 ASCII 码值。因此，一个字符常量可以像整数一样参与一些运算，如加法、减法等运算。例如，'d'–1 表示字符 d 的 ASCII 码值减去 1，其差值为 99。

2. 转义字符

转义字符是一种特殊的字符常量。转义字符以反斜线“\”开头，后跟一个或几个字符。转义字符具有特定的含义，不同于字符原有的意义，故称“转义”字符。例如，在前面各例题 printf 函数的格式串中用到的'\n'就是一个转义字符，其意义是“回车换行”。转义字符主要用来表示那些用一般字符不便于表示的控制代码。表 3-1 所示为 C 语言中常用的转义字符及其含义。

表 3-1 常用的转义字符及其含义

转义字符	转义字符的含义	ASCII 代码
\n	回车换行	10
\t	横向跳到下一制表位置	9
\b	退格	8
\r	回车	13
\f	走纸换页	12
\\	反斜线符“\”	92
\'	单引号符	39

续表

转义字符	转义字符的含义	ASCII 代码
\"	双引号符	34
\a	鸣铃	7
\ddd	任意字符	1～3 位八进制数所代表的字符
\xhh	任意字符	1～2 位十六进制数所代表的字符

广义地说，C 语言字符集中的任何一个字符均可用转义字符来表示。表 3-1 中的\ddd 和\xhh 正是为此而提出的。ddd 和 hh 分别为八进制和十六进制的 ASCII 代码。如\101 表示字母'A'，\102 表示字母'B'，\134 表示反斜线，\XOA 表示换行等。

例 3.2　字符常量的输出。

```
  (3_2.c)
#include<stdio.h>
void main()
{
  printf("%c,%d\n",67, 'm');
  printf("%c,%c,%c\n",'a','\b','b');
  printf("%c,%c,%c\n",'a','\r','b');
  printf("%c%c",'\a','\007');
}
```

程序运行结果：

```
C,109
a,b
,b
```

下面分析该程序的输出结果，进一步搞清一些转义序列表示的字符的使用方法。该程序中有 4 行输出语句。

第 1 行：因为 67 所对应的是大写字母 C 的 ASCII 码值，因此，按%c 格式输出 67 时，是字母 C。又因为小写字母 m 的 ASCII 码值为 109，因此，按%d 格式输出字母 m 的 ASCII 码值应是 109。

第 2 行：因为按%c 输出字符常量'a'时，屏幕应显示 a，然后控制串中有一般字符逗号（,），则原样输出，这时显示为 a,。接着，再按%c 输出'\b'，这是一个转义序列表示的字符，即退格符，在输出这个字符后，屏幕上显示为 a；接着又输出控制串中的第 2 个逗号，这时显示为 a,。再按%c 输出字符常量'b'，因此，屏幕上应显示出 a,b。由于控制串中最后一个字符是'\n'，因此，光标被移到下一行第 1 个字符的位置。

第 3 行：按%c 输出字符常量'a'，又输出控制串中第 1 个逗号后，显示为 a,。再按%c 输出字符常量'\r'后，光标被移到该行的首列，即字符 a 处，这时输出控制串中第 2 个逗号时，将字符 a 改为逗号（,）。接着，按%c 输出字符常量'b'时，屏幕上显示为,b。再将光标移至下行首列。

第 4 行：输出为两声鸣铃，因为按%c 输出字符常量'\a'，则是机器的一声鸣铃，再按%c 输出字符常量'\007'，则机器又一次鸣铃。这时，光标仍停留在该行的首列，即光标并没有移动。

3.3.4　字符串常量

字符串常量是由一对双引号括起的字符序列。例如，"CHINA"、"C program"、"$12.5"等都是合法的字符串常量。双引号（""）作为字符串常量的定界符，因此，在字符串中表示双引号应使用转义序列"\""来表示。

字符串常量和字符常量是不同的量，它们之间主要有以下区别。

（1）字符常量由单引号括起来，字符串常量由双引号括起来。

（2）字符常量只能是单个字符，字符串常量则可以含一个或多个字符。

（3）可以把一个字符常量赋予一个字符变量，但不能把一个字符串常量赋予一个字符变量。在C语言中没有相应的字符串变量，这是与 BASIC 语言不同的。但是可以用一个字符数组来存放一个字符串常量。其将在“数组”一章内予以介绍。

（4）字符常量占字节的内存空间。字符串常量占的内存字节数等于字符串中字符所占字节数加1。增加的1字节中存放字符'\0'（ASCII码为0），这是字符串结束的标志。例如：字符串"C program"在内存中所占的字节为

C		p	r	o	g	r	a	m	\0

有人不能理解：字符常量'a'和字符串常量"a"都只有一个字符，它们究竟有什么区别？如上所述，C 语言规定在每一个字符串常量的结尾加一个字符串结束标志，它们在内存中的情况如下所示。

'a'在内存中占 1 字节，可表示为

a

"a"在内存中占 2 字节，可表示为

a	\0

因此，假如 c 被声明为字符变量：

```
char c;
c='a';
```

是正确的。而

```
C="a";
```

是错误的。

例 3.3 字符串常量的输出。

```
  (3_3.c)
#include<stdio.h>
void main()
{
  printf("%s,%s\n","ok! ","\"good\"");
  printf("x\ty\b\bz  a\n");
  printf("abc\tdef\rmn\tpq\n");
}
```

程序运行结果：

```
ok! "good"
x       z  a
mn      pqf
```

程序有 3 行输出语句，现分析如下。

第 1 行：因为按%s 输出字符串常量"ok!"，则显示出 ok!，接着，控制串中的逗号被输出。然后，又按%s 输出另一个字符串"\"good\""，这里用转义字符'\"'输出双引号，所以这个字符串的结果是"good"，然后，光标移至下行首列。

第 2 行：因为该语句输出函数控制串中所按的字符串常量中有可打印字符，又有不可打印字符'\t'、' '和'\b'，它们分别是水平制表符、空格符和退格符。水平制表符的作用是用来向右“跳格”，每次跳到下一个“输出位置”，一般系统中指定一个“输出区”占 8 列，下一个输出区将从第 9 列开始，直到第 16 列，依此类推。空格符是将光标右移一个字符，退格符是将光标移到所在字符的前一个字符处。弄清这 3 个常用的转义序列的功能后，便不难分析该字符串常量的输出结果。首先，在该行首列显示字符 x，接着，光标右移至第 9 列输出字符 y，然后输出两个'\b'字符，光标向左退两列，即在第 8 列处，这时输出字符 z，再输出空格符，将 y 变为空格符，又输出一个空格符后，输出字符 a。

第 3 行：先输出 abc 字符后，再输出'\t'，这时光标移至第 9 列，接着，输出 def，光标在第 12 列，当输出字符'\r'后，光标将被移至该行的首列，即 a 字符处，再输出 mn 时，将 a 变为 m，将 b 变为 n，又输出'\t'，则将 c 变为空格符，光标移至第 9 列字符 d 处，输出 p 时，将 d 变 p，输出 q 时，将 e 变 q，f 没有被改变，仍然保留。

3.3.5 符号常量

在 C 语言中，可以用一个标识符来表示一个常量，称之为符号常量。用标识符代表一个常量，称为符号常量。符号常量与变量不同，它的值在其作用域内不能改变，也不能再被赋值。

符号常量在使用之前必须先定义，其一般形式为

```
#define <符号常量名><常量>
```

其中，#define 也是一条预处理命令（预处理命令都以“#”开头），称为宏定义命令（在后续“编译预处理”一章中将进一步介绍），其功能是把该标识符定义为其后的常量值。<符号常量名>用标识符，习惯上用大写字母，<常量>可以是数字常量，也可以是字符常量。一经定义，以后在程序中所有出现该标识符的地方均代之以该常量值。

采用符号常量具有下述几个好处。

（1）书写简单不易出错。使用符号常量可以将复杂的常量定义为简明的符号常量，使得书写简单，而且不易出错。例如：

```
#define PI  3.14159265
```

这里，符号常量 PI 被定义为 3.14159265，在程序中书写 PI，显然比书写 3.14159265 要简单。

（2）修改程序方便。采用符号常量会给修改程序带来方便。例如，在一个程序中使用了某个符号常量共 10 次，根据需要要对这一常量值进行修改，这时只需在宏定义命令中对定义的常量值进行一次修改。否则，要在程序中出现这一常量的 10 处都进行修改，这不仅带来一定麻烦，同时又易于出错。

（3）增加可读性和移植性。由于符号常量通常具有明确的含义，因此，一见符号常量便可知道所表示的常量意义。例如，在前面的宏定义命令中，很明显 PI 表示圆周率，即π，所以可读性好。使用符号常量可将程序中影响环境系统的参数（如字长等）定义在一个可被包含的文件中，在不同的环境系统下，通过修改包含文件中符号常量的定义值来达到兼容的目的，于是可提高程序的移植性。

例 3.4 符号常量的使用。

```
  (3_4.c)
#include<stdio.h>
#define PRICE 30
void main()
```

```
{
  int num,total;
  num=10;
  total=num* PRICE;
  printf("total=%d",total);
}
```

程序运行结果：

```
total=300
```

程序中用#define 命令定义 PRICE 代表数值常量 30，在本程序中出现的所有 PRICE 都代表 30，可以和常量一样进行运算。

3.4 变　量

其值可以改变的量称为变量。变量具有三要素：名字、类型和值。

3.4.1 变量的定义

变量在使用之前必须进行定义——即为每个变量取一个名称（变量名），同时规定它的数据类型，以便编译时根据数据类型分配存储空间。

变量定义的一般格式如下：

```
<数据类型><变量名表>
```

1. 变量的名字

变量的命名要符合 C 语言标识符命名规则，下面标识符的写法是合法的，可以作为变量名使用：Sum、Class_2、data、wang_ming、_high、a8、AREA、year_month_day。下面是不合法的标识符和变量名：*data1、99sum、%yuan、$BGss、MR.tom、a1>b1、s/t。

注意，编译系统区分大小写，将它们认为是两个不同的字符，所以，max 和 MAX 是两个不同的变量。一般来说，变量名用小写字母表示，符号常量用大写字母表示。

ANSI C 标准没有规定变量名（标识符）的长度（字符个数），变量名的有效长度依赖于各计算机操作系统和所使用的 C 语言编译程序，如 Turbo C++ 3.0 中，变量名的有效长度为 32 个字符。如果变量名长度大于 32 个字符，则只有前面 32 个字符有效，后面的不被识别。例如，如下两个变量：

```
a111111111111111111111111111111111_23
a111111111111111111111111111111111_234
```

由于两者前 32 个字符相同，系统认为这两个变量是同一个，在运行程序时会给出变量重复定义的错误信息，因此，在写程序时应了解所用系统对变量名的规定，以免出现上述的混淆。

变量定义一般放在函数体的开头部分，要区分变量名和变量值是两个不同的概念，如图 3-2 所示。

变量名实际上就是以一个名字来对应，代表一个地址。在对程序编译、链接时由编译系统给每个变量名分配对应的内存地址。

在 C 语言中要求对所用的变量作强制定义，即先定义后使用。凡未被事先定义的，系统不把它作为变量名，以保证程序中变量名使用的正确性。

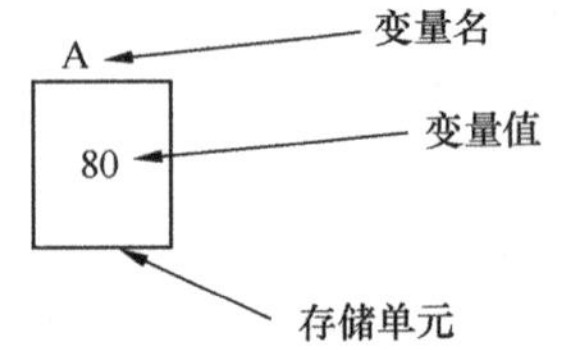

图 3-2　变量名和变量值区别

例如：在声明部分定义变量 int sum;，在后面执行语句中误写为 sam=9;，在编译时检查出 sam 未经定义，不作为变量名，因此，系统发出报错信息“undifeed symbol student in function main”，提示用户进行错误检查。

2. 变量的类型

每个变量在定义时必须指定其数据类型，以便在编译时为其分配相应大小的存储单元。例如，int a;为变量 a 分配字节的存储单元，并按整数形式存储数据。定义变量后，在程序编译时会检查该变量进行的运算是否与其自身类型相符，是否合法。例如，整型变量 a，实型变量 b，进行求余运算 a%b 就是非法的（求余运算只能在整型变量之间进行）。其中，%为求余运算符，即求得两个数据相除后余数的值。

C 语言中的变量类型十分丰富，它不仅有基本数据类型，还有构造数据类型。在每一类中又包括了若干种不同类型。

（1）基本数据类型。基本数据类型包括整型、浮点型和字符型。而整型又分为普通整型（简称整型）、长整型和短整型 3 种。浮点又分为单精度浮点型和双精度浮点型两种。整型和字符型又分为有符号和无符号两类。综上所述，C 语言中基本数据类型的种类及其说明符号如表 3-2 所示。

表 3-2　基本数据类型

类别	名称	全称类型说明符	缩写类型说明符
整型	短整型	short int	short
	整型	int	
	长整型	long int	long
	无符号短整型	unsigned short int	unsigned short
	无符号整型	unsigned int	unsigned
	无符号长整型	unsigned long int	unsigned long
字符型	字符型	char	
	无符号字符型	unsigned char	
浮点型	单精度浮点型	float	
	双精度浮点型	double float	double

（2）构造数据类型。构造数据类型是由若干个相同的或不同的基本数据类型变量按不同规律组合构造而成的。例如，数组是一个简单的构造数据类型，该数据类型是由数目固定、类型相同的若干个变量组成的有序的集合。

除数组外，C 语言中的构造数据类型还有结构和联合。

定义或说明变量的数据类型的格式如下：

```
<数据类型><变量名表>
```

<变量名表>是由相同类型的若干个变量名组成的，多个变量名之间用逗号分隔；<数据类型>是类型说明符，用来指出所定义的变量的类型。

下面用基本数据类型定义或说明一个或多个相同类型变量。例如：

```
int a,b,c;    /*定义或说明 a、b 和 c3 个变量是整型的*/
float x,y;    /*定义或说明 x 和 y 两个变量是单精度浮点型变量*/
unsigned v;  /*定义或说明 v 是无符号整型变量*/
```

3．变量的值

一个变量在使用之前必须先定义或说明，系统给它们分配一定的存储单元。这时变量还不能在表达式中使用，只有具有确定值的变量才能在表达式中使用。有些变量虽然被定义了，如果没有被赋值，则是无意义的，即不可以使用。

3.4.2 变量的初始化

1．变量初始化

在程序中常常需要对变量赋初值，以便使用变量。C 语言程序中可有多种方法为变量提供初值。本小节先介绍在进行变量定义的同时给变量赋以初值的方法，这种方法称为初始化。在变量定义中赋初值的一般形式为

```
类型说明符 变量 1= 值 1,变量 2= 值 2,…;
```

例如：

```
int a=68;                    /*指定 a 为整型变量，初值为 68*/
```

也可以给被定义的变量的一部分赋初值。例如：

```
float b,c,d=7.9;
```

上面语句指定 b、c、d 为单精度实型变量，只对 d 初始化，其值为 7.9。

如果对几个变量赋予相同的初值，应写为

```
int e=50,f=50,g=50;
```

上面语句指定 e、f、g 为整型变量，初值均为 50，但不能写成

```
int e=f=g=50;
```

2．变量的赋值

变量除了利用上面说的初始化方式获得值外，还可以采用赋值语句给变量赋值。在 C 语言中，赋值和赋初值尽管都可以使变量获取数据，但它们不是一回事。赋值是将一个数值送给一个变量，改变这个变量已有的值为所赋的值，变量内保存的是最后一次赋的值。赋值是使用赋值表达式进行的。赋初值是在定义或说明变量时将一个数值送给变量，使变量被定义后便有值，直到被改变为止。

```
int x=56;
```

相当于以下两句语句：

```
int x;                       /*指定 x 为整型变量*/
x=56;                        /*赋值语句，将 56 赋值给 x*/
```

例 3.5 变量初始化与赋值。

```
(3_5.c)
#include<stdio.h>
void main()
{
int a=3,b,c=5;
b=a+c;
printf("a=%d,b=%d,c=%d\n",a,b,c);
}
```

程序运行结果：

```
a=3,b=8,c=5
```

在赋值语句中需要注意，不同类型的变量要赋予与变量类型相对应的值。例如：

```
char c;
```

```
float d;
c='a';
d=5.26;
```

因为变量 c 是 char 型的，所以，赋给一个字符'a'；而变量 d 是浮点型的，所以赋给一个实数，这是正确的。如果所赋的值与变量类型不一致时，系统将进行转换，其原则是将所赋的值转换成被赋变量的类型。

给变量所赋的值是有一定范围的，范围的大小由机器和变量类型决定，在同一台机器上不同类型变量的取值范围是不同的。表 3-3 所示为一台 IBM　PC（16 位）上不同数据类型所占的字节数和取值范围。

表 3-3　　不同数据类型所占字节数和取值范围

类型	所占字节数	取值范围
int	2	−32768～32767（-2^{15}～$(2^{15}-1)$）
short	2	−32768～32767（-2^{15}～$(2^{15}-1)$）
long	4	−2147483648～2147483647（-2^{31}～$(2^{31}-1)$）
unsigned	2	0～65535　（0～$(2^{16}-1)$）
unsigned short	2	0～65535　（0～$(2^{16}-1)$）
unsigned long	4	0～4294967295　（0～$(2^{32}-1)$）
float	4	10^{-38}～10^{38}
double	8	10^{-308}～10^{308}

在实际程序中，一个变量值超出它所对应的数据范围，就将产生溢出，溢出的数据是没有的。在编写程序时，要防止其结果产生溢出。

例 3.6　变量的定义和赋值。

```
  (3_6.c)
#include<stdio.h>
void main()
{
  int a;
  char c='b',bell='\007';
  float x=3.25;
  a=65;
  printf("%c,%c\n",c,c-1);
  printf("%d,%c,%c\n",c,a,bell);
  printf("%.2f,%f\n",x,x+x);
}
```

程序运行结果：

```
b,a
98,A,<鸣铃>
3.25,6.500000
```

程序执行结果，请同学根据前面的例题自己分析，注意转义字符。

3. 变量的地址

综上所述，在使用一个变量之前，要先对它进行定义，以便编译程序为其分配内存单元。也就是说，在定义了一个变量后，在内存中会分配相应的存储单元，将变量的值存储到该单元中。

如前所述，注意区分变量名和变量值这两个不同的概念。

例如：

```
int x;
float y;
x=3;
y=3.14159;
```

经编译后它们在内存中的存放如图 3-3 所示。图中，右侧是变量的名称；中间是变量的值，也就是内存单元中的内容；左侧是内存单元的编号，也就是内存单元的地址。

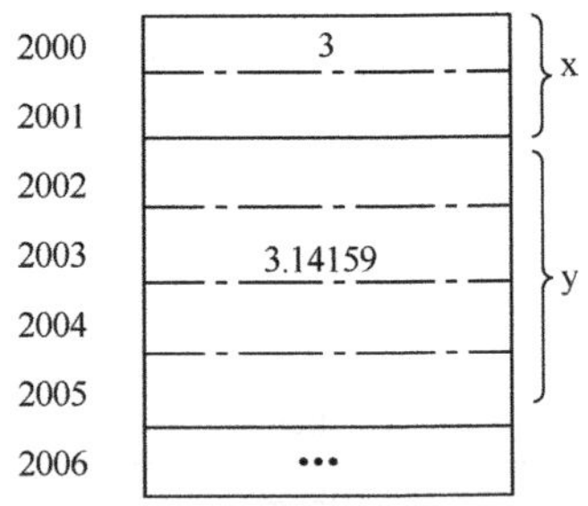

图 3-3　变量与内存单元地址关系

内存是以字节为单位的连续存储空间，每个内存单元都有一个唯一的编号，这就是“内存地址”，根据内存地址可以准确地找到相应的内存单元。而在地址所标志的内存单元中存放的数据，就是内存单元的内容。

程序中不同数据类型的数据所占用的内存空间的大小是不同的，Turbo C 中，int 型占据 2 字节的内存单元；float 型占据 4 字节的内存单元；char 型占据 1 字节的内存单元。

如图 3-3 所示，int 型变量 x 占据 2000 和 2001 2 字节，在这 2 字节中存放的值是整数 3；float 型变量 y 占据 2002、2003、2004、2005 4 字节，存放的值是实数 3.14159。

通常把变量所占存储空间中的首字节地址称为变量地址，如变量 x 的地址是 2000，y 的地址是 2002。这样，经过编译系统处理，把程序装入内存中，变量的名称就与内存中特定单元的地址联系起来。在执行程序时，CPU 并不直接识别变量的名称，但它知道各变量在内存的地址，在机器内部对变量值的存取是通过各自的地址进行的。例如：

```
x=3;
```

它的操作过程是：根据变量名与内存地址的对应关系，找到变量 x 的地址 2000，然后把整数 3 放入内存的起始地址 2000 的 2 字节中。变量的值就是相应的内存单元中的内容。

因此，变量名实际上是一个符号地址，它指出变量在内存中存放的位置，而变量值就是相应内存单元中存放的数据。

3.5　运算符及其表达式

C 语言中运算符和表达式数量较多，丰富的运算符和表达式使 C 语言的功能十分完善。除了控制语句和输入、输出以外的几乎所有的基本操作都作为运算符处理，如将赋值符“=”作为赋值运算符，方括号作为下标运算符等。

1. 运算符

按运算符在表达式中的作用，C 语言的运算符可分为算术运算符、赋值运算符、关系运算符、逻辑运算符、位运算符、条件运算符、逗号运算符及一些特殊的运算符。

按运算符与运算对象（操作数）的关系，可将 C 语言的运算符分为单目运算符、双目运算符和三目运算符。单目运算符是指运算符只需要一个操作数，如!、++、−−等；双目运算符是指运算符需要两个操作数，即运算符的左右两侧都需要一个操作数，如+、−、*、/、%等；三目运算符是指运算符需要 3 个操作数，如条件运算符? :。

2. 表达式

表达式是使用运算符和圆括号将操作数连接起来构成的式子。C 语言的操作数包括常量、变量、函数值等。例如，表达式(x–y)/(3*a+b)–6*d 中包括+、–、/、*等运算符，操作数包括 x、y、a、b、3 等。

3. 简单语句

C 语言中，在表达式的末尾加上一个分号“;”就构成了简单语句。在程序设计过程中要避免使用无意义的简单语句。例如：a+b;和 3;都是无意义的简单语句，因为它们并没有引起任何存储单元中数据的变化。

C 语言的运算符不仅具有不同的优先级，而且还有一个特点，就是它的结合性。在表达式中，各运算量参与运算的先后顺序不仅要遵守运算符优先级别的规定，还要受运算符结合性的制约，以便确定是自左向右进行运算，还是自右向左进行运算。

C 语言的运算符可分为以下几类。

（1）算术运算符：用于各类数值运算，包括加（+）、减（–）、乘（*）、除（/）、求余（或称模运算，%）、自增（++）、自减（—）共 7 种。

（2）关系运算符：用于比较运算，包括大于（>）、小于（<）、等于（==）、大于等于（>=）、小于等于（<=）和不等于（!=）6 种。

（3）逻辑运算符：用于逻辑运算，包括与（&&）、或（||）、非（!）3 种。

（4）位操作运算符：参与运算的量，按二进制位进行运算，包括位与（&）、位或（|）、位非（～）、位异或（^）、左移（<<）、右移（>>）6 种。

（5）赋值运算符：用于赋值运算，分为简单赋值（=）、复合算术赋值（+=、–=、*=、/=、%=）和复合位运算赋值（&=、|=、^=、>>=、<<=）3 类共 11 种。

（6）条件运算符：这是一个三目运算符，用于条件求值（?:）。

（7）逗号运算符：用于把若干表达式组合成一个表达式（,）。

（8）指针运算符：用于取内容（*）和取地址（&）两种运算。

（9）求字节数运算符：用于计算数据类型所占的字节数（sizeof）。

（10）强制类型转换运算符：强制进行数据类型转换（(类型)）。

（11）分量运算符：用于存取结构和联合中的成员（->、.），其优先级在所有运算符中是最高的。

（12）下标运算符：用于数组下标的表示（[]）。

（13）其他运算符：如函数调用运算符（()）。

3.5.1　算术运算符和算术表达式

1. 基本的算术运算符

Turbo C 的算术运算符如表 3-4 所示。

表 3-4　Turbo C 的算术运算符

操作符	作用	运算目数	结合方向	例子
+	加	双目加法，一目取正	加自左至右，取正自右至左	a+b，5+2，+5
–	减	双目减法，一目取负	减自左至右，取负自右至左	5–3，x–y，–5
*	乘	双目运算	自左至右	x*y，3*5

续表

操作符	作用	运算目数	结合方向	例子
/	除	双目运算	自左至右	x/y，20/5
%	取模	双目运算	自左至右	5%3，−7%3
++	加 1	单目运算	自右至左	—I，,i—
—	减 1	单目运算	自右至左	++i，i++

在使用上述运算符时需要注意以下几点。

（1）两整数相除，结果为整数（舍去小数部分），商向下取整。例如，30/7 的结果为 4，3/7 的结果为 0。但是，如果除数或被除数中有一个为负数，则舍入的方向是不固定的。例如，−7/4，有的机器上得到结果−1，有的机器上得到结果−2。多数机器采取“向零取整”的方法，即−7/4=−1，取整后向零靠拢。

例 3.7 算术运算符的应用。

```
  (3_7.c)
#include<stdio.h>
void main()
{
 printf("\n\n%d,%d\n",20/7,-20/7);
 printf("%f,%f\n",20.0/7,-20.0/7);
}
```

程序运行结果：

```
2, -2
2.857143, -2.857143
```

本例中，20/7、−20/7 的结果均为整型，小数全部舍去。而 20.0/7 和−20.0/7 由于有实数参与运算，因此结果也为实型。

（2）如参与加、减、乘、除运算的两个数中有一个为实型，则结果为 double 型，因为 C 语言实型默认为 double 型进行处理，如设某数为单精度型需要在数值后加 f 说明，如 3.5f 等。

（3）取摸运算符%实际上就是数学运算中的求余运算符，它要求参与运算的两个操作对象均为整型。求余运算的结果等于两数相除后的余数，结果的符号与%左边的操作数的符号相同。例如，17%3 的结果为 2，17%−3 的结果为 2（其中“−”为负值运算符），−17%3 的结果为−2。

例 3.8 求余运算符的应用。

```
  (3_8.c)
#include<stdio.h>
void main()
{
 printf("%d\n",100%3);
 printf("%d\n",-100%3);
}
```

程序运行结果：

```
1
-1
```

本例中第 1 行输出 100 除以 3 所得的余数 1，第 2 行输出−100 除以 3 所得的余数−1，余数符号与第一个操作数相同。

（4）在 C 语言中提供了两个特殊的运算符：自增运算符“++”和自减运算符“—”。自增运算符“++”的功能是使变量的值自增 1。自减运算符“—”的功能是使变量的值自减 1。它们均为单目运算，都具有右结合性，可以出现在运算符的前面或后面。有以下几种形式。

++i　　　　　　i 自增 1 后再参与其他运算。

—i　　　　　　i 自减 1 后再参与其他运算。

i++　　　　　　i 参与运算后，i 的值再自增 1。

i—　　　　　　i 参与运算后，i 的值再自减 1。

注意区分“++”(或“—”)出现在运算变量的前面还是后面，这决定着变量使用前进行加(减)操作，还是使用后进行加（减）的操作。例如，i 的初值为 3，则 j=++I;是先执行 i 加 1 后，再把 i 的值 4 赋予 j，最终 i 和 j 的值均为 4;而 k=i++; 是先把 i 的值 3 赋予 k 后，再执行 i 加 1，最终 k 的值为 3，i 的值为 4。

使用自增、自减运算符时，需注意以下几点。

① 自增运算符（++）和自减运算符（—）只能用于变量，而不能用于常量或表达式。例如，++26 或(a–b)++是不合法的。

② 自增、自减运算符是单目运算符，其优先级高于基本的算术运算符，与单目运算符“–”（取负）的优先级相同，其结合方向是“自右至左”。

例 3.9　自增自减运算。

```
(3_9.c)
#include<stdio.h>
void main()
{
  int i=8;
  printf("%d\n",++i);
  printf("%d\n",--i);
  printf("%d\n",i++);
  printf("%d\n",i--);
  printf("%d\n",-i++);
  printf("%d\n",-i--);
}
```

程序运行结果：

```
9
8
8
9
-8
-9
```

当自增、自减运算符出现在较复杂的表达式或语句中时，常常难以弄清，因此应仔细分析。

2. 表达式使用中的问题说明

C 语言中有的运算符为一个字符，有的运算符由两个字符组成，在表达式中如何组合呢？C 编译程序在处理时尽可能多地自左至右将若干个字符组成一个运算符（在处理标识符、关键字时也按同一原则处理），如 a+++b，将解释为(a++)+b。为避免误解，最好不要写成前一种，而要写成后一种带括号的形式。

C 语言的运算符和表达式使用灵活，利用这一点可以巧妙处理许多问题。但标准 C 并没有具体规定表达式中的子表达式的求值顺序，允许个编译系统自行安排。例如，调用函数

```
x=f1( )+f2( );
```

各编译系统调用函数 f1 和 f2 的顺序并不相同，有时会造成结果也会不同，因此务必小心谨慎。

又如，i 的初值为 3，有以下表达式：

```
(i++)+(i++)+(i++)
```

有的系统按自左至右顺序求解括号内的运算，结果表达式相当于 3+4+5，即 12。而另一些系统（如 Turbo C）把 3 作为表达式中所有 i 的值，因此 3 个 i 相加，得到表达式的值为 9。在求出表达式的值后再实现自加 3 次，i 的值为 6。为避免出现这种歧义，如想得到 12，可以将程序改写成下列语句：

```
i=3;
a=i++;
b=i++;
c=i++;
d=a+b+c;
```

执行完上述语句后，d 的值为 12，i 的值为 6。虽然语句多了，但不会引起歧义。类似的还有 printf("%d,%d",i,i++);也应改为如下两个语句：

```
j=i++;
printf("%d,%d",j,i);
```

总之，不要写出别人看不懂，也不知道系统会如何执行的程序。

3.5.2 赋值运算符和赋值表达式

1. 赋值运算符

程序设计中，赋值运算符是使用频繁的运算符。所谓赋值就是将一个数据值存储到一个变量中，赋值运算符记为“=”。注意，赋值的对象只能是变量，而这个数据值既可以是常量，也可以是变量，还可以是有确定值的表达式。例如，“a=8;”其作用是执行一次赋值操作，表示将常量 8 赋予变量 a；再例如，“b=3*5;”其作用是将表达式 3*5 的结果值 15 赋予变量 b。

2. 赋值表达式

由赋值运算符“=”将一个变量和表达式连接的式子称为赋值表达式。其一般形式为

```
变量=表达式
```

例如，x=a+6+(i++);执行赋值表达式时，其功能是将赋值符右侧的“表达式”的值赋予左边的变量。使用赋值表达式时应注意以下几点。

（1）在赋值运算符的左边的量必须是变量，不能是常量或用上述运算符结合起来的表达式。例如，对于“int x,y;”，表达式“x=12；y=x;”是合法的赋值形式，而表达式“12=x;x+y=24;”就是非法的赋值形式。

并不是任何对象都可以作为赋值运算符左侧的值（称为左值），变量可以，而表达式“x+y”就不能作为左值放赋值运算符左边，常变量也不能，因为常变量不能被赋值。所有值都可以出现在赋值符右侧（称为右值），例如：

```
float x,y,z=5;
x=z;                          /*x 作为左值*/
y=x;                          /*x 作为右值*/
```

（2）赋值表达式也应该有值，它的值就是被赋值的变量的值，其结果类型由赋值运算符“左值”的类型决定。如赋值表达式“右值”的类型与“左值”的类型不一致，则需把“右值”的类型转换为“左值”的类型。例如：

```
int x=12, result;
float y=3.14;
result=x*y;
```

在上面赋值语句中，赋值运算符右边表达式值的类型为 double 型（运算前 int 型和 float 型都先转换成 double 型），而变量 result 的类型为 int 型。因此，赋值语句执行后结果类型为 int 型，即取 double 型值的整数部分，其结果为 37。

（3）赋值运算符具有右结合性，赋值运算可以连续进行。例如，a=b=c=5 中有 3 个赋值运算符，按照赋值运算符的结合性——自右至左，这个表达式可理解为 a=(b=(c=5))。其赋值过程是先将 5 赋给变量 c，再把 c 的值赋给变量 b，最后把 b 的值赋给变量 a，最后结果是 a、b、c 3 个变量的值都是 5，整个表达式的值也是 5。

（4）赋值运算符的优先级低于算术运算符的优先级。因此，C 语言中赋值表达式运用十分灵活，凡是表达式可以出现的地方均可出现赋值表达式。例如，x=(a=12)+(b=24);是合法的。它的意义是把 12 赋予 a，24 赋予 b，再把 a 与 b 的和赋予 x，故 x 应等于 36。注意，赋值表达式出现的那部分必须用圆括号括起来。

请分析下面的赋值表达式：

```
(a=2*3)=5*7
```

先执行括号内的运算，将 6 赋予变量 a，然后执行 5*7 的运算，得到 35，再把 35 赋予变量 a，最后 a 的值为 35，整个表达式的值为 35。注意，在对赋值表达式(a=2*3)求解后，变量 a 得到值 6，此时赋值表达式(a=2*3)=5*7 相当于(a)=5*7，是将 5*7 的乘积 35 赋予变量 a，而不是赋予 2*3。正因为这样，赋值表达式才能作为左值。

（5）将赋值表达式作为表达式的一种，不仅可以出现在赋值语句中，而且可以出现在其他语句（输出语句、循环语句）中。例如，printf("%d",x=y);如 y 的值是 5，则输出 x 的值（即表达式 x=y 的值）为 5，在一个语句中完成了赋值和输出两种功能。

3. 复合赋值运算符

除了上述基本的赋值运算符外，C 语言还提供了另外 10 种复合运算符。它们就是在赋值符“=”之前加上其他双目运算符构成复合赋值符。例如，+=、−=、*=、／=、%=、<<=、>>=、&=、^=、|=这些运算符把“运算”和“赋值”两个操作结合在一起，作为一个复合运算符来使用，称之为复合赋值运算符。采用复合赋值运算符可以提高编译生成的可执行代码的执行效率。

构成复合赋值表达式的一般形式为

```
变量  双目运算符=表达式
```

它等效于

```
变量=变量  双目运算符  表达式
```

即将左边的（变量）与右边的（表达式）进行（双目运算符）所规定的运算，然后将值返回给变量。例如：

```
x*=y+38;            等价于 x=x*(y+38)
i%=j;               等价于 i=i%j
a+=695;             等价于 a=a+695
```

为了便于记忆，可以理解为：

- x+ =y　　　　（其中 x 是变量，y 为表达式）
- x+ =y　　　　（将有下画线的“x+”移动到“=”右侧）

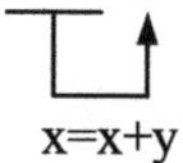

- x=x+y　　　　（在“=”左侧补上变量名）

注意，如 y 是包含若干项的表达式，则相当于它有括号。

对赋值表达式 a+=a−=a*a，如果 a 的初值为 3，则此赋值表达式求解步骤如下：先进行“a−=a*a”

的运算，它相当于 a=a−a*a，a 的值为 3−9=−6；再进行“a+=−6”的运算，相当于 a=a+(−6)，a 的值为−6−6=−12。

复合赋值符这种写法，对初学者可能不习惯，但十分有利于编译处理，能提高编译效率并产生质量较高的目标代码。

3.5.3 关系运算符和关系表达式

在程序中经常需要比较两个量的大小关系，以决定程序下一步的工作。比较两个量的运算符称为关系运算符。

1. 关系运算符及其优先次序

C 语言中的关系运算符如表 3-5 所示。

表 3-5 关系运算符

操作符	作用	运算目数	结合方向
<	小于	双目运算	自左至右
<=	小于或等于	双目运算	自左至右
>	大于	双目运算	自左至右
>=	大于或等于	双目运算	自左至右
==	等于	双目运算	自左至右
!=	不等于	双目运算	自左至右

关系运算符都是双目运算符，其结合性均为左结合。关系运算符的优先级低于算术运算符，高于赋值运算符。在 6 个关系运算符中，<、<=、>、>=的优先级相同，高于==和!=，==和!=的优先级相同。

2. 关系表达式

用关系运算符将两个表达式（可以是算术表达式、关系表达式、逻辑表达式、赋值表达式、字符表达式）连接起来，称为关系表达式。关系表达式的一般形式为

```
表达式 关系运算符  表达式
```

例如：

```
a+b>c-d
x>3/2
'a'+1<c
-i-5*j==k+1
```

都是合法的关系表达式。

由于表达式也可以是关系表达式，因此允许出现嵌套的情况。例如：

```
a>(b>c)
a!=(c==d)
```

关系表达式的值是“真”和“假”，用“1”和“0”表示。例如：5>0 的值为“真”，即为 1；(a=3)>(b=5)由于 3>5 不成立，故其值为假，即为 0。

例 3.10 关系表达式中数据类型的转换。

```
  (3_10.c)
#include<stdio.h>
void main()
{
  char c='k';
```

```
    int i=1,j=2,k=3;
    float x=3e+5,y=0.85;
    printf("%d,%d\n",'a'+5<c,-i-2*j>=k+1);
    printf("%d,%d\n",1<j<5,x-5.25<=x+y);
    printf("%d,%d\n",i+j+k==-2*j,k==j==i+5);
}
```

程序运行结果：

```
1, 0
1, 1
0, 0
```

在本例中求出了各种关系运算符的值。字符变量是以它对应的 ASCII 码值参与运算的。对于含有多个关系运算符的表达式，如 k==j==i+5，根据运算符的左结合性，先计算 k==j，该式不成立，其值为 0，再计算 0==i+5，也不成立，故表达式值为 0。

3.5.4　逻辑运算符和逻辑表达式

用逻辑运算符将关系表达式或逻辑量连接起来的式子就是逻辑表达式。

1．逻辑运算符及其优先次序

C 语言中提供了 3 种逻辑运算符：

&&　与运算

||　　或运算

!　　非运算

与运算符&&和或运算符||均为双目运算符，具有左结合性。与运算符&&要求双目都为真时结果为真，否则结果为假；而运算符||要求双目都为假时结果为假，否则结果为真。非运算符!为单目运算符，具有右结合性，求运算目的反值。表 3-6 所示为逻辑运算的“真值表”，它表示当 A 和 B 的值为不同组合时，各种逻辑运算所得到的值。

表 3-6　　逻辑运算的真值表

A	B	!A	!B	A&&b	A||B
真	真	假	假	真	真
真	假	假	真	假	真
假	真	真	假	假	真
假	假	真	真	假	假

在一个逻辑表达中如果包含多个逻辑运算符，例如：

```
!t||a>b&&x>y||z<x+y
```

那么在运算过程中就需要考虑结合性，逻辑运算符和其他运算符优先级的关系如图 3-4 所示。

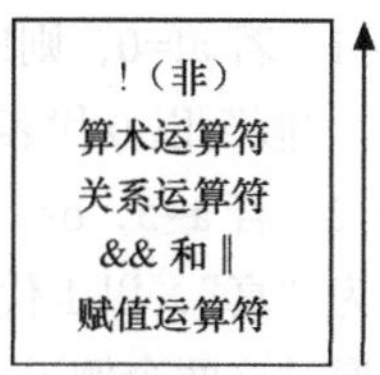

图 3-4　逻辑运算符和其他运算符的优先级关系

由图 3-4 可看出，“&&”和“||”低于关系运算符，“!”高于算术运算符。

按照运算符的优先顺序可以得出：

a>b && c>d　　等价于　　(a>b)&&(c>d)

!b==c||d<a　　等价于　　((!b)==c)||(d<a)

a+b>c&&x+y<b　等价于　　((a+b)>c)&&((x+y)<b)

2. 逻辑运算的值

逻辑运算的值也分为“真”和“假”两种，用“1”和“0”来表示。其求值规则如下。

（1）与运算&&：参与运算的两个量都为真时，结果才为真，否则为假。例如：

```
5>0 && 4>2
```

由于 5>0 为真，4>2 也为真，相与的结果也为真。

（2）或运算||：参与运算的两个量只要有一个为真，结果就为真。两个量都为假时，结果为假。例如：

```
5>0||5>8
```

由于 5>0 为真，相或的结果也就为真。

（3）非运算!：参与运算量为真时，结果为假；参与运算量为假时，结果为真。例如：

```
!(5>0)
```

结果为假。

3. 逻辑运行符&&和||为开关运算符

逻辑运行符&&和||为开关运算符也称为短路逻辑运算符，这是因为当运算符左边的运算目值为假（0）时，&&运算符在运算时不再去计算右边的运算目的值，直接就得出逻辑结果是假值。当运算符左边的运算目值为真（非 0）时，||运算符在运算时不再去计算右边的运算目的值，直接就得出逻辑结果是真值。例如，当 x 的初值是 1，那么经过

```
((y=1)==0)&& ((x=6)==6)
```

逻辑与运算后，x 的值仍然是 1。经过

```
((y=1)==1)&& ((x=6)==6)
```

逻辑与运算后，x 的值将变为 6。

4. 逻辑表达式

如前所述，逻辑表达式的值应该是一个逻辑值“真”或“假”。

逻辑表达式的一般形式为

```
    表达式  逻辑运算符  表达式
```

其中，表达式可以又是逻辑表达式，从而组成了嵌套的情形。

例如：

```
    (a&&b)&&c
```

根据逻辑运算符的左结合性，上式也可写为

```
    a&&b&&c
```

C 语言编译系统在表示逻辑运算结果时，以数值 1 代表“真”，以 0 代表“假”，但在判断一个量是否为“真”时，以 0 代表“假”，以非 0 代表“真”。举例如下。

（1）若 a!=0，则!a 的值为 0。因为 a 的值为非 0，被判断为“真”，对它进行“非”运算，得“假”，“假”以 0 代表。

（2）若 a=5，b=10，则 a&&b 的值为 1。因为 a 和 b 均为非 0，被判断为“真”，因此，a&&b 的值为“真”，以 1 代表。

通过这两个例子可以看出，由系统给出的逻辑运算结果不是 0 就是 1，不可能是其他数值。而在逻辑表达式中作为参加逻辑运算的运算对象（操作数）可以是 0（“假”）或任何非 0 值（“真”）。如果在一个表达式中不同位置上出现数值，应区分哪些是作为数值运算或关系运算的对象，哪些作为逻辑运算的对象。例如：

```
5>3&&4<=4-!0
```

表达式自左至右求解。首先计算“5>3”（因为关系运算符优先于&&）。在关系运算符两侧的 5 和 3 作为数值参加关系运算，“5>3”的值为 1（代表真）。再进行“1&&4<=4−!0”的运算，第 1 个 4 的左侧为“&&”，右侧为“<=”运算符，根据优先规则，应先进行“<=”的运算，即先进行“4<=4−!0”的运算。现在第 2 个 4 的左侧为“<=”，右侧为“−”运算符，而“−”优先于“<”，因此应先进行“4−!0”的运算，由于“!”的级别最高，因此先进行“! 0”的运算，得到结果 1。然后进行“4−1”的运算，得到结果 3，再进行“4<=3”的运算，得到 0，最后进行“1&&0”的运算，得 0。

例 3.11　逻辑表达式的应用。

```
  (3_11.c)
#include<stdio.h>
void main()
{
char c='k';
  int i=1,j=2,k=3;
  float x=3e+5,y=0.85;
  printf("%d,%d\n",!x*!y,!!!x);
  printf("%d,%d\n",x||i&&j-3,i<j&&x<y);
  printf("%d,%d\n",i==5&&c&&(j=8),x+y||i+j+k);
}
```

程序运行结果：

```
    0, 0
    1, 0
    0, 1
```

本例中 x、y 都为非零值，所以!x 和!y 均为 0，!x*!y 也为 0，故其输出值为 0。由于 x 为非 0，故!!!x 的逻辑值为 0，所以第 1 行输出 0，0。对 x|| i&&j−3 式，先计算 j−3 的值为非 0，再求 i&&j−3 的逻辑值为 1，故 x||i&&j−3 的逻辑值为 1。对 i<j&&x<y 式，由于 i<j 的值为 1，而 x<y 为 0，故表达式的值为 1、0 相与，最后为 0，所以第 2 行输出为 1，0。对 i==5&&c&&(j=8)式，由于 i==5 为假，即值为 0，该表达式由两个与运算组成，因此整个表达式的值为 0。对于式 x+y||i+j+k，由于 x+y 的值为非 0，故整个或表达式的值为 1，所以第 3 行输出为 0，1。

3.5.5　条件运算符和条件表达式

如果在条件语句中只执行单个的赋值语句时，常可使用条件表达式来实现。这样不但使程序简洁，也提高了运行效率。

条件运算符为?和:，它是一个三目运算符，即有 3 个参与运算的量。

由条件运算符组成条件表达式的一般形式为

```
    表达式 1? 表达式 2:表达式 3
```

其求值规则为：如果表达式 1 的值为真，则以表达式 2 的值作为条件表达式的值，否则以表达式 2 的值作为整个条件表达式的值。

条件表达式通常用在赋值语句之中。

例如，条件语句：

```
    if(a>b)  max=a;
    else max=b;
```

可用条件表达式写为

```
max=(a>b)?a:b;
```

执行该语句的语义是：如 a>b 为真，则把 a 赋予 max，否则把 b 赋予 max。

使用条件表达式时，还应注意以下几点。

（1）条件运算符的运算优先级低于关系运算符和算术运算符，但高于赋值符。因此，

```
max=(a>b)?a:b
```

可以去掉括号而写为

```
max=a>b?a:b
```

（2）条件运算符?和:是一对运算符，不能分开单独使用。

（3）条件运算符的结合方向是自右至左。例如：

```
a>b?a:c>d?c:d
```

应理解为

```
a>b?a:(c>d?c:d)
```

这也就是条件表达式嵌套的情形，即其中的表达式 3 又是一个条件表达式。

例 3.12　用条件表达式编程，输出两个数中的大数。

```
  (3_12.c)
#include<stdio.h>
void main()
{
  int a,b,max;
  printf("\n input two numbers:  ");
  scanf("%d%d",&a,&b);
  printf("max=%d",a>b?a:b);
}
```

程序运行结果：

```
input two numbers: 3 5
max=5
```

本程序中 a 和 b 的值由键盘输入，第 1 行输出语句用于输出提示信息，在提示信息后输出两个数；第 2 行输出语句根据条件表达式输出两个数中较大的数，引号内“max=”原样输出，输入 3 和 5 后，输出为 max=5。

3.5.6　逗号运算符和逗号表达式

在C语言中，逗号“,”的用途主要有两种：一种是作为运算符，另一种是作为分隔符。用逗号把两个表达式连接起来组成一个表达式，称为逗号表达式。逗号运算符（又称为顺序求值运算符）的优先级别最低。

1. 逗号作为运算符

逗号作为运算符的一般形式为

```
表达式1，表达式2
```

其求值过程是分别求两个表达式的值，并以表达式 2 的值作为整个逗号表达式的值。

例 3.13　逗号表达式的应用。

```
  (3_13.c)
#include<stdio.h>
void main()
{
  int a=2,b=4,c=6,x,y;
  y=(x=a+b),(b+c);
```

```
    printf("y=%d,x=%d",y,x);
}
```

程序运行结果：

```
y=6,x=6
```

本例中，y 赋值号右边整个逗号表达式的值为第 2 个表达式 b+c 的值为 10，由于赋值运算符优先于逗号运算符，因此赋给 y 的值是第 1 个表达式的值为 6，x 是第 1 个表达式的值。所以结果为 y=6,x=6。

对于逗号表达式还要说明以下两点。

（1）逗号表达式一般形式中的表达式 1 和表达式 2 也可以又是逗号表达式。例如：

```
表达式 1，(表达式 2，表达式 3)
```

形成了嵌套情形，因此，可以把逗号表达式扩展为以下形式：

```
表达式 1，表达式 2，…，表达式 n
```

整个逗号表达式的值等于表达式 *n* 的值。

（2）程序中使用逗号表达式，通常是要分别求逗号表达式内各表达式的值，并不一定要求整个逗号表达式的值。

2. 逗号作为分隔符

逗号除了作为运算符外，还可以作为分隔符，作为 C 语言的标点符号之一，用来分隔开相应的多个数据。如在定义变量时，具有相同类型的多个变量可在同一行中定义，其间用逗号隔开，例如：

```
int a,b,c;
```

另外，函数参数也是用逗号来间隔的。例如：

```
printf("%f,%f,%f",x,y,z);
```

其中，“x,y,z”并不是一个逗号表达式，它是 printf 函数的 3 个参数，参数间用逗号间隔。上面语句如改写为

```
printf("%f,%f,%f",(x,y,z),y,z);
```

则“(x,y,z)”是一个逗号表达式，它的值等于 z 的值。括号内的逗号不是参数间的分隔符，而是逗号运算符。括号中的内容是一个整体，作为 printf 函数的一个参数。

并不是在所有出现逗号的地方都组成逗号表达式，如在变量说明中，函数参数表中的逗号只是用作各变量之间的间隔符。

3.5.7　位运算

前面介绍的各种运算都是以字节作为最基本位进行的，但在很多系统程序中常要求在位（bit）一级进行运算或处理。位运算是指进行二进制位的运算。C 语言中，提供了位运算的功能，这使得 C 语言也能像汇编语言一样用来编写系统程序。C 语言提供了 6 种位运算符，可分为两类，即位逻辑运算符和移位运算符，如表 3-7 所示。

注意，位运算符中除“～”以外，均为双目（元）运算符，即要求两侧各有一个运算数。位运算符的运算对象只能是整型或字符型的数据，不能是实型数据。参与位运算的数以补码方式出现。为了便于理解，先简单回顾有关位的知识和计算机中数值的编码表示方法。

1. 字节和位

在计算机中内存是以字节为单位的连续的存储空间，每个内存单元（字节 byte）有一个唯一的编号，即地址。

一个字节一般由 8 个二进制位（bit）组成，其中最右边的一位称为“最低位”，最左边的一位称为“最高位”。每个二进制位的值是 0 或 1。

表 3-7 Turbo C 中位运算符

操作符	作用
&	位逻辑与
|	位逻辑或
^	位逻辑异或
~	位逻辑反
<<	左移
>>	右移

2. 数值的编码表示

在计算机内表示数值的时候，以最高位为符号位，最高位为 0 表示数值为正，最高位为 1 表示数值为负。表示数值的编码一般有原码、反码、补码。

（1）原码。用最高位为符号位来表示数值的符号：最高位为 0 表示正数，最高位为 1 表示为负数，其余各位代表数值本身的绝对值（二进制）。举例如下。

+11 的原码是：00001011

−11 的原码是：10001011

注意，0 的原码有两种不同的表示，+0 的原码是 00000000，−0 的原码是 10000000。由于 0 的表示方法不唯一，不适合计算机的运算，因此计算机内部一般不使用原码来表示数据。

（2）反码。正数的反码与原码相同，如+11 的反码也是 00001011；而负数的反码是原码除符号位外（仍为 1）各位取反。举例如下。

−11 的反码是：11110100

+0 的反码是：00000000

−0 的反码是：11111111

同样，0 的表示方法不唯一，所以计算机内部一般也不用反码来表示数据。

（3）补码。正数的补码与原码相同，如+11 的补码同样是 00001011，而负数的补码是除最高位仍为 1 外，原码的其余各位求反，然后再加 1。举例如下。

−11 的补码是：其原码 10001011 求反（除最高位外），得 11110100，再加 1，结果是 11110101。

+0 的补码是：00000000

−0 的补码是：其反码 11111111 加 1，得 100000000，最高位溢出，剩下 00000000。

所以，用补码形式表示数值 0 时是唯一的，都是 00000000。

目前，计算机通常都是以编码形式存放数据。因为采用编码形式不仅数值表示唯一，而且能将符号位与其他位进行统一加以处理，为硬件实现提供方便。

3. 按位与运算

按位与运算符“&”是双目运算符，其功能是把参与运算的两数各对应的二进制位进行相与。只有对应的两个二进制位均为 1 时，则该位结果才为 1，否则为 0，即 1&1=1，1&0=0，0&1=0，0&0=0。例如，7&2 可写算式如下：

```
  00000111        (7 的二进制补码)
 &00000010        (2 的二进制补码)
 ─────────
  00000010        (2 的二进制补码)
```

可见 7&2=2（把第 2 位保留下来，其余清零）。

按位与运算通常用来对某些位清 0 或保留某些位。例如，把 x 的高 8 位清 0，保留低 8 位，可作 x&255 运算（255 的二进制数为 0000000011111111）。

4. 按位或运算

按位或运算符“|”是双目运算符，其功能是把参与运算的两数各对应的二进制位进行相或。只要对应的两个二进制位有一个为 1 时，则该位结果就为 1，即 1|1=1，1|0=1，0|1=1,0|0=0。例如，7|2 可写算式如下：

```
 00000111
|00000010
─────────
 00000111        (十进制为 7)
```

可见 7|2=7。

5. 按位异或运算

按位异或运算符“^”是双目运算符，其功能是把参与运算的两数各对应的二进制位进行相异或。当参与运算的两对应的二进制位相同时，则该位的结果为 0，否则为 1，即 1^1=0，0^0=0，1^0=1，0^1=1。例如 7^2 可写成算式如下：

```
 00000111
^00000010
─────────
 00000101        (十进制为 5)
```

可见 7^2=5。

6. 求反运算

求反运算符“～”为单目运算符，具有右结合性。其功能是对参与运算的数的各二进制位按位求反。例如，～7 的运算为

```
～(0000000000000111)
```

结果为 1111111111111000。

3.5.8　指针运算符、sizeof 运算符

除了上述的运算符外，C 语言还有另外几个特殊运算符，在这里作简单介绍。关系运算符、逻辑运算符、条件运算符将在后续章节中作详细介绍。

1. 指针运算符

指针运算符包括取内容（*）和取地址（&）两种运算符。“*”和“&”运算符都是单目运算符。&运算符用来取出其运算分量的地址。*运算符是&的逆运算，它把运算分量（即指针量）所指向的内存单元中的内容取出来。例如：

```
int a,b,*p;
p=&a;                    /*把变量 a 所在内存单元的地址送给 p（指针变量）*/
b=*p;                    /*把 p 所指单元的内容（即 a 的值）赋给变量 b*/
```

有关指针的详细内容，详见后续章节。

2. sizeof 运算符

sizeof 也是单目运算符，用来计算某种类型的变量或某种数据类型在计算机内部表示时所占

用的字节数。例如：sizeof（float）的值为 4，表示 float 型占用 4 字节。sizeof 常用来计算数组或结构所需空间大小，以便进行动态存储空间分配。

3.6 运算符的优先级和结合性

C 语言允许各种运算符组合在一起进行混合运算操作，因此，必须知道运算符的优先级。所谓“运算符的优先级”是指不同的运算符运算的先后顺序，如表 3-8 所示。

表 3-8 运算符的优先级和结合性

<table>
<tr><th>优先级</th><th>运算符</th><th>运算符类型</th><th>运算对象的个数</th><th>结合性</th></tr>
<tr><td>1</td><td>( ) [ ] -> .</td><td>基本</td><td>1 个 单目运算符</td><td>自左至右</td></tr>
<tr><td>2</td><td>! ～ ++ — & * sizeof (类型名) +(正) −(负)</td><td>单目</td><td>2 个 双目运算符</td><td>自右至左</td></tr>
<tr><td>3</td><td>* / %</td><td rowspan="2">算术</td><td rowspan="2">2 个 双目运算符</td><td rowspan="2">自左至右</td></tr>
<tr><td>4</td><td>+ −</td></tr>
<tr><td>5</td><td><< >></td><td>移位</td><td>2 个 双目运算符</td><td>自左至右</td></tr>
<tr><td>6</td><td>< <= >= ></td><td rowspan="2">关系</td><td rowspan="2">2 个 双目运算符</td><td rowspan="2">自左至右</td></tr>
<tr><td>7</td><td>= = !=</td></tr>
<tr><td>8</td><td>&</td><td rowspan="3">位逻辑</td><td rowspan="3">2 个 双目运算符</td><td rowspan="3">自左至右</td></tr>
<tr><td>9</td><td>^</td></tr>
<tr><td>10</td><td>|</td></tr>
<tr><td>11</td><td>&&</td><td rowspan="2">逻辑</td><td rowspan="2">2 个 双目运算符</td><td rowspan="2">自左至右</td></tr>
<tr><td>12</td><td>||</td></tr>
<tr><td>13</td><td>?:</td><td>条件</td><td>3 个 三目运算符</td><td>自右至左</td></tr>
<tr><td>14</td><td>= *= /= += −= %= <<= >>= &= ^= |=</td><td>赋值</td><td>2 个 双目运算符</td><td>自右至左</td></tr>
<tr><td>15</td><td>,</td><td>逗号</td><td>n 个</td><td>自左至右</td></tr>
</table>

说明　运算符的优先级共分 15 级，在表 3-8 中从上到下依次递减，基本运算符的优先级最高（为 1 级），逗号运算符的优先级最低（为 15 级）。

在分析 C 程序或编写程序时，要注意运算符的作用及其运算分量的个数，因为有些运算符虽“外表”一样，但却属于不同类型的运算符。例如，a*b，其中运算符“*”是乘号，它有左右两个分量。而*p*a 中，左边的“*”是单目运算符，只有一个运算分量，其作用是取出 p（指针量）所指向内存单元的内容；右边的“*”是双目运算符，表示两数相乘。又如，−a−b 中左边的“−”是单目运算符，只有一个运算分量，其作用是取变量 a 的负值；右边的“−”是双目运算符，表示两数相减。

3.7 表达式中数据类型的转换

1. 赋值运算中类型转换

如果赋值运算符两边的数据类型不相同，系统将自动进行类型转换，即把赋值号右边的类型换成左边的类型。具体规定如下。

（1）整型数与实型数之间的转换。

① 将实型数据（单、双精度）赋予整型变量时，舍去实型数据的小数部分。例如，整型变量 i，执行“i=3.14;”的结果是使得 i 的值为 3，以整数形式存储在内存中。

② 将整型数据赋予实型（单、双精度）变量时，数值不变，但以实型数据形式存储在内存中，即增加小数部分（小数部分的值为 0）。

（2）实型数据之间的转换。

① 将一个 double 型数据赋予 float 型变量时，截取其前 7 位有效数字，存放到 float 型变量的存储单元（32 位）中。注意，数值范围不能溢出。例如：

```
float a;
double b=123.456789e100;
a=b;
```

便会出现溢出错误。

② 将一个 float 型数据赋予 double 型变量时，其数值不变，有效位数扩展到 16 位，在内存中以 64 位存储。

（3）整型数与字符型数之间的转换。

① 字符型数据赋予整型变量时，由于字符型只占 1 字节，而整型占 2 字节，故将字符的 ASCII 码值放到整型量的低 8 位中，这时有以下两种情况。

a. 如所用系统将字符型数据处理为无符号型的量或对 unsigned int 型变量赋值，则将字符型数据（8 位二进制位）放到整型变量的低 8 位，高 8 位补为 0。例如，将字符'\376'（代表图形字符“■”，其 ASCII 码值为 254）赋予 int 型变量 a，如图 3-5 所示。

b. 如所用系统（如 Turbo C++ 3.0）将字符型数据处理为带符号型的量（即 signed char），如字符最高位为 0，则整型变量高 8 位补 0；如字符最高位为 1，则高 8 位全补 1，如图 3-6 所示。这称为“符号扩展”，这样做的目的是使数值保持不变，如上述字符'/376'以整数形式输出为−2，a 的值也是−2。

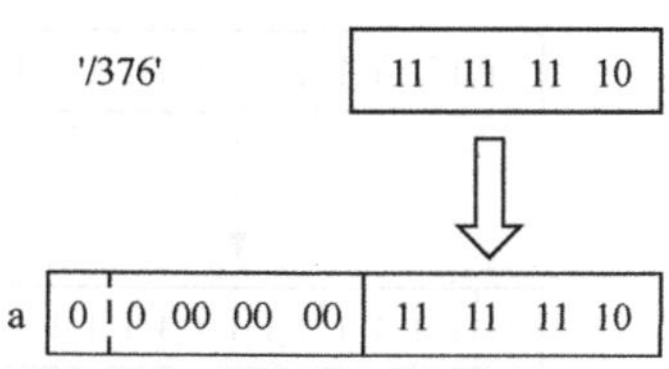

图 3-5 整型数与无符号字符型数之间的转换

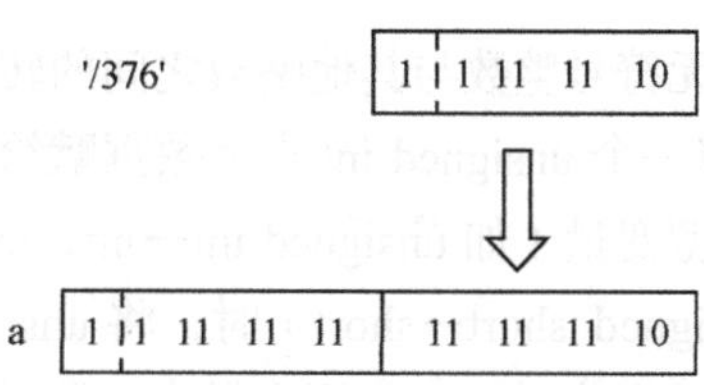

图 3-6 整型数与有符号字符型数之间的转换

② 将一个 int、short、long 型数据赋予一个 char 型变量时，只将其低 8 位原封不动地送到 char 型变量中（截断）。例如：

```
int a=291;
```

```
char b='c';
b=a;
```

赋值情况如图 3-7 所示，字符变量 b 的值为 35，如用“%c”格式输出 b，将得到字符“#”（其 ASCII 为 35）。

（4）整型数据之间的转换。

如将带符号的整型数据（int 型）赋予 long 型变量时，要进行符号扩展，将整型数的 16 位送到 long 型低 16 位中。如 int 型数据为正值（符号位为 0），则 long 型变量的高 16 位补 0；如 int 型变量为负值（符号位为 1），则 long 型变量的高 16 位补 1，以保证数值不改变。

如将一个 long 型数据赋予一个 int 型变量，只将 long 型数据中低 16 位原封不动地送到 int 型变量中（截断）。例如：

```
int x;
long y=9;
x=y;
```

赋值情况如图 3-8 所示。

如果 y=65536（八进制数 0200000），则在赋值后 x 值为 0，如图 3-9 所示。

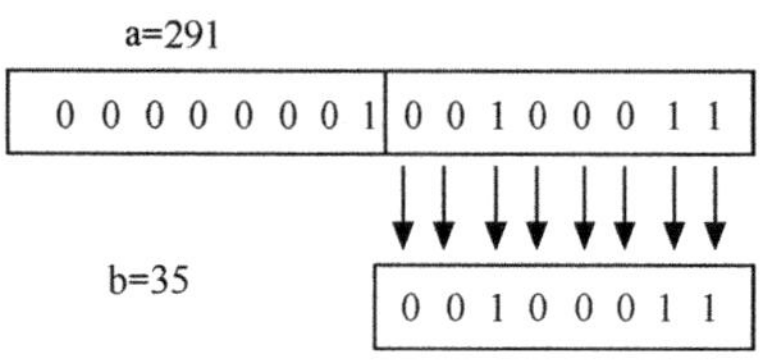

图 3-7　整型数赋给字符型数的转换

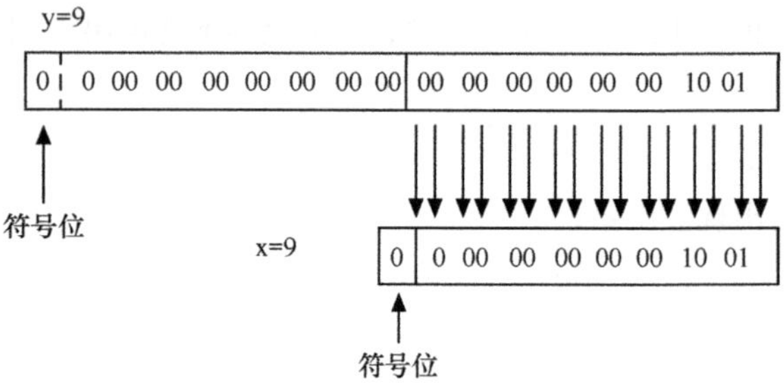

图 3-8　long 型数据赋给一个 int 型变量

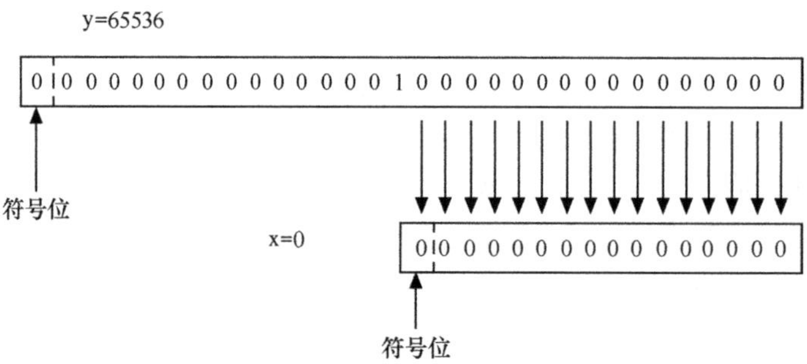

图 3-9　长整型数据赋给一个整型变量

（5）无符号整数与其他整数之间的转换。

① 将一个 unsigned int 类型数据赋给一个与其长度相同的整型变量（如 unsigned int→int，unsigned long→long，unsigned short→short）时，将 unsigned 型变量的内容原样送到非 unsigned 型变量中，即进行原样复制；但如果数据范围超过相应整型的范围，则会出现数据错误。例如：

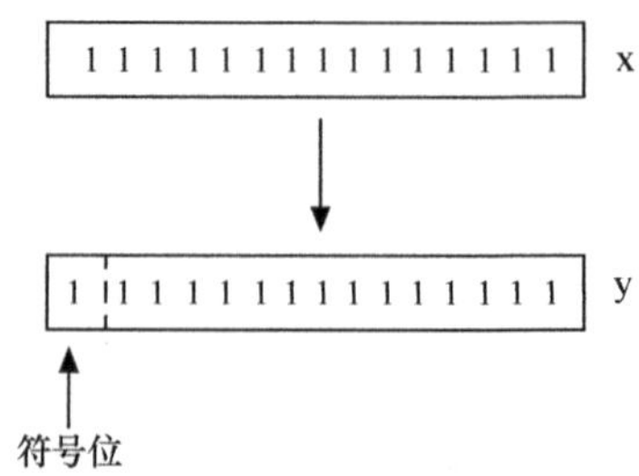

图 3-10　无符号整数与其他整数之间的转换

```
unsigned int x=65535;
int y;
y=x;
```

将 x 整个送到 y 中，如图 3-10 所示。由于 y 是 int 型，第 1 位是符号位，因此 y 成了负数。根据补码指数可知，y 的值为−1，可以用 printf("%d",y);来验证。

② 将非 unsigned 型数据赋值给长度相同的 unsigned 型变量，也是原样赋值（连原有的符号也作为数值一起传递）。

例 3.14　有符号数据送给无符号变量。

```
 (3_14.c)
#include<stdio.h>
void main()
{
  unsigned x;
  int y=-1;
  x=y;
  printf("%u\n",x);
}
```

程序运行结果：

```
65535
```

2. 各数据类型间的混合运算时类型转换

前面讨论了不同类型的数据类型（整型、实型、字符型），它们之间是可以混合运算的，如整型与字符型之间可以通用。所以下面的表达式：

```
6.7+365-'a'*6+89563.9-58
```

是合法的。不同类型的数据在一起运算时，需要转换为相同的数据类型，然后进行运算。转换的方式采用自动类型转换，也称为隐式转换。自动类型转换是指系统根据规则，自动将不同数据类型的运算对象转换成同一数据类型的过程。对于某些数据类型，即使两个运算对象的数据类型完全相同，也要进行转换，如都是 char 或都是 float。

转换的原则就是为两个运算对象的计算结果尽可能提供多的存储空间。当运算符两端运算对象的数据类型不一致时，在运算前先将类型等级较低的数据转换成类型等级较高的数据——保值转换。具体原则如图 3-11 所示。

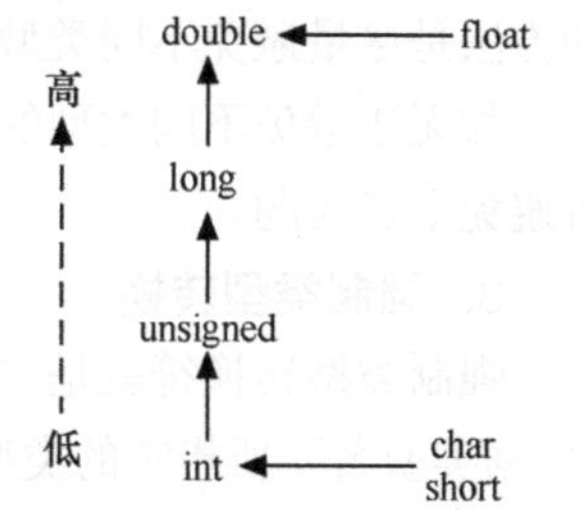

图 3-11　数据类型的转换关系

图 3-11 中横向向左的箭头表示必定的转换，如字符型必定先转换为 int 型，short 型转换为 int 型，float 型数据在运算时一律先转换为 double 型，以提高运算精度（即使两个 float 型数据相加减，也要先都转换为 double 型，然后再运算）。

纵向的箭头表示当运算对象为不同类型时转换的方向。例如，int 型与 double 型数据进行运算，则先将 int 型的数据转换为 double 型，然后再在两个同一类型（double 型）数据间进行运算，其结果为 double 型。注意，箭头方向只是表示数据类型级别的高低，由低向高转换，实际运算时无须逐级转换，可由运算对象中级别低的直接转换为级别高的。例如，int 型数据与 double 型数据进行运算，直接将 int 型转换为 double 型，而不必先转换为 unsigned int 型后再转换为 double 型。

例如，有如下定义：

```
int i;
float j;
double k;
long m;
```

则对表达式“25+'c'+i*j−k/m”运算时，计算机按自左至右的各优先级顺序扫描运算，转换步骤如下。

计算 i*j，将 i、j 转换为 double 型，结果为 double 型。

计算 k/m，先将 m 转换为 double 型，k/m 结果为 double 型。

计算 25+'c'时，先将'c'转换成整型数 99，再进行运算，结果为整型数 124。

将上述计算结果 124 转换为 double 型后与 i*j 的结果相加，再减去 k/m 的结果，表达式计算完毕，结果为 double 型。

注意 上述的类型转换是由系统自动进行的。自动类型转换只针对两个运算对象，不能对表达式的所有运算对象做一次性的自动类型转换。

在赋值运算中，赋值号两边量的数据类型不同时，赋值号右边量的类型将转换为左边量的类型。如果右边量的数据类型长度比左边长时，将丢失一部分数据，这样会降低精度，丢失的部分按四舍五入向前舍入。

例 3.15 数据类型转换。

```
  (3_15.c)
#include<stdio.h>
void main()
{
  float PI=3.14159;
  int s,r=5;
  s=r*r*PI;
  printf("s=%d\n",s);
}
```

程序运行结果：

```
s=78
```

对于初学者，可能会被上述不同类型的数据运算搞得晕头转向。因此，在设计程序时，最好的方法是尽量避免不同类型的数据在同一语句中出现。

如无法避免不同类型的数据出现在同一语句中，C 语言提供了另一种功能——强制类型转换，可避免上述问题。

3. 强制类型转换

强制类型转换符就是“()”，它是单目运算符，它把表达式的类型强制类型转换成圆括号中的“数据类型名”所指定的类型。强制类型转换又称为显示转换，它的一般形式为

```
(类型说明符)  (表达式)
```

其功能是把表达式的运算结果强制转换成类型说明符所表示的类型。

例如：

```
   (int) a;                /*把 a 转换为整型*/
   (float)(x+y);           /*把 x+y 的结果转换为实型*/
```

在使用强制转换时应注意以下问题。

- 类型说明符和表达式都必须加括号，单个变量可以不加括号。例如，不要把(int)a;写成 int(a);。上面的语句(float)(x+y);如写成 float x+y;则只是将 x 转换成实型，再与 y 相加。
- 无论是强制转换或是自动转换，都只是为了本次运算的需要而对变量的数据长度进行的临时性转换，而不改变数据说明时对该变量定义的类型。例如：(int)a;，如 a 原指定为 float 型，

则进行强制类型转换后，得到一个 int 型的中间变量，它的值等于 a 的整数部分，而 a 的类型不变，仍为 float 型。

例 3.16 强制类型转换。

```
(3_16.c)
#include<stdio.h>
void main()
{
  float a=3.14;
  int x;
  x=(int)a;
  printf("x=%d,a=%f\n",x,a);
}
```

程序运行结果：

```
x=3,a=3.140000
```

小 结

1．C 的数据类型包括基本类型、构造类型、指针类型和空类型。

2．常量是在程序执行过程中值不会改变的量。

常量类型：整数、长整数、无符号数、浮点数、字符、字符串、符号常数、转义字符。

标识符：用来标识变量名、符号常量名、函数名、数组名、类型名、文件名的有效字符序列。

符号常量：用标识符代表一个常量。

3．变量是程序执行过程中值可以改变的量。

变量必须先定义后使用，在定义时可以指定变量初值。变量在内存中占据一定的存储单元。C 语言规定，变量名只能由字母（A～Z，a～z）、数字（0～9）、下画线（__）组成，并且其第 1 个字符必须是字母或下画线。

4．基本类型的分类及特点。

字符型 char 占 1 字节；基本整型 int 占 2 字节；短整型 short int 占 2 字节；长整型 long int 占 4 字节；无符号型 unsigned 占 2 字节；无符号长整型 unsigned long 占 4 字节；单精度实型 float 占 4 字节；双精度实型 double 占 8 字节。

根据是否带有符号，分为有符号（signed）型和无符号（unsigned）型。

整型常量有 3 种形式：八进制（前缀 0）、十进制（无前缀）和十六进制（前缀 0x 或 0X）。

常量后缀：L 或 l 长整型；U 或 u 无符号数；F 或 f 浮点数。

5．实型数据包括单精度（float）型、双精度（double）型和长双精度（long double）型。

实型常量可以用十进制小数和指数两种形式表示。

实型常量若无后缀，其类型为双精度；若加后缀 f、F，表示其类型为单精度（float）；若加后缀 l、L，表示其类型为长双精度（long double）。

6．字符型（char）数据。字符型数据在内存中以 ASCII 码形式存放。注意区分字符型常量（如'a'）和字符串常量（如"a"）。

7．运算符。运算符从功能上分为算术运算符、赋值运算符、关系运算符、逻辑运算符、位运算符、条件运算符、逗号运算符等。

运算符从运算对象的数量上分为单目运算符、双目运算符和三目运算符。

运算符的优先级和结合性十分重要，要牢记。一般而言，单目运算符优先级较高，赋值运算符优先级低。算术运算符优先级较高，关系和逻辑运算符优先级较低。多数运算符具有左结合性，单目运算符、三目运算符、赋值运算符具有右结合性。

8．表达式。表达式是由运算符连接常量、变量、函数所组成的式子。每个表达式都有一个值和类型。根据表达式进行运算，得到的数值即为表达式的值。C 语言中在表达式后加上“;”就构成了语句。表达式的运算必须考虑运算符的优先级和结合性。

9．数据类型转换包括自动转换和强制转换。

- 自动转换：在不同类型数据的混合运算中，由系统自动实现转换，由少字节类型向多字节类型转换。不同类型的量相互赋值时也由系统自动进行转换，把赋值号右边的类型转换为左边的类型。
- 强制转换：由强制转换运算符完成类型转换。

10．赋值运算符的类型转换。当赋值运算符左边的变量与赋值运算符右边的表达式的数据类型相同时，不需要进行数据类型的转换。当赋值运算符左边的变量与赋值运算符右边的表达式的数据类型不同时，系统负责将右边数据类型转换成左边的数据类型。

11．位运算是C语言的一种特殊运算功能，它是以二进制位为单位进行运算的。位运算符只有逻辑运算和移位运算两类。位运算符可以与赋值运算符一起组成复合赋值运算符，如&=、|=、^=、>>=、<<=等。利用位运算可以完成汇编语言的某些功能，如置位、位清零、移位等，还可进行数据的压缩存储和并行运算。

习 题 3

一、选择题

1．下列为合法的用户自定义标识符的是（　　）。

A）ah-spks　　B）double　　C）<ctrl>　　D）_myapple

2．以下为正确的 C 语言标识符的是（　　）。

A）%x　　B）a+b　　C）a123　　D）test!

3．以下不能定义为用户标识符的是（　　）。

A）Void　　B）b_2　　C）int　　D）name

4．以下选项中可作为 C 语言合法整数的是（　　）。

A）11010 B　　B）0583　　C）x2b2　　D）0xafb

5．C 语言的短整型数值在计算机中占用的字节数是（　　）。

A）1　　B）2　　C）3　　D）4

6．设 int 型的数据长度为 2 字节，则 unsigned int 类型数据的取值范围是（　　）。

A）均为 2 字节　　B）0～65 535　　C）−3 276～32 767　　D）−256～255

7．以下选项中可作为 C 语言合法常量的是（　　）。

A）−80.　　B）−080　　C）−8e1.0　　D）−80.0e

8．下列式中，值不为 4 的表达式是（　　）。

A）sizeof(unsigned long)　　B）sizeof(long)

C）sizeof(unsigned int)　　D）sizeof(float)

9．设有说明语句 char a='\123';，则变量 a（　　）。

A）包含 1 个字符　　B）包含 2 个字符

C）包含 3 个字符　　D）说明不合法

10．C 语言中，“\x5d”在内存中占用的字节数是（　　）。

A）2　　B）5　　C）4　　D）1

11．设 x 为一个数字字符，则其所对应的十进制数值为（　　）。

A）x　　B）x−"0"　　C）*x　　D）&x

12．字符串"\t\x42\\bcd\n"的长度是（　　）。

A）8　　B）10　　C）12　　D）13

13．已知大写字母 A 的 ASCII 码值是 65，a 的 ASCII 码值是 97，则用八进制表示的字符常量'\101'为（　　）。

A）字符 A　　B）字符 a　　C）字符 e　　D）非法常量

14．执行语句 int a='1'+1.5; 后，正确的叙述是（　　）。

A）a 的值是字符'3'　　B）a 的值是浮点数

C）不允许字符型和浮点型相加　　D）a 的值是字符'1'的 ASCII 码加 1

15．若 a 为 int 类型且其值为 5，则执行表达式 a+=a−=a*a 后，a 的值是（　　）。

A）−5　　B）−40　　C）−15　　D）不确定

16．设整型变量 a 的值为 2，下列表达式值为 1 的是（　　）。

A）a%3　　B）a/3　　C）−−a　　D）a++

17．设变量 a、b、c 已定义并赋值，则下列表达式中符合 C 语言语法规则的是（　　）。

A）a=5++　　B）a=b=c++　　C）a=%2　　D）b=a+1=2

18．下列式中，最终运算结果的数据类型不是单精度的表达式的是（　　）。

A）(int)(3+3.0)　　B）1e−3

C）(float)(3)　　D）(int)3.0+3.0

19．设整型变量 x、y、z 均为 2，表达式(x++)+(y++)+(z++)的值是（　　）。

A）6　　B）7　　C）8　　D）9

20．C 语言中计算 a^3 的正确表达式是（　　）。

A）a^3　　B）a**3　　C）pow(a,3)　　D）power(a,3)

21．下列表达式的值为 0 的是（　　）。

A）7/8　　B）7%8　　C）7/8.0　　D）7<8

22．设 float m=4.0, n=4.0;，使 m 为 10.0 的表达式是（　　）。

A）m−=n*2.5　　B）m/=n+9　　C）m*=n−6　　D）m+=n+2

23．逗号表达式(a=4*5,a*2),a+15 的值是（　　）。

A）35　　B）40　　C）55　　D）20

24．设 int a=5, b=4;，则表达式(a=b++)? ++a: b++ 的值是（　　）。

A）4　　B）5　　C）6　　D）3

25．C 语言中运算对象必须是整型的运算符是（　　）。

A）%=　　B）/　　C）=　　D）<=

二、填空题

1．设 int a=3,b=5;float x=7.5,y=3.5;，则表达式(float)a+b/2+(int)x%(int)y 的值是________。

2．设 a 为 float 型变量，则能将 a 中的数值保留一位小数的表达式是________。

3．若 ch 是一小写英文字母，其对应的大写英文字母为________。

4．一个 3 位整数 n 的中间一位数字可表示为________。

5．代数式 $\frac{3+ab}{c+d}$ 表示成 C 表达式为________。

第 4 章 结构化的 C 语言程序设计

4.1 结构化程序设计概述

结构化程序设计理论由 Bohn 和 Jacopini 于 1966 年提出，设计的原则有 4 个：自顶向下，逐步细化，模块化设计（按模块组装的方法编程），结构化编码。结构化程序设计思想和方法的引入，使程序结构清晰，容易理解、使用和维护。

结构化程序由 3 种基本结构组成，即顺序结构、选择结构和循环结构，这些内容在第 1 章中已经讲过，本章不再赘述。

4.2 顺序结构程序设计

4.2.1 赋值语句、复合语句

在表达式的尾部加一个“;”就构成了一条表达式语句，在赋值表达式的尾部加一个“;”就是赋值语句，例如：

```
a=5
```

是一个赋值表达式，在其尾部加上一个“;”就构成了赋值语句

```
a=5;
```

复合语句是用一对花括号把若干语句括起来，例如：

```
{
  a=a+3;
  b=a/2;
  c = a+b;
}
```

复合语句通过一个花括号将多条语句在逻辑上构成一个整体，复合语句在语法上被视为一条语句，任何可以放置语句的地方都可以放置复合语句。复合语句常用于 if 选择结构的分支语句和 while 循环、do…while 循环以及 for 循环的循环体中。

4.2.2 字符输出函数

C 语言不提供输入/输出语句，可以调用标准库函数提供的输入/输出函数来实现数据的输入/

输出操作。常用的输入/输出函数有两种：字符输入/输出函数（putchar()和 getchar()）和格式输入/输出函数（scanf()和 printf()）。

putchar 函数调用的一般形式为

```
putchar(c)
```

其中，c 可以是一个字符变量，也可以是一个字符常量。putchar 函数的作用是向终端输出一个字符。在上述调用形式后面加一个“;”就构成了函数调用语句。

例 4.1 使用 putchar 函数输出一个字符

```
(4_1.c)
#include<stdio.h>
void main()
{
  char  ch='a';
  putchar(ch);
  putchar('b');
}
```

程序运行结果：

```
ab
```

注意

调用标准输入/输出函数时，需要使用预编译命令 include 将 stdio.h 头文件加入到源程序中，形式如下：

```
#include<stdio.h>
```

其中 stdio 是 standard input & output 的缩写。

在 TC2.0 环境下，调用格式输入/输出函数，这个预编译命令可以默认。

4.2.3 字符输入函数

getchar 函数调用的一般形式为

```
getchar()
```

getchar 函数的作用是从终端读入一个字符作为函数值，函数没有参数。例如，函数调用语句

```
ch=getchar();
```

的含义是：getchar 函数读取一个字符数据作为函数值，将其赋给变量 ch。

例 4.2 输入一个字符并回显该字符。

```
(4_2.c)
#include<stdio.h>
void main()
{
  char  ch;
  ch=getchar();
  putchar(ch);
}
```

程序运行结果：

```
a↙
a
```

getchar 函数每次只读取一个字符，如果键入多个字符，则只读取第 1 个字符。在例 4.2 中，如果键入一串字符“ab123”，则运行情况如下：

```
ab123↙
a
```

例 4.3 输入单词“BOY”并回显。

```
(4_3.c)
#include<stdio.h>
void main()
{
  char  ch1,ch2,ch3;
  ch1=getchar();
  ch2=getchar();
  ch3=getchar();
  putchar(ch1);
  putchar(ch2);
  putchar(ch3);
}
```

程序运行结果：

```
boy↙
boy
```

在输入时，空格、回车等都将作为字符输入，所以不能按如下形式输入：

```
b↙
o↙
y↙
```

否则，运行结果如下：

```
b↙
o↙
b
o
```

第 1 个 getchar 函数读取“b”赋给变量 ch1，第 2 个 getchar 函数读取回车符赋给变量 ch2，第 3 个 getchar 函数读取“o”赋给变量 ch3。

4.2.4　格式化输出函数

printf 函数是 C 语言提供的标准输出函数，它的作用是：按照规定的格式向终端设备输出数据。printf 函数的一般调用形式如下：

```
printf(格式控制字符串,输出表列)
```

其中，输出表列中列出要输出的数据项（可以是常量、变量、表达式），如果是多个输出项，则输出项之间用“,”隔开。格式控制字符串则是用来说明输出数据的输出格式。

在上述调用形式后面加“;”就构成了函数调用语句。例如：

```
printf("a=%d,%c",  2*3*5,'A');
       格式控制字符串  输出项列表
```

输出：

```
a=30,A
```

“a=”和“,”是普通字符按原样输出，用格式%d 输出表达式 2*3*5 的值 30，用格式%c 输出字符常量'A'。

格式控制字符串中可以有两种字符：普通字符和格式说明符。

（1）普通字符。普通字符又称非格式字符，按原样输出，如上例中的“a=”“,”等。

又如：

```
printf("hello");
```

输出：

```
hello
```

（2）格式说明符。格式说明符总是以“%”开始，以一个格式符结束，可以根据需要在“%”和格式符之间加入“宽度说明”左对齐符号“–”等。

① 格式符。表 4.1 所示为几种常用格式符及其功能。

表 4.1　常用格式符及其功能

格式符	功能
c	输出一个字符
d 或 i	将数据视为有符号的整型数，以十进制形式输出
o	将数据视为无符号的整型数，以八进制形式输出
x 或 X	将数据视为无符号的整型数，以十六进制形式输出
u	将数据视为无符号的整型数，以十进制形式输出
f	将数据视为实型数据，以带小数的形式输出
e 或 E	将数据视为实型数据，以指数形式输出
s	输出一个字符串
g	根据给定的值和精度，自动选择 f 与 e 中较紧凑的一种格式，不输出无意义的 0

② 宽度说明符。当使用%d、%f、%c 等格式说明时，输出数据采用右对齐的形式，所占的宽度由系统决定，可以在“%”和格式符之间加入宽度说明符以控制输出数据所占宽度。

宽度说明符通常有以下 3 种形式。

m：m 是一个整数，用来指定输出数据的宽度，当数据的实际宽度大于指定宽度时，按实际宽度输出。如果实际宽度小于指定宽度，则按指定宽度输出，若无特殊说明，数据右对齐，左边补空格。例如：

```
printf("%2d,%7d,%d",123,123,123);
```

输出：

```
123,    123,123
```

m.n：m 和 n 都是整数，其中 m 用来指定整个数据的宽度，n 用来表示精度，即指定小数位数。例如：

```
printf("%7.2f,%4.2f,%f",3.1415,3.1415,3.1415);
```

输出：

```
   3.14,3.14,3.141500
```

需要注意的是，由于小数点也占一位，因此 n 应该小于 m。

n：n 是一个整数，n 用来表示精度，即指定小数位数。例如：

```
printf("%. 2f,%. 3f",3. 1415,3. 1415);
```

输出：

```
3.14,3.141
```

③ 输出数据左对齐。可以在指定宽度的同时指定数据左对齐，在宽度说明符之前加一个“–”符号即可。例如：

```
printf("%-7d,%-2d",123,123);
```

输出：

```
123    ,123
```

说明

① 格式控制字符串中的格式说明符与输出项必须按顺序一一对应。

② 如果要输出“%”，则在格式控制字符串中用两个连续的“%”，例如：

```
printf("%%");
```

输出：

```
%
```

③ 输出项列表中的表达式按自右往左的顺序计算，例如：

```
i=5;
printf("%d,%d",i,i++);
```

输出：

```
6,5
```

4.2.5 格式化输入函数

scanf 函数是 C 语言提供的标准输入函数。它的作用是：按照格式控制字符串中规定的格式，从键盘输出/输入数据，依次赋予每个输入项。scanf 函数的一般调用形式如下：

```
scanf(格式控制字符串,输入项列表)
```

在上述调用形式后面加“;”就构成了函数调用语句。

格式控制字符串用来说明输入数据的输入格式。输入项列表中列出输入项，如果是多个输入项，则输入项之间用“,”隔开。需要注意的是，输入项是以变量地址的形式出现的，而不是变量的名称。例如：

```
scanf("%d,%c", &a,&b);
```

格式控制字符串　输入项列表

其中，&是取地址运算符，&a、&b 分别表示变量 a、b 的地址。格式说明符%d 说明是将要赋予变量 a 的从键盘键入的数据类型是十进制整型，格式说明符%c 说明是将要赋予变量 b 的从键盘键入的数据是字符型数据，上例中键入

```
30,A↙
```

则 30 赋予变量 a，'A'赋予变量 b。

格式控制字符串中可以有两种字符：普通字符和格式说明符。格式说明符总是以“%”开始，以一个格式符结束。表 4.2 所示为几种常用格式符及其功能。

表 4.2　常用格式符及其功能

格式符	说明
c	输入一个字符
d	输入十进制整型数
ld	输入长整型数据
i	输入整型数，可以是十进制、八进制（带前导 0）、十六进制（带前导 0x 或 0X）
o	以八进制形式输入整型数
x 或 X	以十六进制形式输入整型数
u	输入无符号的整型数
f（e）	输入单精度实型数据
lf（le）	输入双精度实型数据
s	输入一个字符串

说明

① 格式控制字符串中的格式说明符必须与输入项的类型一一匹配。

② scanf 函数输入长整型数据，必须用格式符 ld，输入双精度数据必须用 lf。

③ 可以指定数据的总宽度，但不能指定精度，即可以使用 m，但不可以使用 m.n 或.n（其中 m 和 n 均为整数）。

④ 可以使用“*”以使对应的输入数据不赋予任何变量。

⑤ 格式控制字符串中出现的普通字符需要按原样输入。

⑥ 可以用回车键、空格和 Tab 键表示一个数据的结束。

⑦ 输入数据时，最后一定要按回车键，scanf 函数才能接收从键盘输入的数据。

⑧ 输入函数的返回值为输入数据的个数。

下面介绍一些输入方法。

（1）输入字符型数据。

例如：假设 a、b 为字符变量。

```
scanf("%c%c%c",&a,&b,&c);
```

要求给变量 a 赋值'A'，给变量 b 赋值'B'，给变量 c 赋值'C'，则可以键入

```
ABC↙
```

注意

所有数据输入完毕，最后一定是以回车键结束。

（2）输入数值数据。

当从键盘输入数值数据时，可以用回车键、空格键和 Tab 键表示一个数据的结束。例如，假设 a 为整型变量，b 为单精度实型变量。

```
scanf("%d%f",&a,&b);
```

要求给变量 a 赋值 5，给变量 b 赋值 3.14，则可以键入

```
5<空格>3.14↙
```

或

```
5<Tab>3.14↙
```

或

```
5↙
3.14↙
```

（3）数值型数据与字符型数据混合输入。

假设 a 为整型变量，b 为字符变量。

```
scanf("%d%c",&a,&b);
```

要求给变量 a 赋值 30，给变量 b 赋值'B'，则应键入

```
30B↙
```

注意

数字 30 后直接输入“B”，不能再加任何字符。

（4）格式控制字符串中的普通字符。

scanf 函数格式控制字符串中的普通字符要按原样输入，例如：

```
scanf("a=%d,b=%d",&a,&b);
```

要求给变量 a 赋值 5，给变量 b 赋值 6，则应键入

```
a=5,b=6↙
```

（5）指定数据宽度。

可以指定数据的总宽度，但指定数据宽度后容易输入出错，所以如果没有特殊要求，一般不建议指定数据宽度。

（6）跳过输入数据。

可以使用"*"以使对应的输入数据不赋予任何变量。例如：

```
scanf("%2d% *2d%2d",&a,&b);
```

键入：

```
123456
```

则 12 赋予变量 a，34 没有赋予任何变量，被直接跳过，56 赋予变量 b。

4.2.6　顺序结构程序设计举例

例 4.4　由键盘输入正方形的边长，计算正方形的周长和面积。

数据分析如下。

输入量：边长 a，为实型数据。

输出量：面积 s 及周长 l，均为实型数据。

算法分析如下。

① 说明变量的类型。

② 输入边长 a。

③ 计算周长 l，公式：$l=4\times a$。

④ 计算面积 s，公式：$s=a\times a$。

⑤ 输出面积 s 和周长 l。

程序如下。

```
(4_4.c)
#include <stdio.h>
void main()
{
  float a,l,s;
  printf("Please input broder: \n");             /*输入提示*/
  scanf("%f",&a);                                /*从键盘上输入边长，回车*/
  l=4*a;
  s=a*a;
  printf("The square length: l=%f\n",l);         /*输出正方形的周长*/
  printf("The square area: s=%f\n",s);           /*输出正方形的面积*/
}
```

程序运行结果：

```
Please input broder:
4↙
The square length: l=16.000000
The square area: s=16.000000
```

例 4.5　编写程序，求玲玲同学期末 3 门课程考试成绩的平均分。

数据分析如下。

输入量：3 门考试成绩 score1、score2、score3，均为实型数据。

中间量：总分 sum，为实型数据。

输出量：平均分 average，为实型数据。

算法分析如下。

① 说明变量的类型。

② 输入 3 门考试成绩。

③ 计算总分 sum。

④ 计算平均分 average。

⑤ 输出平均分 average。

程序如下。

```
(4_5.c)
#include <stdio.h>
void main()
{
  float score1,score2,score3,sum,average;
  printf("input three scores:\n");
  scanf("%f%f%f",&score1,&score2,&score3);
  sum=score1+score2+score3;
  average=sum/3;
  printf("average is %.2f",average);
}
```

程序运行结果：

```
in put three scores:
85 86.5 93
average is 88.17
```

例 4.6 求一元二次方程 $ax^2+bx+c=0$ 的两个实根。

数据分析如下。

输入量：方程系数 a、b、c，均为实型数据。

中间量：判别式 d，为实型数据。

输出量：两个实根 x_1、x_2，均为实型数据。

算法分析如下。

① 输入方程系数 a、b、c。

② 计算判别式 d，$d=b^2-4ac$。

③ 计算两个实根 x_1、x_2。

④ 输出两个实根 x_1、x_2。

程序如下。

```
(4_6.c)
#include <stdio.h>
#include <math.h>
void main( )
{
  float  a, b, c;
  float  d,x1, x2;
  printf("input a,b,c : ");
  scanf("%f%f%f", &a, &b, &c);
  d=b*b-4*a*c;
```

```
    x1=(-b+sqrt(d))/(2*a);
    x2=(-b-sqrt(d))/(2*a);
    printf("x1=%.2f,x2 =%.2f \n", x1, x2);
  }
```

程序运行结果：

```
input a,b,c:1 5 6
x1=-2.00, x2= -3.00
```

4.3　选择结构程序设计

选择结构是结构化程序设计的 3 种基本结构之一。实现选择结构的语句主要有两大类：if 语句和 switch 语句。其中 if 语句又可分为简单的 if 语句、if…else 语句、if 语句的嵌套。

4.3.1　简单的 if 结构

简单的 if 结构又称 if 单分支结构，语法形式如下：

```
if（表达式）
语句 1
```

其中语句 1 又称 if 子句。

if 结构的执行过程：先计算表达式的值，如果表达式成立（表达式的值为“非零”）则执行语句 1，否则不执行语句 1，直接跳过，执行下一条语句，流程图如图 4-1 所示。

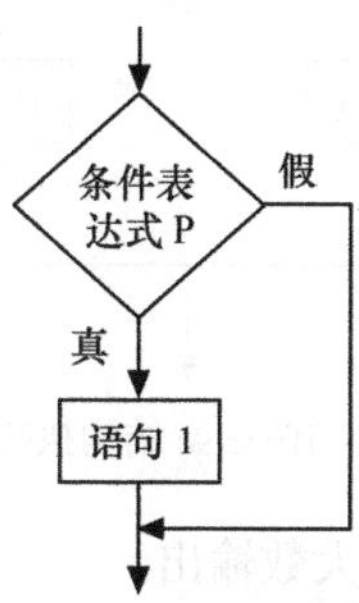

图 4-1　if 结构执行流程

例 4.7　从键盘输入一个整数，若该整数大于 10 直接输出，若小于 10 则加 100 后输出。

```
(4_7.c)
#include <stdio.h>
void main()
{
  int a;
  scanf("%d",&a) ;
  if(a<10)
    a=a+100;
  printf("%d",a) ;
}
```

程序运行结果：

```
9 ↙
109
```

```
19 ↙
19
```

当键入 9 时，9 赋给变量 a，a 的值为 9，表达式 a<10 成立，所以执行语句 a=a+100;，a 的值变为 109，然后再执行下一条语句 printf("%d", a);，将 a 的值输出。当键入 19 时，19 赋予变量 a，表达式 a<10 不成立，所以不执行语句 a=a+100;，变量 a 的值不变，直接执行下一条语句，将 a 值输出。

4.3.2 if…else 语句结构

if…else 语句结构又称 if…else 双分支结构，形式如下：

```
if(表达式)
          语句 1
else
          语句 2
```

其中，语句 1 又称为 if 子句，语句 2 又称为 else 子句。

If…else 语句结构的执行过程：先计算表达式的值，如果表达式成立（表达式的值为真）则执行语句 1，否则执行语句 2，流程图如图 4-2 所示。

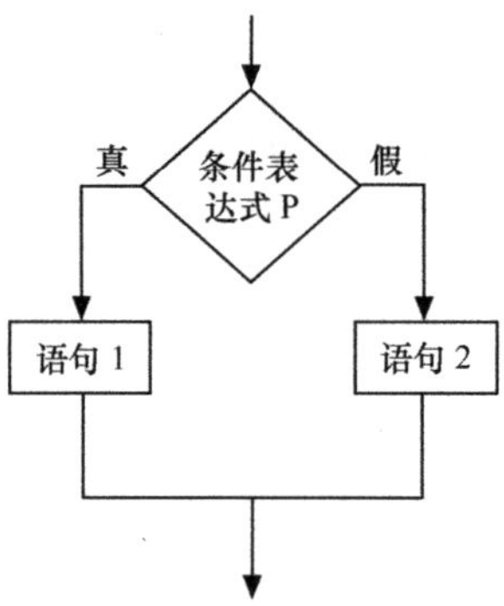

图 4-2 if…else 结构执行流程

例 4.8 从键盘输入两个整数，将较大数输出。

```
(4_8.c)
#include <stdio.h>
void main()
{
  int a,b;
  scanf("%d,%d",&a,&b);
  if(a>=b)
    printf("%d",a);
  else
    printf("%d",b);
}
```

程序运行结果：

```
40,50 ↙
50
```

键入 40、50，则 a 的值为 40，b 的值为 50，表达式 a>=b 为假，执行语句 printf("%d", b);，输出变量 b 的值 50。

4.3.3　if 结构的嵌套

有很多问题不是一次判断就能解决的，需要多次判断，可用 if 语句的嵌套来解决这个问题。在简单的 if 结构和 if…else 语句结构中，if 子句和 else 子句可以是任意合法的语句，当然也包括简单的 if 结构和 if…else 语句结构。如果 if 子句或 else 子句是简单的 if 结构或 if…else 语句结构，即构成了 if 结构的嵌套。语法形式如下：

```
if(表达式 1)
        if(表达式 2)
            语句 1
        else  语句 2
else
        if(表达式 3)
            语句 3
        else
            语句 4
```

注意　在 if 结构的嵌套中，else 与 if 的配对原则是：else 总是与它上面、距它最近且尚未配对的 if 配对。建议读者在写程序时，用一对{}将内嵌的 if 语句或 if…else 语句括起来，使层次清楚分明，避免出错。

例 4.9　从键盘输入 3 个数，并将最大的数输出。

```
(4_9.c)
#include <stdio.h>
void main()
{
  int a,b,c;
  scanf("%d,%d,%d",&a,&b, &c);
  if(a>=b)
{
  if(a>=c)
    printf("%d",a);
  else
    printf("%d",c);
}
else
  {
    if(b>=c)
      printf("%d",b);
    else
      printf("%d",c);
    }
}
```

程序运行结果：

```
40,30 ,50↙
50
```

4.3.4 if…else…if 语句结构

如果嵌套都发生在 else 分支上，则可以应用 if…else…if 语句结构。语法形式如下：

```
if(表达式 1)
    语句 1
else
        if(表达式 2)
            语句 2
        else
            if(表达式 3)
                语句 3
                 …
                    else
                        语句 n+1
```

if…else…if 语句的执行顺序如图 4-3 所示。

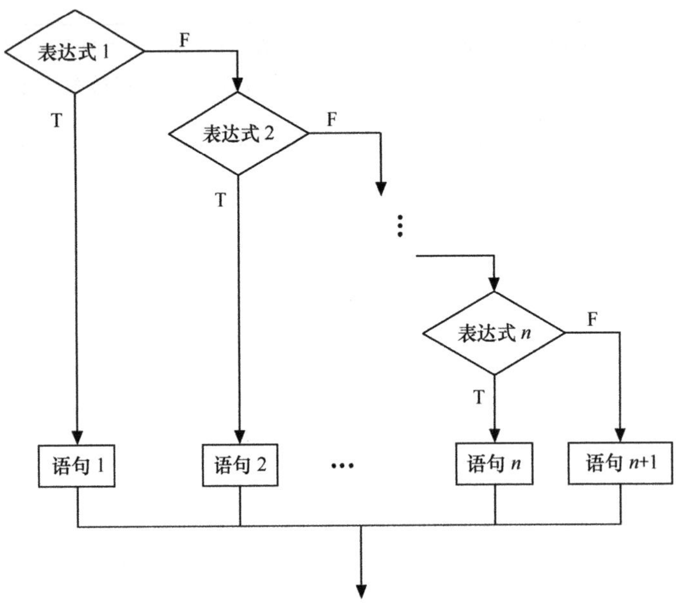

图 4.3　if…else…if 结构执行流程

例 4.10　编写程序，根据输入学生的成绩，给出相应的等级，分 A、B、C、D、E 5 个等级，90 分以上为 A，60 分以下为 E，其余每 10 分一个等级。

```
(4_10.c)
#include <stdio.h>
void main()
{
  int score;
  scanf("%d",&score);
  if(score>=90)
    printf("A\n");
  else
```

```
    if(score>=80)
     printf("B\n");
    else
     if(score>=70)
      printf("C\n");
    else
     if(score>=60)
      printf("D\n");
     else
      printf("E\n");
}
```

程序运行结果：

```
65↙
D
```

4.3.5　switch 结构

switch 语句也是用来解决多分支问题的，具体形式如下：

```
  switch(表达式)
{
case  常量表达式 1：语句 1 break;
case  常量表达式 2：语句 2 break;
          …
case  常量表达式 n：语句 n break;
default： 语句 n+1
}
```

执行过程如下：先计算小括号内表达式的值，按自顶往下的顺序依次将 case 后面常量表达式的值与小括号内表达式的值进行比较，遇到匹配（相同）时，就自此常量表达式后面的语句开始执行，直到遇到 break 语句或者到 switch 的结尾停止。如果没有可以匹配的，则执行 default 后面的语句。

注意

① 表达式的结果必须是整型或字符型，不能使用结果为实型的表达式。

② 常量表达式必须是整型或字符型常量，不能使用实型常量。各个常量表达式不能相同。

③ break 语句是可选的，break 语句是用来跳出 switch 结构的，可根据需要自行选择是否有 break 语句，如果没有 break 语句，则程序将继续执行，直到遇到 break 语句或者到 switch 的结尾停止。

④ default 语句是可选的，可根据需要自行选择是否有 default 语句，如果没有 default 语句，当找不到与小括号内表达式的值相匹配的常量表达式时，switch 语句不做任何操作。

⑤ 多个 case 可以共用一组执行语句。当多个常量代表同一种情况时，出现在前面的 case 可以没有任何执行语句。

例 4.11　编写程序，根据输入学生的成绩，给出相应的等级，分 A、B、C、D、E 5 个等级，90 分以上为 A，60 分以下为 E，其余每 10 分一个等级。

```
(4_11.c)
#include <stdio.h>
```

```
void main()
{
int score;
printf("inter score: ");
scanf("%d",&score);
switch(score/10)
{
  case 10:
  case 9:printf("A\n");break;
  case 8:printf("B\n");break;
  case 7:printf("C\n");break;
  case 6:printf("D\n");break;
  default:printf("E\n");
}
}
```

程序运行结果：

```
100↙
A
```

4.3.6 选择结构程序设计举例

例 4.12 输入一个数，判断它是奇数还是偶数。

```
(4_12.c)
#include <stdio.h>
void main()
{
  int a;
  printf("input number:");
  scanf("%d",&a);
  if(a%2!=0)
    printf("%d is odd",a);
  else
    printf("%d is not odd",a);
}
```

程序运行结果：

```
input number:7
7 is odd
```

例 4.13 设计一个能进行加、减、乘、除运算的简易计算器程序。

```
(4_13.c)
#include <stdio.h>
void main()
{
  float x, y,j;
  char  op;
  printf("input two numbers: ");
  scanf("%f, %f\n", &x, &y);
  printf("input operational: ");
  scanf("%c", &op);
  switch  (op)
  {
    case  '+': j=x+y; printf("%f+%f=%f\n", x,y,j); break;
    case  '-': j=x-y; printf("%f-%f=%f\n", x,y,j); break;
    case  '*': j=x*y; printf("%f*%f=%f\n", x,y,j); break;
```

```
      case '/': if(y!=0)
      {
        j=x/y;
        printf("%f/%f=%f\n", x,y,j);
      }
      else  printf("error\n");
    }
  }
```

程序运行结果：

```
input two numbers: 4,5
input operational: *
4.000000*5.000000= 20.000000
```

4.4　循环结构程序设计

循环结构又称为重复结构，利用循环结构实现重复操作简单方便。C 语言中实现循环结构的语句主要有 3 种：while 语句、do…while 语句以及 for 语句。用 if 语句和 goto 语句结合也可以实现循环结构，但用得不多。

4.4.1　goto 语句

goto 语句形式如下：

```
goto  语句标号;
```

goto 语句是一种无条件转移语句，它的功能是将程序的执行流程转移到语句标号所在位置上。

例 4.14　goto 语句的使用。运行以下程序并运行结果。

```
(4_14.c)
#include <stdio.h>
void main()
{
  int x=1;
  loop:
      if(x<5)
  {
    printf("%4d",x);
    x++;
    goto loop;
  }
}
```

程序运行结果：

```
1   2   3   4
```

goto 语句的可读性差，容易造成混乱，建议初学者尽量不用。

4.4.2　while 语句

while 语句的一般形式为

```
while(表达式)
  循环体语句
```

执行过程如图 4-4 所示。先计算表达式的值，若表达式的值为真，执行循环体语句，执行循环体语句结束后再判断表达式的值，若表达式的值还为真，则再执行循环体语句……如此反复，只要表达式为真就执行循环体，直到表达式的值为假时停止。

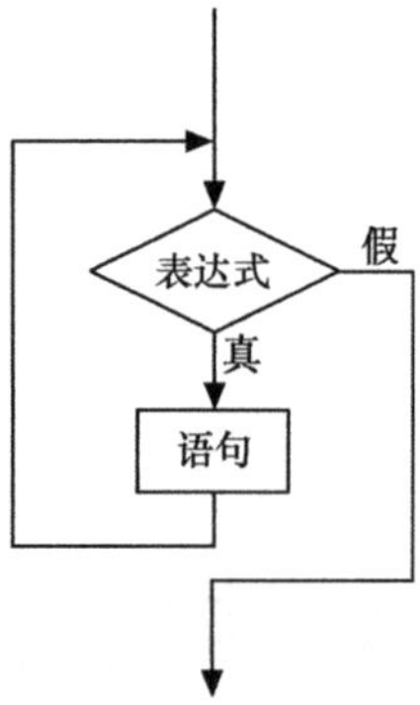

图 4-4　while 循环的执行流程

例 4.15　求 1 到 100 的和。

```
(4_15.c)
#include<stdio.h>
void main()
{
  int i,sum;
  i=1;
  sum=0;
  while(i<=100)
  {
    sum=sum+i;
    i++;
  }
  printf("sum=%d",sum);
}
```

程序运行结果：

```
sum=5050
```

在上例中，表达式 i<=100 又称为循环控制表达式，i 为循环控制变量。

注意

① 循环开始前应该给循环控制变量赋初值。

② 如果循环体包含两条或两条以上的语句，就用一对花括号括起来，构成一个复合语句，使之在语法上等同于一条语句。否则，只有第 1 条语句会被循环执行，其余的会被当成循环语句的后续语句。

③ 循环体中应该包含使循环趋向于结束的语句，换句话说，就是要有改变循环条件的语句，否则可能导致死循环（无限循环）。

4.4.3　do…while 语句

do…while 语句的一般形式为

```
do 循环体语句
while(表达式);
```

执行过程如图 4-5 所示。先执行循环体语句，执行循环体语句结束后再判断表达式的值，若表达式的值还为真，则再执行循环体语句……如此反复，只要表达式为真就执行循环体，直到表达式的值为假时停止。

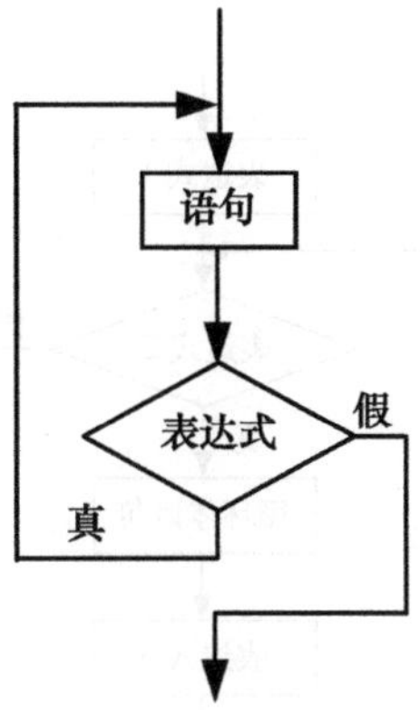

图 4-5　do-while 循环的执行流程

例 4.16　用 do…while 语句实现例 4.15。

```
(4_16.c)
#include<stdio.h>
void main()
{
  int i,sum;
  i=1;
  sum=0;
  do
  {
    sum=sum+i;
    i++;
  }while(i<=100);
  printf("sum=%d",sum);
}
```

程序运行结果：

```
sum=5050
```

do…while 语句与 while 语句用法基本相同，do…while 语句与 while 语句的区别在于：while 语句是先判断后执行，而 do…while 语句是先执行后判断。while 语句中的循环体有可能一次都不执行：若第 1 次计算的表达式的值为假，则循环体一次都不执行。而 do…while 语句中循环体至少执行一次，do…while 语句先执行了一次循环体，然后才计算表达式的值，所以不管第 1 次计算的表达式的值为真还是为假，循环体至少被执行一次。

注意

① do…while 语句中 while(表达式)后面有一个“;”，这个“;”不能丢。（while 语句中是没有的。）

② 循环开始前应该给循环控制变量赋初值。

③ 循环体中应该包含使循环趋向于结束的语句。

4.4.4　for 语句

for 语句的一般形式如下：

```
for(表达式 1;表达式 2;表达式 3)
循环体语句
```

执行过程如图 4-6 所示。

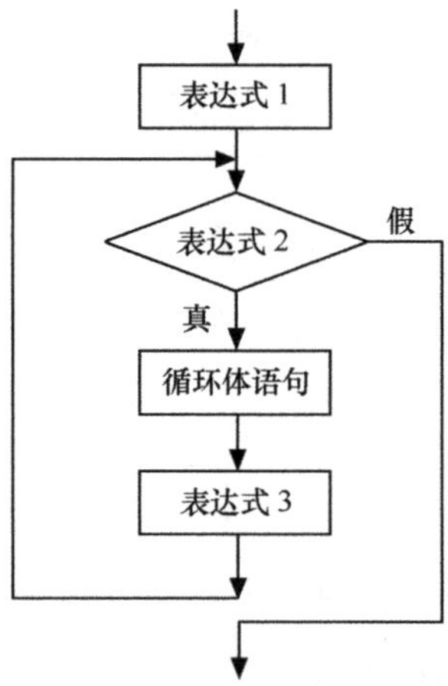

图 4-6　for 循环的执行流程

先计算表达式 1 的值，再计算表达式 2（循环控制条件）的值。如果表达式 2 的值为假，则直接退出循环；而如果表达式 2 的值为真，则执行循环体语句，然后计算表达式 3，再计算表达式 2 的值，并根据表达式 2 的值判断是否继续循环。

比较常用的 for 语句形式如下：

```
for(循环控制变量赋初值;循环控制表达式;循环控制变量自增(减))
    循环体语句
```

例 4.17　用 for 语句实现例 4.15。

```
(4_17.c)
#include<stdio.h>
void main()
{
int i,sum;
sum=0;
for(i=1;i<=100;i++)
sum=sum+i;
printf("sum=%d",sum);
}
```

程序运行结果：

```
sum=5050
```

关于 for 语句作如下几点说明。

① 表达式 1 可以是简单的表达式也可以是逗号表达式，表达式 2 一般是关系表达式或逻辑表达式，当然也可以是其他表达式（值为“零”时为假，值为“非零”时为真），如在上例中可以写成

```
for(i=1,sum=0;i<=100;i++)
sum=sum+i;
```

② 小括号中的表达式 1、表达式 2、表达式 3 均可省略不写，但其中的两个“;”不可省略。

a. 省略表达式 1：省略表达式 1，需要在 for 语句之前加一条给循环控制变量赋初值的语句。如例 4.17 中可以写为

```
i=1;
for(;i<=100;i++)
sum=sum+i;
```

b．省略表达式 2：表达式 2 是循环控制条件，如果直接省略会造成死循环。可以在循环体中加入 goto 语句或 break 语句，来避免死循环。例如：

```
for(i=1;;i++)
{
 sum=sum+i;
   if(i>100)
     break;
}
```

c．省略表达式 3：表达式 3 一般是循环控制变量自增（减），如果直接省略也会造成死循环，可以在循环体中加入循环控制变量自增（减）语句，以避免死循环。

例如：

```
for(i=1;i<=100;)
{
 sum=sum+i;
   i++;
}
```

d．3 个表达式同时省略，例如：

```
i=1;
for(;;)
{
 sum=sum+i;
 if(i>100)
   break;
 i++;
}
```

4.4.5　3 种循环语句的比较

while 循环、do…while 循环以及 for 循环这 3 种循环语句功能基本相同，解决同一个问题往往既可以用 do…while 循环，也可以用 while 循环或者 for 循环。一般来说，如果退出循环的条件与循环体执行情况有关，则选择 while 循环或 do…while 循环；如果循环次数在循环体执行之前就已经确定，则选择使用 for 循环；如果要循环体至少执行一次，应选择使用 do…while 循环。

4.4.6　循环嵌套

如果循环体中又包含了一个完整的循环结构，即构成了循环结构的嵌套。其中，内嵌的循环称为内层循环，嵌套循环的循环称为外层循环。

多重循环执行时，外层循环执行一次，内层循环将执行整个循环。一般多重循环执行的次数等于外层循环的执行次数乘以内层循环的执行次数。

例 4.18　分析下列程序。

```
(4_18.c)
#include<stdio.h>
void main()
{
 int i,j;
 for(i=1;i<=5;i++)
```

```
  for(j=1;j<6;j++)
  printf("%d,",j);
}
```

思考：printf 函数调用语句执行了多少次？如果程序编译运行，则输出什么结果？

3 种循环语句不仅可以通过自身嵌套构成多重循环，而且常互相嵌套构成多重循环。需要注意的是：循环嵌套必须是一层套一层，不可以交叉，即内层循环必须完全包含在外层循环中。

4.4.7 break 语句

break 语句形式如下：

```
break;
```

break 语句主要用于循环结构或 switch 结构，作用是跳出整个循环或 switch 结构。

例 4.19 break 语句的使用。运行以下程序并分析结果。

```
(4_19.c)
#include<stdio.h>
void main()
{
  int a;
  for(a=1;a<6;a++)
  {
    if(a==3) break;
    printf("a=%d\n",a);
  }
}
```

程序运行结果：

```
a=1
a=2
```

注意　如果 break 语句处于循环嵌套的内层，则它只是跳出那一层循环。

4.4.8 continue 语句

continue 语句形式如下：

```
continue;
```

continue 语句主要用于循环结构，作用是跳出本次循环。

例 4.20 continue 语句的使用。运行以下程序并分析结果。

```
(4_20.c)
#include<stdio.h>
void main()
{
  int a;
  for(a=1;a<6;a++)
  {
    if(a==3)
    continue;
    printf("a=%d\n",a);
  }
}
```

程序运行结果：

```
a=1
a=2
a=4
a=5
```

4.4.9　空语句

空语句就是只有一个分号的语句，其形式如下：

```
;
```

空语句没有操作功能，只是表示存在一条语句。

例 4.21　空语句的使用。运行以下程序并分析结果。

```
(4_21.c)
#include<stdio.h>
void main()
{
  int i;
  for(i=1;i<6;i++)
  {
    if (i==3)
    goto loop;
    printf("%d",i);
  }
  loop:;
}
```

程序运行结果：

```
12
```

4.4.10　循环结构程序设计举例

例 4.22　Fibonacci 数列。该数列的特点是：第 1、第 2 两个数都为 1，从第 3 个数开始，该数是其前面两个数之和，即

$$f(x)=\begin{cases} f(0)=1 & (x=0) \\ f(1)=1 & (x=1) \\ f(x)=f(x-1)+f(x-2) & (x>1) \end{cases}$$

程序代码如下。

```
(4_22.c)
#include<stdio.h>
void main()
{
  int f1,f2,i;
  f1=1;
  f2=1;
  for(i=1;i<=10;i++)
  {
    printf("%10d%10d",f1,f2);
    if(i%2==0)
      printf("\n");     /*控制每行输出 4 项*/
    f1=f1+f2;
```

```
    f2=f2+f1;
  }
}
```

程序运行结果：

```
   1         1            2            3
   5         8           13           21
  34        55           89          144
 233       377          610          987
1597      2584         4181         6765
```

例 4.23 输入一个数，判断这个数是不是素数。

素数又称为质数，指只能被 1 和它本身整除的数。判断一个数 *n* 是不是素数的最简单方法就是：用 2，3，4，…，*n*–1 逐个去除 *n*，只要出现一个可以整除的数，则 *n* 就不是素数。

```
(4_23.c)
#include<stdio.h>
void main()
{
  int n;
  int i;
  printf("input number:");
  scanf("%d",&n);
  for(i=2;i<n;i++)
    if(n%i==0)
    {
      printf("%d is not prime",n);
      break;
    }
  if(i>=n) printf("%d is prime",n);
}
```

例 4.24 编写程序输出下列图形。

```
    *
   ***
  *****
 *******
*********
 *******
  *****
   ***
    *
```

```
(4_24.c)
#include<stdio.h>
void main()
{
  int i,j,k;
  for(i=1;i<=5;i++)
  {
    for(j=1;j<=(30-i);j++)
    putchar(' ');
    for(k=1;k<2*i;k++)
    putchar('*');
    putchar('\n');
```

```
    }
    for(i=6;i<10;i++)
    {
      for(j=1;j<=(30-10+i);j++)
      putchar(' ');
      for(k=1;k<2*(10-i);k++)
      putchar('*');
      putchar('\n');
    }
}
```

程序运行结果：

```
        *
       ***
      *****
     *******
    *********
     *******
      *****
       ***
        *
```

小　　结

本章要求如下。

1．了解结构化程序设计方法。

2．熟悉赋值语句、复合语句、空语句在程序中的特征。

3．掌握格式输入/输出函数和字符输入/输出函数的使用。

4．掌握顺序结构程序设计方法。

5．熟练掌握 if 语句和 switch 语句的一般形式及执行流程，掌握 if 语句的嵌套。能用 if 语句和 switch 语句进行选择结构程序设计。

6．熟练掌握 wihle 语句、do…while 语句和 for 语句的一般形式及执行流程。掌握循环的嵌套，能用 wihle 语句、do…while 语句以及 for 语句进行循环结构程序设计。

7．掌握 break 语句及 continue 语句的使用。

习 题 4

一、选择题

1．若定义 x 为 double 型变量，则能正确输入 x 值的语句是（　　）。

A）scanf("%f", x);　　　　B）scanf("%f", &x);

C）scanf("%lf", &x);　　　　D）scanf("%7.2f", &x);

2．语句 scanf("%c%c%c",a,b,c);，以下选项输入正确的是（　　）

A）abc　　　　B）a b c　　　　C）a，b，c　　　　D）a↙ b ↙c

3．若变量已正确说明为 float 类型，要通过语句 scanf("%f%f%f ", &a, &b, &c)；给 a 赋予 10.0，b 赋予 22.0，c 赋予 33.0，不正确的输入形式是（　　）。

A）10<回车>
22<回车>
33<回车>

B）10.0，22.0，33.0<回车>

C）10.0<回车>
22.0　33.0<回车>

D）10　22<回车>
33<回车>

4．下列条件语句中，功能与其他语句不同的是（　　）。

A）if(a)　printf("%d\n", x);　else printf("%d\n", y);

B）if(a= =0)　printf("%d\n", y);　else printf("%d\n", x);

C）if(a!=0)　printf("%d\n", x);　else printf("%d\n", y);

D）if(a= =0)　printf("%d\n", x);　else printf("%d\n", y);

5．设有如下程序段：

```
int  x=2010,y=2009;
printf("%d\n",(x,y));
```

则以下叙述中正确的是（　　）。

A）输出语句中格式说明符的个数少于输出项的个数，不能正确输出

B）运行时产生出错信息

C）输出值为 2009

D）输出值为 2010

6．有以下程序：

```
#include<stdio.h>
void main()
{ int i;
for(i=0;i<3;i++)
switch(i)
{
case 0:printf("%d",i);
case 2:printf("%d",i);
default:printf("%d",i);}}
```

程序运行后的输出结果是（　　）。

A）022111

B）021021

C）000122

D）012

7．以下程序段中与语句 k=a>b?(b>c?1:0):0;功能等价的是（　　）。

A）if((a>b)&&(b>c))k=1;
```
else  k=0;
```

B）if((a>b)//(b>c))k=1
```
else  k=0;
```

C）if(a<=b)k=0;
```
else if(b<=c)   k=1;
```

D）if(a>b)k=1
```
else if(b>c)   k=1;
else k=0;
```

8．putchar 函数可以向终端输出一个（　　）。

A）整型变量表达式值

B）实型变量值

C）字符串

D）字符或字符型变量值

9．已知'a'的 ASCII 码值是 97，语句 printf("%d,%c",'a','a'+1)；输出的是（　　）。

A）97，a　　　　B）97，98

C）97，b　　　　D）语句不合法

10．有下面程序段：

```
int k=2;
while (k=0) {printf("%d",k);k--;}
```

则下面描述中正确的是（　　）。

A）while 循环执行 10 次　　　　B）循环是无限循环

C）循环题语句一次也不执行　　　　D）循环体语句执行一次

11．以下程序如果从键盘键入 7<Tab> 6，则输出（　　）。

```
#include<stdio.h>
void main()
{
  int a,b,s;
  scanf("%d%d",&a,&b);
  s=a;
  if(a>b) s=b ;
    s+=s;
  printf("s=%d",s);
}
```

A）s=12　　　　B）s=14

C）s=7　　　　D）s=6

二、填空题

1．在循环体中，用于结束本次循环的语句是________，用于结束整个循环的是________。

2．在 C 语言中 else 总是与____的 if 配对。

3．结构化程序的 3 种基本结构是：________、________、________。

4．若变量 x、y、z 都是整型，现有语句 scanf("%d，%d，%d"，&x，&y，&z);，为了使 x 值为 8，y 的值为 9，z 的值为 10，应该在键盘上输入________。

5．printf 函数和 scanf 函数的格式说明都使用________字符开始。

6．一般地，调用标准字符或格式输入/输出库函数时，文件开头应有以下预编译命令：________。

7．写出 C 语言中 3 个实现循环的语句：________语句、________语句和________语句。

8．设 x=1，则循环语句 while(x<=10)x++；执行后，x 的值是________。

9．有以下语句段：

```
int  n1=10,n2=20;
printf(" ________ ",n1,n2);
```

要求按以下格式输出 n1 和 n2 的值，每个输出行从第 1 列开始，请填空。

```
n1=10
n2=20
```

10．有以下程序：

```
#include<stdio.h>
void main()
{
int i=5,t=1;
for(;i>=0;i--)
```

```
t*=i;
printf("%d",t);
}
```

执行后输出结果是________。

三、阅读程序

1．分析以下程序，预计输出的结果为________。

```
#include<stdio.h>
void main()
{
  char c='A';
  do
  {
    switch(c++)
    {
      case 'A': printf("A");break;
      case 'B':printf("B");
      case 'C':printf("C");break;
      case 'D':printf("D");
      default:printf("E");
    }
  }while(c<'E');
}
```

2．分析以下程序，预计键入123↙后输出的结果为________。

```
#include<stdio.h>
void main()
{
  int x,y;
  scanf("%d",&x);
  do
  {
    y=x%10;
    x/=10;
    printf("%d",y);
  }
  while(x);
}
```

3．分析以下程序，预计键入Hello!↙后输出的结果为________。

```
#include<stdio.h>
void main()
{
  int m,n;
  char c;
  m=n=0;
  while((c=getchar())!='\n')
  {
    if(c>='A'&&c<='Z') m++;
    if(c>='a'&&c<='z') n++;
  }
  printf("m=%d,n=%d",m,n);
}
```

4．分析以下程序，预计输出的结果为________。

```
#include<stdio.h>
```

```
void main()
{
  int i,j,k,s;
  k=s=0;
  for(i=1;i<3;i++)
    for(j=1;j<3;j++)
    {
      k++;
      k=k+j;
    }
  s=i+j;
  printf("k=%d,s=%d",k,s);
}
```

四、编程题

1. 已知半径为 3，求圆周长和面积。

2. 输入一个整数，判断这个整数是否能被 7 整除，如果能，输出“yes”，否则输出“no”。

3. 输入一个数字 n，分别用 while、do…while 和 for 语句求 n!。

4. 输入两个正整数 m 和 n，求其最大公约数和最小公倍数。

5. 某销售企业根据销售业绩发放奖金。（a）如果销售额（I）不超过 10 万元时，可提成 10%；（b）若销售额在 10 万元到 20 万元之间，其中的 10 万元按 10%提成，高于 10 万元的部分提成 7.5%；（c）若销售额在 20 万元到 40 万元之间，其中的 20 万元按前述（b）方法提成，高于 20 万元的部分提成 5%；（d）若销售额 40 万元到 60 万元之间，其中的 40 万元按前述（c）方法提成，高于 40 万元的部分提成 3%；（e）若销售额高于 60 万元，其中的 60 万元按前述（d）方法提成，高于 60 万元的部分提成 1.5%。从键盘输入某分公司的当月销售额 I，求应发放奖金总数为多少。

6. 打印出所有的“水仙花”数。所谓“水仙花”数是一个 3 位数，其各位数字的立方和等于该数本身。例如，407 就是一个“水仙花”数，因为 $407=4^3+0^3+7^3$。

第 5 章 数组

数组是一种构造数据类型，构造数据类型是由基本数据类型按一定规则组成的。数组是将具有相同类型的若干变量按有序的形式组织起来。数组这种类型的特点是组成数组的若干变量的类型必须相同，可以是整型、实型、字符型以及其他任何一种构造数据类型，如 int 型数组中的若干元素必须都是 int 型。另外，数组的若干个元素在内存中是按一定顺序存放的，因此，它是有序的。构成数组的数据单元又称为数组的元素，这些数组元素可以是基本数据类型或是构造类型。因此，按数组元素的类型不同，数组又可分为数值数组、字符数组、指针数组、结构数组等各种类别。本章介绍数值数组和字符数组，其余类型在后续章节中介绍。

5.1 一维数组的定义和引用

5.1.1 一维数组的定义

在 C 语言中使用数组必须先进行定义。

一维数组：只有一个下标的数组。

一维数组的定义格式为

```
存储类别  类型标识符  数组名[常量表达式];
```

例如：

```
int a[5];
```

表示定义了一个自动型整型数组，数组名为 a，数组名代表数组所占存储空间的首地址，数组包含 5 个元素，依次分配内存单元如图 5-1（假设起始地址为 2000）所示。

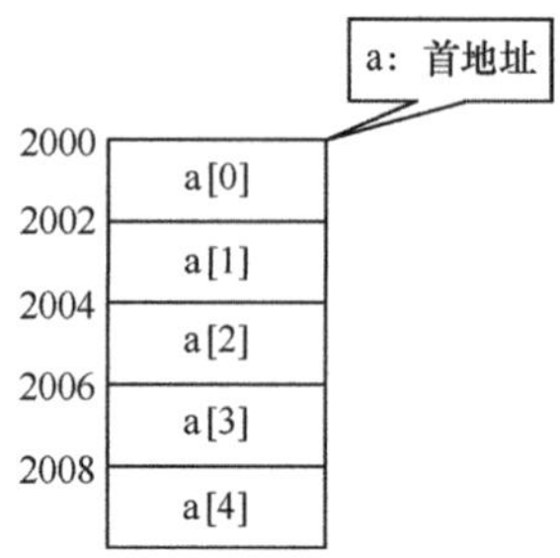

图 5-1 数组存储结构

① 存储类别：说明数组的存储属性，即数组的作用域与生存期，可以是静态型（static）、自动型（auto）及外部型（extern），省略时默认是 auto 型。这几种存储类别的特点将在后续章节中介绍。

② 类型标识符：数组元素的类型，包括基本数据类型或构造数据类型，如 int 型、float 型等。

③ 数组名：数组名的命名规则与标识符的命名规则相同。数组名不能与其他变量名相同。数组名是数组在内存中的地址，也就是数组第 1 个元素在内存中的位置。

例如：

```
void main()
{
    int a;
    float a[10];
    …
}
```

是错误的。

④ []表明定义的是数组变量，[]中间必须是一个整型常量表达式，这个常量表达式是数组的大小，表明数组中数据单元（数组元素）的个数。例如，指定 a[5]，表示 a 数组有 5 个元素，但是其下标从 0 开始计算，因此，5 个元素分别为 a[0]、a[1]、a[2]、a[3]、a[4]。不能在方括号中用变量来表示元素的个数，但是可以是符号常数或常量表达式。

例如：

```
    #define FD 5
    void main()
    {
      int a[3+2],b[7+FD];
      …
    }
```

是合法的。

下述说明方式是错误的。

```
    void main()
    {
      int n=5;
      int a[n];
      …
    }
```

下面是合法的数组定义。

```
#define N 10
char string[N];          /*定义一个有 10 个元素的字符数组 string*/
int  n[4*N];             /*定义一个有 40 个元素的整型数组 n*/
```

5.1.2　一维数组元素的引用

在完成数组的定义后，就可使用其中的元素了，数组元素是组成数组的基本单元。数组元素也是一种变量，其标识方法为数组名后跟一个下标，下标表示了元素在数组中的顺序号。数组元素的引用要指定下标，表示形式为

```
数组名[下标]
```

说明

① 下标：数组元素在数组中的顺序号，使用整型常量或整型表达式。其中下标只能为整型常量或整型表达式，如为小数时，C 编译将自动取整。

② 下标的取值范围：0～(数组长度−1)，注意数组下标不能越界。

数组元素引用时，每个元素都可作为一个变量来使用。例如：

```
int  i=2;
int  a[5];          /*定义数组长度为 5，数组元素为 a[0]～a[4]*/
```

以下的引用都是正确的：

```
a[0]=1;  a[3]=a[0]+2;  a[2*i]=3;
```

数组元素通常也称为下标变量。必须先定义数组，才能使用下标变量。在 C 语言中只能逐个地使用下标变量，而不能一次引用整个数组。

例如，输出有 10 个元素的数组必须使用循环语句逐个输出各下标变量：

```
for(i=0; i<10; i++)
printf("%d",a[i]);
```

而不能用一个语句输出整个数组。

下面的写法是错误的：

```
printf("%d",a);
```

例 5.1 数组的定义及数组元素的引用。

```
(5_1.c)
#include<stdio.h>
void main()
{
  int i,a[10];
  for(i=0;i<=9;i++)
  a[i]=i;
  for(i=9;i>=0;i--)
  printf("%d ",a[i]);
}
```

程序运行结果：

```
9 8 7 6 5 4 3 2 1 0
```

程序说明：第 1 个 for 循环为数组元素 a[0]～a[9]分别赋值为 0～9，然后按逆序输出。

请读者注意区分数组的定义和数组元素的引用，两者都要用到“数组名[整型表达式]”。定义数组时，方括号内是常量表达式，代表数组长度，它可以包括整型常量和符号常量，但不能包含变量。也就是说，数组的长度在定义时必须指定，在程序的运行过程中是不能改变的。而表示数组元素时，方括号内是表达式，代表下标，可以是变量，下标的合理取值范围是 0～(数组长度−1)。

例 5.2 变量作为数组元素下标引用的例子。

```
(5_2.c)
#include<stdio.h>
void main()
{
  int i,a[10];
  for(i=0;i<10;)
  a[i++]=2*i+1;
  for(i=0;i<=9;i++)
  printf("%d ",a[i]);
}
```

程序运行结果：

```
1 3 5 7 9 11 13 15 17 19
```

程序说明：本例中用一个循环语句给 a 数组各元素送入奇数值，然后用第 2 个循环语句输出各个奇数。在第 1 个 for 语句中，表达式 3 省略了。在下标变量中使用了表达式 i++，用以修改循环变量。当然第 2 个 for 语句也可以这样做。

5.1.3 一维数组的初始化

数组的初始化是使数组元素得到初值。给数组赋值的方法除了用赋值语句对数组元素逐个赋值外，还可采用初始化赋值和动态赋值的方法。

和简单变量的初始化一样，在定义数组时，也可以对数组元素赋初值。这样，数组的初始化就在编译阶段进行，即在程序运行之前初始化，节约了运行时间。

初始化一般形式为

```
存储类别 类型标识符 数组名[常量表达式]={常量1，常量2，…，常量n}；
```

数组各分量依次初始化为常量 1，常量 2，…，常量 n，注意初始化数据必须用花括号括起来。

数组初始化可以用以下几种方法进行。

（1）给数组的所有元素赋予初值。例如：

```
int month[12]={31,29,31,30,31,30,31,31,30,31,30,31};
```

等价于

```
int month[ ]={31,29,31,30,31,30,31,31,30,31,30,31};
```

经过上面的定义和初始化之后：

```
month[0]=31, month[1]=29, month[2]=31, month[3]=30, month[4]=31, month[5]=30,
month[6]=31, month[7]=31, month[8]=30, month[9]=31, month[10]=30, month[11]=31
```

在实际应用中，为了让元素下标与实际月份对应，可以把数组长度增加一个，即

```
int month[13]={0,31,29,31,30,31,30,31,31,30,31,30,31};
```

（2）可以只给一部分元素赋初值，当{}中值的个数少于元素个数时，只给前面部分元素赋值。例如：

```
    int a[10]={0,1,2,3,4};
```

表示只给 a[0]～a[4]5 个元素赋值，而后 5 个元素自动赋 0 值。

（3）如果想使一个数组中全部元素值为 0，可以写成

```
int a[10]={0,0,0,0,0,0,0,0,0,0};
```

或

```
int a[10];
```

则系统会对所有数组元素自动赋 0 值。

（4）只能给元素逐个赋值，不能给数组整体赋值。

例如，给 10 个元素全部赋 1 值，只能写为

```
    int a[10]={1,1,1,1,1,1,1,1,1,1};
```

而不能写为

```
    int a[10]=1;
```

5.1.4 一维数组程序举例

数组元素可以通过上述初始化方式获得值外，也可以在程序执行过程中对数组作动态赋值。

这种赋值方式可用循环语句配合 scanf 函数逐个对数组元素赋值。

例 5.3 从键盘上输入 10 个数，输出最大、最小的元素以及它们的下标。

```
(5_3.c)
#include<stdio.h>
#define SIZE 10
void main()
{
  int i,j=0,k=0,max,min,a[SIZE];
  printf("Input 10 integers:\n");
  for(i=0;i<SIZE;i++)
  {
    scanf("%d",&a[i]);
  }
  max=min=a[0];
  for(i=1;i<SIZE;i++)
  {
    if(max<a[i])
    {
      max=a[i];
      j=i;
    }
    if(min>a[i])
    {
       min=a[i];
       k=i;
    }
  }
  printf("Maximum value is:a[%d]= %d\n",j,max);
  printf("Minimum value is:a[%d]=%d\n",k,min);
}
```

程序运行结果：

```
input 10 integers:
25 36 56 48 58 69 20 40 55 60
maximum value is:a[5]=69
minimum value is:a[6]=20
```

程序说明：本例程序中第 1 个 for 语句逐个输入 10 个数到数组 a 中，然后把 a[0]分别送入变量 max 和 min 中。在第 2 个 for 语句中，从 a[1]到 a[9]逐个与 max 中的内容比较，若比 max 的值大，则把该下标变量送入 max 中，同时把下标值送入变量 j 中，因此，max 总是在已比较过的下标变量中为最大者，而且 j 值始终与已比较过的元素中最大者的下标相同。比较结束，输出 a[j]即为最大元素的值。同样，在第 2 个 for 语句中，用相似的方法找出最小元素并输出。

例 5.4 利用数组实现 Fibonacci 数列前 20 个元素的输出（要求每行输出 5 个数据）。用数组计算放 Fibonacci 数列前 20 个元素，有下列关系式成立：

```
  f(0)=f[1]=1
  f[n]=f[n-1]+f[n-2]  (2≤n≤19)
   (5_4.c)
#include<stdio.h>
void main()
{
```

```
    int i,f[20]={1,1};
    for(i=2;i<20;i++)
    f[i]=f[i-2]+f[i-1];
    for(i=0;i<20;i++)
    {
      if(i%5==0) printf("\n");
      printf("%10d",f[i]);
    }
}
```

程序运行结果：

```
1          1          2          3          5
8          13         21         34         55
89         144        233        377        610
987        1597       2584       4181       6765
```

例 5.5　使用冒泡排序法对 10 个数按从小到大的顺序进行排序。

冒泡排序法的基本思想是：对于一个待排序的序列（假设按升序排序），从第 1 个元素至最后一个元素依次比较相近的两个元素，如果前一个元素大，则交换两个元素的值，这样比较、交换到最后，数组的最后一个数就是最大的，然后最后一个元素不参加比较，对剩余的元素进行相同的操作。这样的操作过程被称为冒泡。一次冒泡的操作只能使数组的最后一个元素成为最大者，对于 10 个元素而言，需要 9 次这样的过程。图 5-2 所示为 10 个数的冒泡排序过程。

	初始数组元素	第一趟	第二趟	第三趟	第四趟	第五趟	第六趟	第七趟	第八趟	第九趟
a[0]	35	25	4	4	4	4	4	4	4	4
a[1]	25	4	25	25	25	25	25	25	18	18
a[2]	4	35	35	35	35	28	28	18	25	
a[3]	57	57	45	45	28	35	18	28		
a[4]	98	45	57	28	45	18	35			
a[5]	45	66	28	57	18	45				
a[6]	66	28	66	18	57					
a[7]	28	75	18	66						
a[8]	75	18	75							
a[9]	18	98								

图 5-2　冒泡排序

图 5-2 中每一趟对应程序外层的一次循环，而每一趟中的两两比较则对应程序中的内层循环，第一趟中要进行 *n*–1 次两两比较，第 *j* 趟中进行 *n*–*j* 次两两比较。每一趟比较结束就“下沉”剩余数中最大的数（带下画线的数）。具体程序如下。

```
(5_5.c)
#include <stdio.h>
```

```
void main()
{
  int a[10],i,j,t;
  printf("Input 10 integer numbers:\n");
  for(i=0;i<10;i++)
    scanf("%d",&a[i]);
  printf("\n");
  for(j=0;j<9;j++)
  for(i=0;i<9-j;i++)
  if(a[i]>a[i+1])
  {
    t=a[i];
    a[i]=a[i+1];
    a[i+1]=t;
  }
  printf("The sorted numbers:\n");
  for(i=0;i<10;i++)
  printf("%d ",a[i]);
}
```

程序运行结果：

```
Input 10 integer numbers:
35 25 4 57 98 45 66 28 75 18
The sorted numbers:
4 18 25 28 35 45 57 66 75 98
```

5.2 二 维 数 组

5.1 介绍一维数组只有一个下标，其数组元素也称为单下标变量。在实际问题中有很多量是二维的或多维的，如一个班有 50 个学生，每个学生选修了 5 门课程，如果存储每个学生各门课程的成绩，需要用 50 个一维数组，显然很不方便，因此，需要定义一个二维数组 score[50][5]。C 语言允许构造多维数组，多维数组元素有多个下标，以标识它在数组中的位置，所以也称为多下标变量。最常见的多维数组是二维数组，它主要用于表示二维表和矩阵，后面的讲述以二维数组为主，对于更高维数组，请读者作延伸考虑。

5.2.1 二维数组的定义

二维数组定义的一般形式为

```
存储类别  类型标识符  数组名[常量表达式 1][常量表达式 2];
```

例如：

```
float a[3][2],b[10][5];
```

定义 a 为 3 行 2 列的数组，b 为 10 行 5 列的数组。

很显然数组中元素的个数为：行数×列数。a 中有 6 个元素，b 中有 50 个元素。

在实际应用中，尤其是在数组的初始化和指针处理的时候，可以把二维数组理解为几个一维数组的集合。例如，上面定义的数组 a，可以理解为有 3 个元素 a[0]、a[1]、a[2]，每个元素都是包含 2 个元素的一维数组，如图 5-3 所示，此处可以把 a[0]、a[1]、a[2]看作 3 个一维数组的名字。

```
    ┌ a[0] - - - a[0][0]    a[0][1]
a   │ a[1] - - - a[1][0]    a[1][1]
    └ a[2] - - - a[2][0]    a[2][1]
```

图 5-3　二维数组的元素

二维数组的元素在内存中存放的顺序为：按行的顺序存放，即先存放第 0 行的元素，再存放第 1 行的元素……其中每一行中的元素再按照列的顺序存放。数组 a 中各元素在内存中的存放顺序如图 5-4 所示。

a[0][0]
a[0][1]
a[1][0]
a[1][1]
a[2][0]
a[2][1]

图 5-4　二维数组的存储顺序

5.2.2　二维数组元素的引用

和一维数组一样，二维数组也必须先定义，后引用。二维数组元素的表示形式为

```
数组名[下标][下标]
```

说明：下标可以是整型常量或整型表达式。例如：

```
a[2][3], a[i][2*i-1];
```

数组元素和简单变量一样，可以出现在表达式中，也可以出现在赋值号的左侧被赋值。例如，b[1][2]=a[2][1]/3;。但在使用数组元素时，应该注意下标值应在已定义的数组大小的范围内。例如：

```
int a[3][4];
a[3][4]=3;
```

是错误的，定义 a 为 3×4 的数组，它可用的行下标最大值为 2，列下标最大值为 3。a[3][4]指第 3 行第 4 列的数组元素，超过了数组的范围。

要区分定义数组时用的 a[3][4]和引用数组时用的 a[3][4]，前者用来定义数组的维数和各维的大小；后者中的 3 和 4 是下标值。表示的是第 4 行的第 5 个元素，代表一个元素。

5.2.3　二维数组的初始化

可以用下面的方法完成二维数组的初始化。

（1）按行分段赋值。例如：

```
int score[5][3]={{80,75,92},{61,65,71},{59,63,70},{85,87,90},{76,77,85}};
```

这种赋值方法比较直观，把第 1 个花括号内的数据赋予数组第 1 行的元素，把第 2 个花括号内的数据赋予数组第 2 行的元素，依此类推。

（2）按行连续赋值。例如：

```
int score[5][3]={80,75,92,61,65,71,59,63,70,85,87,90,76,77,85};
```

效果与第 1 种方法相同，先把前 3 个数赋予第 1 行元素，再把接着的 3 个数赋予第 2 行元素，

依此类推。但以第 1 种方法比较好，一行对一行，界限清楚。用第 2 种方法如果数据多，写成一大片，容易丢漏，也不易检查。

（3）可以只对部分元素赋初值，未赋初值的元素自动取 0 值。例如：

```
int score[5][3]={{80},{61},{59},{85},{76}};
```

它的作用是给每一行的第 1 个元素赋值，其余元素的值为 0，赋值之后的结果如下：

$$\begin{bmatrix} 80 & 0 & 0 \\ 61 & 0 & 0 \\ 59 & 0 & 0 \\ 85 & 0 & 0 \\ 76 & 0 & 0 \end{bmatrix}$$

当然也可以给每一行的部分元素赋值，例如：

```
int score[5][3]={{80,75},{61,65},{0,63},{85,87},{76,77}};
```

数组元素初始化结果如下：

$$\begin{bmatrix} 80 & 75 & 0 \\ 61 & 65 & 0 \\ 0 & 63 & 0 \\ 85 & 87 & 0 \\ 76 & 77 & 0 \end{bmatrix}$$

如果数组中非 0 元素很少时，利用这种赋值方法将会很方便，例如，可以给某些行的元素赋值：

```
int score[5][3]={{80},{},{59,},{},{76}};
```

数组元素为：

$$\begin{bmatrix} 80 & 0 & 0 \\ 0 & 0 & 0 \\ 59 & 0 & 0 \\ 0 & 0 & 0 \\ 76 & 0 & 0 \end{bmatrix}$$

（4）如果对全部元素赋初值，则数组第一维的长度可以不给出，但第二维的长度不能默认。例如：

```
int score[ ][3]={80,75,92,61,65,71,59,63,70,85,87,90,76,77,85};
```

系统将根据数据个数和第二维的长度自动计算出第一维的长度。

（5）如果只对数组的某些元素赋值，第一维的长度也可以默认，但是必须按行分段赋值。例如：

```
int score[ ][3]={{ 80},{},{59,},{},{76}};
```

系统会自动判断出当前数组有 5 行。

5.2.4 二维数组程序举例

使用二维数组编程时，通常将二维数组的行下标和列下标分别作为循环变量，通过二重循环，就可以遍历二维数组，即访问二维数组的所有元素。由于二维数组的元素在内存中按行优先方式存放，将行下标作为外循环的循环变量，列下标作为内循环的循环变量，可以提高程序的执行效率。下面的列子可以简单说明这种方法。

例 5.6 定义一个 3×2 的二维数组 a，数组元素的值由下式给出，按矩阵的形式输出 a。

```
    A[i][j]=i+j (0<=i<=2,0<=j<=1)
    (5_6.c)
#include<stdio.h>
void main()
{
  int i,j;
  int a[3][2];                              /*定义一个二维数组 a*/
  /*给二维数组赋值*/
  for(i=0;i<3;i++)                          /*行下标作为外循环的循环变量*/
  for(j=0;j<2;j++)                          /*列下标作为内循环的循环变量*/
    a[i][j]=i+j;                            /*给数组元素赋值*/
  /*按矩阵的形式输出 a*/
  for(i=0;i<3;i++)
  {
    for(j=0;j<2;j++)                        /*针对所有行的循环*/
    printf("%5d",a[i][j]);                  /*输出第 i 行的所有元素*/
    printf("\n");                           /*输出一行后换行，再输出下一行*/
  }
}
```

程序运行结果：

```
0   1
1   2
2   3
```

程序说明：对于二维数组采用二重循环来实现数组元素的输入与输出，外循环的控制变量使用行下标，用来控制第一维元素（即行数）；内循环的控制变量使用列下标，用来控制第二维元素（即列数）。

用二重循环给数组 a 的所有元素赋值的顺序如表 5-1 所示。

表 5-1 用二重循环给数组 a 的所有元素赋值的顺序

变量	i	j	数组元素
第 1 次	0	0	a[0][0]=0
第 2 次	0	1	a[0][1]=1
第 3 次	1	0	a[1][0]=1
第 4 次	1	1	a[1][1]=2
第 5 次	2	0	a[2][0]=2
第 6 次	2	1	a[2][1]=3

例 5.7 有如下的 3×3 矩阵 $\boldsymbol{a}$，求矩阵 $\boldsymbol{a}$ 的转置矩阵 $\boldsymbol{b}$。

$$\boldsymbol{a}=\begin{bmatrix}1&2&3\\4&5&6\\7&8&9\end{bmatrix} \qquad \boldsymbol{b}=\begin{bmatrix}1&4&7\\2&5&8\\3&6&9\end{bmatrix}$$

```
    (5_7.c)
#include<stdio.h>
```

```
void main()
{
  int i,j;
  int a[3][3]={1,2,3,4,5,6,7,8,9},b[3][3];
  printf("array a:\n");
  for(i=0;i<3;i++)
  {
    for(j=0;j<3;j++)
    {
      printf("%5d",a[i][j]);
      b[j][i]=a[i][j];              /*行列互换*/
    }
    printf("\n");
  }
  printf("array b:\n");
  for(i=0;i<3;i++)
  {
    for(j=0;j<3;j++)                /*循环 3 次，输出一行共 3 个元素*/
    printf("%5d",b[i][j]);
    printf("\n");                   /*输出一行后换行，再输出下一行*/
  }
}
```

程序运行结果：

```
array a:
1   2   3
4   5   6
7   8   9
array b:
1   4   7
2   5   8
3   6   9
```

程序说明：例 5.7 中采用二重循环完成二维数组元素的遍历，矩阵转置是把矩阵列元素转换为行元素，行元素转换为列元素，即 b 数组元素的行下标是相应的 a 数组元素的列下标，b 数组元素的列下标是相应的 a 数组元素的行下标，即在二重循环中完成 b[j][i]=a[i][j];，然后输出 b 数组元素值。

例 5.8 寻找一个整型二维数组中的“鞍点”。所谓“鞍点”就是指这样一个元素，该元素在所在行中值是最小的，在所在列中是值最大的元素。如果鞍点存在，则输出鞍点所在的行、列以及鞍点的值。

```
    (5_8.c)
#include<stdio.h>
void main( )
{
  int a[3][4];
  int i,j,k,s,t,flag1,flag2=0;
  for(i=0;i<3;i++)
  for(j=0;j<4;j++)
    scanf("%d",&a[i][j]);
  for(i=0;i<3;i++)
  {
    for(j=0;j<4;j++)
    printf("%4d",a[i][j]);
    printf("\n");
```

```
    }
    for(i=0;i<3;i++)
    {
     s=a[i][0];
     t=0;
     flag1=0;
     for(j=0;j<4;j++)
       if (a[i][j]<s)
       {
         s=a[i][j]; t=j;}
         for(k=0;k<3;k++)
           if (a[k][t]>s){flag1=1;break;
       }
       if(flag1= =0)
       {
         flag2=1;
         printf("The saddle point is:a[%d][%d]=%d\n",i,t,a[i][t]);
       }
     }
     if(flag2= =0)
       printf("No saddle point!\n");
  }
```

例 5.9 一个学习小组有 5 个人，每个人 3 门课的考试成绩如表 5-2 所示。求全组分科的平均成绩和各科总平均成绩。

表 5-2 5 个人 3 门课的考试成绩

	张	王	李	赵	周
Math	80	61	59	85	76
C	75	65	63	87	77
Foxpro	92	71	70	90	85

可设一个二维数组 a[5][3]存放 5 个人 3 门课的成绩。再设一个一维数组 v[3]存放所求得各分科平均成绩，设变量 average 为全组各科总平均成绩。编程如下。

```
    (5_9.c)
#include<stdio.h>
void main()
{
  int i,j,s=0,average,v[3],a[5][3];
  printf("input score\n");
  for(i=0;i<3;i++)
  {
    for(j=0;j<5;j++)
    {
      scanf("%d",&a[j][i]);
      s=s+a[j][i];}
      v[i]=s/5;
      s=0;
    }
    average =(v[0]+v[1]+v[2])/3;
    printf("math:%d\nc languag:%d\ndbase:%d\n",v[0],v[1],v[2]);
    printf("total:%d\n", average );
}
```

程序运行结果：

```
input score（按行列顺序输入表 5-2 中的成绩值）
math: 72
c languag: 73
dbase: 81
total: 75
```

程序说明：程序中首先用了一个二重循环。在内循环中依次读入某一门课程的各个学生的成绩，并把这些成绩累加起来，退出内循环后再把该累加成绩除以 5 送入 v[i]之中，这就是该门课程的平均成绩。外循环共循环 3 次，分别求出 3 门课各自的平均成绩并存放在 v 数组之中。退出外循环之后，把 v[0]、v[1]、v[2]中的值相加除以 3 即得到各科总平均成绩。最后按题意输出各个成绩。

5.3 字 符 数 组

前面的章节中我们接触过字符串常量的概念。所谓字符串常量就是用双引号括起来的一组字符。但实际上，字符串是一种字符型数组，并且这个数组的最后一个单元的值是'\0'。也就是说，字符串是一种以'\0'结尾的字符数组。那么什么是字符数组呢？字符数组是用来存放字符数据的数组，数组中一个元素存放一个字符。

5.3.1 字符数组的定义

字符数组的定义与前面介绍的数组定义相同。例如：

```
    char str[30];
```

定义一个有 30 个元素的字符数组，每个元素相当于一个字符变量。

说明

由于字符与整型是互相通用的，因此，也可以用整型数组存放字符数据。例如：

```
int str[30];
```

但这时每个数组元素占 2 字节的内存单元，用这个数组来存放字符是合法的，但浪费存储空间。

5.3.2 字符数组的初始化

对字符数组的初始化，要将字符常量以逗号分隔写在花括号中，逐一赋予数组元素，可以用以下方法进行。

在数组定义时进行初始化。例如：

```
char c[10]={ 'c ', ' ', 'l ', 'a ', 'n ', 'g ', 'u ', 'a ', 'g ', 'e '};
```

赋值后数组各元素的值如图 5-5 所示。

c[0]	c[1]	c[2]	c[3]	c[4]	c[5]	c[6]	c[7]	c[8]	c[9]
c	␣	l	a	n	g	u	a	g	e

图 5-5 数组各元素的值

花括号中提供的字符数只能小于或等于数组的长度，否则将出现语法错误。例如：

```
char c[10]={ 'I ', ' ', 'l ', 'i ', 'k ', 'e ', ' ', 'C '};
```

赋值后数组各元素状态如图 5-6 所示。

c[0]	c[1]	c[2]	c[3]	c[4]	c[5]	c[6]	c[7]	c[8]	c[9]
I	⌴	l	i	k	e	⌴	C	\0	\0

图 5-6　数组各元素的状态

把提供的字符数据赋予数组前面的元素，其余的元素系统自动赋予空字符（即'\0'）。

在对全部元素指定初值时，可省略数组长度，系统会根据初值个数自动确定数组的长度。例如：

```
char ch[ ]={ 's ', 't ', 'u ','d ','e ', 'n ', 't '};
```

数组的长度自动定为 7。

可以给二维字符数组赋初值。例如：

```
char country[ ][10]={{ 'C ', 'h ', 'i ', 'n ', 'a '},{ 'I ', 'n ', 'd ', 'i ', 'a '},{ 'G
', 'e ', 'r ', 'm ', 'a ', 'n ', 'y '}};
```

初始化后数组存储结果如图 5-7 所示。

country[0]	C	h	i	n	a	\0	\0	\0	\0	\0
country[1]	I	n	d	i	a	\0	\0	\0	\0	\0
country[2]	G	e	r	m	a	n	y	\0	\0	\0

图 5-7　初始化后数组存储结果

5.3.3　字符数组的引用

字符数组的引用和前面叙述的数组引用方式一样，用数组名加下标来引用数组元素。下面是一个定义字符数组并引用各元素输出字符串的例子。

例 5.10　字符数组的输出。

```
    (5_10.c)
#include<stdio.h>
void main()
{
  char c[10]={ 'I',' ','a','m',' ','a',' ','b','o','y'};
  int i;
  for(i=0;i<10;i++)
    printf("%c",c[i]);
    printf("\n");
}
```

程序运行结果：

```
I am a boy
```

程序说明：程序中利用字符数组定义时进行初始化赋值后，字符数组也不能整体输出，本程序中通过 for 循环依次输出每个数组元素的值。

5.3.4　字符串

从逻辑意义上说，字符串就是一串字符文字；从物理意义上说，字符串就是用一个字符数组来存储的一组字符。但不能说字符数组就是字符串，因为数组中的每一个数据元素在逻辑上是独立的，而字符串在逻辑上是一段相关的文字内容，不是一个个独立的字符。C 语言没有字符串变量，字符串不是存放在一个变量中而是存放在一个字符数组中。C 语言规定以'\0'作为字符串的结束标志。'\0'是 ASCII 代码值为 0 的字符，它不是一个普通的可显示字符，而是一个“空操作”字符，它不进行任何操作，只是作为一个标记，标志字符串结束。它占内存空间，但不计入字符串的长度。

字符串与字符的比较说明如下。

① 字符串数据用双引号表示，而字符数据用单引号表示，如'a'表示的是一个字符常量，而"a"则表示一个字符串。对于字符串，系统在串尾加'\0'作为其结束标志，而字符数组并不要求最后一个字符是'\0'。

'a'在内存中占 1 字节，可表示为

a

'a'在内存中占 2 字节，可表示为

a	\0

② 用字符数组来处理字符串时，字符数组的长度至少要比字符串长度大 1，以存放串尾结束符'\0'。例如，char s[10]={"I am a boy"}; 是错误的。

但可以利用以下语句完成字符数组的初始化：

```
char str[11]={ ' I', ' ', ' a', ' m', ' ', ' a', ' ', ' b', ' o', ' y', ' \0' };
```

等价的字符串表示为

```
        char str[11]={ "I am a boy"};
```

也可以省略花括号以及数组长度，直接写成

```
     char str[ ]= "I am a boy";  /*数组的长度自动定为11，而不是10*/
```

字符串的长度并不是总比字符数组的长度少 1 字节，例如：

```
char c[ ]={ 'C', 'h', 'i', 'n', 'a', '\0', 'J', 'a', 'p', 'a', 'n', '\0'};
```

字符数组在初始化时开辟了 12 个内存单元存放花括号内的字符，长度为 12。而要测量这个字符数组存储的字符串的长度，长度应为 5，因为字符串遇到第 1 个'\0'就结束了。

③ 只能在初始化的时候给字符数组赋值，不能直接将字符串赋值给字符数组。下面的操作是错误的：

```
char s[10];
s="student";
```

5.3.5 字符串的输入/输出

1. 字符串的输出方法

（1）用 printf 函数。

在例 5.10 中，利用循环以及格式符“%c”实现字符数组中逐个字符的输出。利用 printf 函数也可以实现字符串整体的输入与输出，但必须利用格式符“%s”。例如：

```
char c[ ]= "I am a boy ";
printf("%s",c);
```

输出结果：

```
I am a boy
```

① 输出字符不包括结束符'\0'。

② 用格式符“%s”输出字符串时，printf函数中的参数用的是输出项的字符数组名，而不能用数组元素名，这里的数组名相当于指向字符数组首地址的指针。

下面的语句是错误的：

```
printf("%s",c[0]);
```

注意

③ 如果字符数组长度大于字符串实际长度，也只输出到'\0'结束。如果字符数组中包含多个'\0'，则输出遇到第一个'\0'时结束。例如：

```
char c[ ]={'h','e','l','\0','l','o','\0'};
printf("%s",c);
```

输出结果：

```
hel
```

例5.11 字符串输出。

```
  (5_11.c)
#include <stdio.h>
void main()
{
  char c[ ]= "Hello";
  printf("%c,%c\n",c[0],c[1]);
  printf("%s\n",c);
}
```

程序运行结果：

```
H,e
Hello
```

程序说明：程序中 char c[ ]= "Hello";语句完成定义一个字符数组，并赋初值为"Hello"，即c[0]='H'，c[1]= 'e'等，第1个输出语句用了两个“%c”分别输出数组元素c[0]和c[1]的值为H,e；第2个输出语句以%s的形式输出字符数组中所有元素的值直到遇到'\0'为止，值为Hello。

（2）用puts函数。

puts函数的一般格式为

```
puts(字符数组)
```

其功能是向终端输出字符串，输出时将字符串的结束标志'\0'转换成换行符'\n'，因此输出完字符串后换行。

说明

字符数组必须以'\0'结束。

例如：

```
char ch[ ]="student";
puts(ch);  puts("Hello");
```

输出结果：

```
student
Hello
```

将字符数组中包含的字符串输出，然后再输出一个换行符。因此，用 puts()输出一行，不必另加换行符'\n'。

函数 puts 每次只能输出一个字符串，而 printf 可以输出几个。例如：

```
printf("%s%s",str1,str2);
```

2. 字符串的输入方法

（1）用 scanf 函数输入字符串，输入字符串数据时不需用界定符和'\0'。

例如：

```
char  c[10];
scanf("%s ",c);
```

从键盘输入：

```
China
```

系统会自动在 China 后面加上结束符'\0'。

注意

若 st 是数组，则下面的语句是错误的：

```
scanf("%s ",&st);
```

因为 st 是字符数组名，作为函数参数就代表了该字符数组的首地址，所以在输入时不能在 st 前再加取地址符&。

可以输入多个字符串，在输入时，以回车或空格作为结束标志。例如：

```
char str1[5],str2[5],str3[5],str4[5];
scanf("%s%s%s%s ",str1,str2,str3,str4);
printf("%s %s %s %s ",str1,str2,str3,str4);
```

若按如下方法输入：

```
How do you do?↙
```

输出结果：

```
How do you do?
```

说明以空格分隔的 4 个字符串分别存放到了 4 个数组中。

如果执行语句：

```
char str[15];
scanf("%s",str) ;
printf("%s ",str);
```

输入：

```
How do you do?
```

输出结果：

```
How
```

因为输入的时候以空格或回车作为分隔符，所以只把第 1 个空格前的 How 送入了 str 中，这也说明用“%s”格式符输入字符串中不能含有空格。

（2）用 gets 函数。

gets 函数的一般格式为

```
gets（字符数组）
```

其功能是从键盘接收输入的一串字符，以回车为输入结束标记，将其按字符串格式存储到指定的字符数组中。通常，要定义一个适当大小的字符数组，存储从键盘输入的字符串。

例如，某程序需要从键盘接收一个最大长度为 15 的字符串，要进行以下操作。

首先定义一个长度为 16 的字符数组：

```
char  str[16];
```

然后使用 gets 函数接收从键盘的输入：

```
    printf ("Input str: ");      /*提示程序的使用者输入一个字符串*/
    gets (str);                  /*接收一个字符串存储到字符数组 str */
```

从键盘输入：

```
Visual C++↙
```

则字符数组 str 的存储状态如图 5-8 所示。

str	V	i	s	u	a	l	␣	C	+	+	\0	\0	\0	\0	\0

图 5-8 字符数组 str 的存储状态

同 puts 函数一样，gets 函数每次只能输入一个字符串，字符串中可以包含空格，因为空格并不是 gets 函数字符串的结束符。

5.3.6 字符串操作函数

C 语言库函数中除了前面用到的库函数 gets()与 puts()之外，还提供了一些常用的库函数，其函数原型说明在 string.h 中。下面介绍几种常用的函数。

1. 字符串拷贝函数 strcpy

一般格式：strcpy(字符数组 1,字符串 2)

函数功能：将字符串 2 拷贝到字符数组 1 中去。

返回值：返回字符数组 1 的首地址。

说明：字符数组 1 必须是数组的名字，字符串 2 可以是数组的名字或者字符串常量。例如：

```
char str1[10],str2={ "Turbo C++ "};
strcpy(str1,str2);
```

执行结果如图 5-9 所示。

strl	T	u	r	b	o	␣	C	+	+	\0

图 5-9 字符数组 strl 的存储状态

也可以这样：

```
strcpy(str1, "Turbo C++ ");
```

结果和上面的一样。

字符数组 1 必须足够大，其长度应该大于或等于字符串 2 的长度+1。拷贝时字符串 2 连同'\0'一同拷贝到字符数组 1 当中去，字符数组 1 中原有内容被覆盖。不能使用赋值语句为一个字符数组赋值。例如，下面的语句是非法的：

```
str1= "Turbo C++ ";
str1=str2;
```

只有在字符数组初始化的时候才能给数组赋初值，否则只能用 strcpy 函数将一个字符串拷贝到另外一个字符数组中。

2. 字符串比较函数 strcmp

一般格式：strcmp(字符串 1,字符串 2)

函数功能：比较两个字符串大小。

比较规则：对两字符串从左向右逐个字符比较（ASCII 码值），直到遇到不同字符或'\0'为止。

返回值：返回 int 型整数。①若字符串 1<字符串 2，则函数返回负整数；②若字符串 1>字符串 2，则函数返回正整数；③若字符串 1=字符串 2，则函数返回零。

说明

如果两字符串全部相同，则两个字符串相等；若出现不同字符，则以第 1 个不相同的字符的比较结果为准。

注意

字符串比较一般用以下形式：

```
if (strcmp(str1,str2)>0)
printf("ok ");
```

而不能用

```
if(str1>str2)
printf("ok ");
```

3. 字符串长度函数 strlen

一般格式：strlen(字符数组)

函数功能：计算字符串长度，即字符串中包含的字符个数。

返回值：返回字符串实际长度，不包括'\0'在内。

例如：

```
char str[10]= "student ";
printf("%d, ",strlen(str));
printf("%d ",strlen("very good "));
```

输出结果：

```
7,9
```

4. 字符串转小写函数 strlwr

一般格式：strlwr(字符串)

函数功能：将字符串中的大写字母转换成小写字母。

返回值：字符串首地址。

说明

字符串可以是字符数组或字符串常量。

例如：

```
char str[15]={ "Visual FoxPro "};
printf("%s ",strlwr(str));
printf("%s ",strlwr("Program"));
```

执行结果：

```
visual foxpro program
```

5.3.7 字符数组应用举例

例 5.12 将一个字符串逆序存储。

```
    (5_12.c)
#include<stdio.h>
#include<string.h>
void main( )
```

```
{
  char str[10],ch;
  int i,j;
  gets(str);
  for(i=0,j=strlen(str)-1;i<j;i++,j--)
  {
    ch=str[i];
    str[i]=str[j];
    str[j]=ch;
  }
  puts(str);
}
```

程序运行后输入：

```
abcdefg
```

程序运行结果：

```
gfedcba
```

程序说明：程序中 for 循环的交换过程可以用图 5-10 表示。

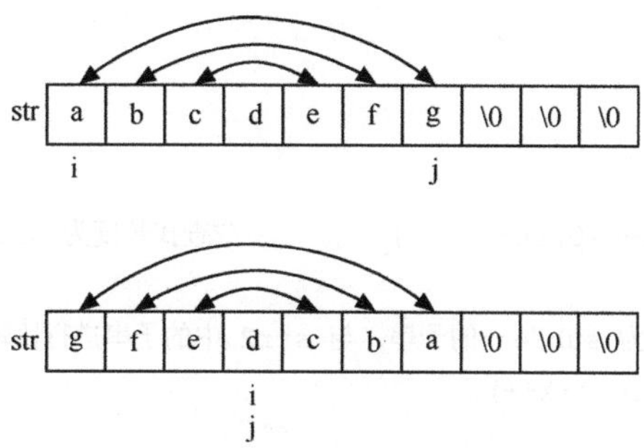

图 5-10　for 循环的交换过程

例 5.13　编写程序计算字符串的长度，不用 strlen 函数。

```
    (5_13.c)
#include<stdio.h>
void main( )
{
  char  s[80];
  int  k;
  printf("\nInput a string:");
  gets(s);
  for(k=0; s[k]!= '\0'; ++k);           /*计算字符串的长度*/
   printf("\nLength=%d", k);
}
```

程序运行结果：

```
Input a string: student
Length=7
```

程序说明：程序中 gets(s);的功能是从键盘获取一个字符串给字符数组各元素赋值，在字符串最后一个字符所在的数组元素的下一个元素中赋值'\0'以表示字符串结束，当程序运行时输入 student 按回车时，则'\0'赋予了 s[7]，统计字符串长度时，遇到'\0'结束，所以结果为 7。

例 5.14　编写程序，在两个已知的字符串中查找所有非空的最长公共子串的长度与个数，并输出这些子串。

```
  (5_14.c)
#include<stdio.h>
#include<string.h>
void main()
{
  char str1[30],str2[30],temp[30];
  int len1,len2,i,j,k,p,sublen,count=0;
    printf("Input first string: ");
  gets(str1);                                      /*从键盘获取字符串*/
  printf("Input second string: ");
  gets(str2);
  len1=strlen(str1);                               /*计算串长*/
  len2=strlen(str2);
  if (len1>len2)                                   /*使 str1 总是存放长度较短的字符串*/
  {
    strcpy(temp,str1);
    strcpy(str1,str2);
    strcpy(str2,temp);
    k=len1;
    len1=len2;
    len2=k;
  }
  for(sublen=len1;sublen>0;sublen--)               /*查找长度为 sublen 的公共子串*/
  {
  /*从 str1[k]开始找长度为 sublen 的子串，与 str2 中的子串进行比较*/
    for(k=0;k+sublen<=len1;k++)
    {
      for(p=0;p+sublen<=len2;p++)                  /*str2 中的子串从 str2[p]开始*/
      {
        for(i=0;i<sublen;i++)                      /*逐一比较两个子串中的字符*/
          if(str1[k+i]!=str2[p+i]) break;
        if(i==sublen)                              /*找到一个最长的公共子串*/
        {
        count++;                                   /*记录找到的个数*/
        for(j=0;j<sublen;j++)
           printf("%c",str1[k+j]);                 /*输出找到的子串*/
          printf("\n");
        }
      }
    }
    if (count) break;                              /*已经找到至少一个最长的公共子串*/
  }
  printf("Number of Max common substring: %d\n", count);
  printf("Length of Max common substring: %d", sublen);
}
```

程序运行后输入：

```
abcd
bcdabc
```

程序运行结果：

```
abc
bcd
Number of Max common substring:2
Length of Max common substring: 3
```

程序说明：第 1 次查找长度为 4 的公共子串，如图 5-11 所示。

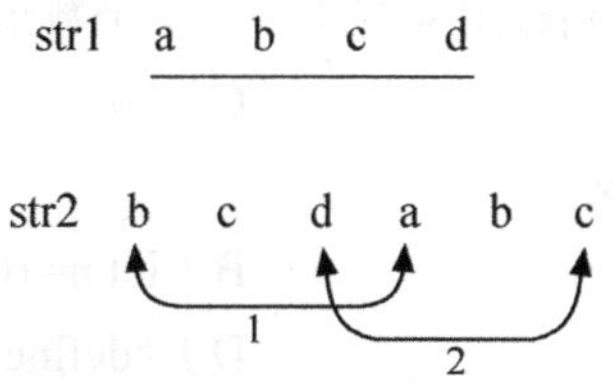

图 5-11　查找长度为 4 的公共子串

在 str1 中只有一个长度为 4 的串，在 str2 中依次取长度为 4 的串与 str1 中取的串作比较，可见没有相同的，于是进行第 2 次查找，查找长度为 3 的公共子串，如图 5-12 所示。

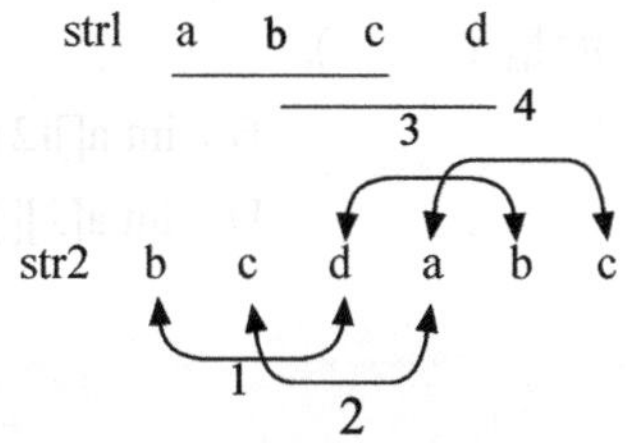

图 5-12　查找长度为 3 的公共子串

在 str1 中首先取长度为 3 的子串"abc"，在 str2 中进行查找，在 str2 中的第 1 个位置开始依次截取 3 个字符进行比较，在第 4 次循环找到了"abc"，输出 abc，同时 count++。再从 str1 中取子串"bcd"，在 str2 中查找，在第 1 次循环找到"bcd"，输出，同时 count++。

小　　结

数组是程序设计中最常用的数据结构。数组可分为数值数组（整型数组、实型数组）、字符数组以及后面将要介绍的指针数组、结构数组等。数组可以是一维的、二维的或多维的。数组类型说明由类型说明符、数组名和数组长度（数组元素个数）3 部分组成。数组元素又称为下标变量。数组的类型是指下标变量取值的类型。对数组的赋值可以用数组初始化赋值、输入函数动态赋值和赋值语句赋值 3 种方法实现。对数值数组不能用赋值语句整体赋值、输入或输出，而必须用循环语句逐个对数组元素进行操作。

本章要求掌握以下内容。

1．一维数组和多维数组的定义、初始化和引用。

2．字符数组的定义、初始化和引用。

3．字符串与字符数组的应用。

4．字符串的输入与输出。

5．字符串的常用函数。

习 题 5

一、选择题

1．数组定义为 int a[10][10];，则数组 a 有（　　）个数组元素。

A）100　　B）81　　C）20　　D）121

2．以下一维数组 a 的正确定义是（　　）。

A）int a(10);

B）int n=10,a[n];

C）int n;
scanf("%d",&n);
int a[n];

D）#define N 10
int a[N];

3．设有语句“int a[]={3,4,5,9,8,7};”，则表达式 a[1]−a[4]的值是（　　）。

A）−6　　B）6　　C）−4　　D）2

4．以下不能正确定义二维数组的是（　　）。

A）int a[2][2]={ {4}, {5}};

B）int a[][2]={4,5,6,7};

C）int a[2][2]={ {4},5,6};

D）int a[2][]={{4,5},{6,7}};

5．有以下程序：

```
#include<stdio.h>
void main()
{ int  num[4][4]={{1,2,3,4},{5,6,7,8},{9,10,11,12},{13,14,15,16}},i,j;
   for(i=0;i<4;i++)
    { for(j=1;j<=i*5;j++)     printf("%c",' ');
      for(j=____; j<4;j++)   printf("%4d",num[i][j]);
      printf("\n");
     }
}
```

若要按以下形式输出数组右上半三角：

```
1  2  3   4
   6  7   8
      11  12
          16
```

则在程序下画线处应填入的是（　　）。

A）i−1　　B）i　　C）i+1　　D）4−i

6．执行 char str[10]="china\n\0";，则 strlen(str)的结果是（　　）。

A）5　　B）6　　C）7　　D）8

7．有以下程序：

```
#include<stdio.h>
void main()
{   int p[8]={11,12,13,14,15,16,17,18},i=0,j=0;
    while(i++<7)  if(p[i]%2)   j+=p[i];
    printf("%d\n",j);
}
```

程序运行后的输出结果是（　　）。

A）42　　B）45　　C）56　　D）60

8．以下程序的输出结果是（　　）。

```
#include<stdio.h>
#include<string.h>
void main()
{
   char st[20]= "2000\0\t\\";
   printf("%d,%d\n",strlen(st),sizeof(st));
}
```

A）7,7　　B）4,20　　C）10,20　　D）20,20

9．将两个字符串 s1 和 s2 连接起来，正确的函数为（　　）。

A）strcpy(s1,s2)　　B）strcat(s1,s2)　　C）strcmp(s1,s2)　　D）strlen(s1,s2)

10．有以下程序：

```
#include<stdio.h>
#include<string.h>
void main()
{
  char  a[7]="a0\0a0\0";
  int  i,j;
  i=sizeof(a);
  j=strlen(a);
  printf("%d  %d\n",i,j);
}
```

程序运行后的输出结果是（　　）。

A）2　2　　B）7　6　　C）7　2　　D）6　2

11．以下能正确定义一维数组的选项是（　　）。

A）int　a[5]={0,1,2,3,4,5};　　B）char　a[]={0,1,2,3,4,5};

C）char　a={'A','B','C'};　　D）int　a[5]="0123";

12．已有定义：char a[]="xyz",b[]={'x','y','z'};，以下叙述中正确的是（　　）。

A）数组 a 和 b 的长度相同　　B）数组 a 长度小于数组 b 长度

C）数组 a 长度大于数组 b 长度　　D）上述说法都不对

13．设 char b[10];，若从键盘输入字符串"spkaoshi"，则正确的函数引用是（　　）。

A）scanf("%s", &b);　　B）scanf("%c",&b[10]);

C）gets(b);　　D）gets(b[10]);

14．有以下程序：

```
#include<stdio.h>
void main()
{
  char p[]={'a', 'b', 'c'}, q[]="abc";
  printf("%d %d\n", sizeof(p),sizeof(q));
}
```

程序运行后的输出结果是（　　）。

A）4　4　　B）3　3　　C）3　4　　D）4　3

15．有以下程序：

```
#include<stdio.h>
void main( )
{
  char a[]="abcdefg",b[10]= "abcdefg";
```

```
  printf("%d %d\n",sizeof(a) ,sizeof(b) );
}
```

执行后输出结果是（　　）。

A）7　7　　B）8　8　　C）8　10　　D）10　10

二、程序填空

下列程序是建立一个按以下格式输出的二维数组。

```
1 0  0  0 1
0 1  0  1 0
0 0  1  0  0
0 1  0  1  0
1 0  0  0 1
#include<stdio.h>
void main( )
{
  int a[5][5],i,j;
  for(i=0;i<5;i++)
  for(j=0;j<5; j++)
    a[i][j]=______;
  for(i=0;i<5;i++)
  {
    a[i][i]=1;
    ____________;
  }
  for(i=0;i<5;i++)
  {
    for(j=0;j<5;j++)
    printf("%3d",a[i][j]);
    ______________;
  }
}
```

三、写出程序运行的结果

【程序1】程序运行时，假定从键盘输入12345678909876543 21。

```
#include<stdio.h>
void main()
{
  int i,ch,a[8];
  for(i=0;i<8;i++)  a[i]=0;
  while((ch=getchar())!='\n')
    if(ch>='0'&&ch<='7')
      a[ch-'0']++;
  for(i=0;i<8;i+=2)
    printf("a[%d],%d\n",i,a[i]);
}
```

【程序2】

```
#include<stdio.h>
void main()
{
  int y[2][3]={9,8,7,6,5,4};
  int m[2],k,j;
  for(k=0;k<2;k++)
  {
    m[k]=y[k][0];
```

```
      for(j=1;j<3;j++)
      if(y[k][j]<m[k]) m[k]=y[k][j];
    }
    k=0;
    printf("%d\n",m[k]);
}
```

四、程序设计

1．用筛法求 100 之内的素数。

2．用选择法对 10 个整数按从小到大排序。

3．已有一个已排好的数组，现输入一个数要求按原来排序的规律将它插入数组中。

4．打印“魔方阵”。所谓魔方阵是指这样的方阵，它的每一行、每一列和对角线之和均相等。例如，三阶魔方阵为

```
8   1   6
3   5   7
4   9   2
```

要求打印出由 $1\sim n^2$ 的自然数构成的魔方阵。

第6章 函数

6.1 函数概述

人们在求解一个复杂问题时，通常采用的是逐步分解、分而治之的方法，也就是把一个大问题分解成若干个比较容易求解的小问题，然后分别求解。程序员在设计一个复杂的应用程序时，往往也是把整个程序划分为若干功能较为单一的程序模块，然后分别予以实现，最后再把所有的程序模块像搭积木一样装配起来，实现整个应用程序，这种策略被称为模块化程序设计方法。在C语言中，程序模块的作用是由函数来完成的。函数是C源程序的基本模块，通过对函数模块的调用实现特定的功能。C语言不仅提供了极为丰富的库函数（如Turbo C、MS C都提供了300多个库函数），还允许用户建立自己定义的函数。用户可把自己的算法编成一个个相对独立的函数模块，然后用调用的方法来使用函数。可以说C程序的全部工作都是由各式各样的函数完成的，所以也把C语言称为函数式语言。

由于采用了函数模块式的结构，C语言易于实现结构化程序设计，使程序的层次结构清晰，便于程序的编写、阅读和调试。

1. 函数的基本知识

先举一个函数调用的简单例子。

例 6.1 输入圆柱的高和半径，求圆柱体积，$volume = \pi \times r^2 \times h$。要求定义和调用函数cylinder(r,h)计算圆柱体的体积。

```
(6_1.c)
/*计算圆柱体积*/
#include<stdio.h>
void main()
{
   double height,radius,volume;
   double cylinder(double r,double h);        /*函数声明*/
   printf("Enter radius and height: ");       /*输入提示*/
   scanf("%lf%lf",&radius,&height);           /*输入圆柱的半径和高度*/
   volume=cylinder(radius,height);            /*调用函数，返回值赋予volume*/
   printf("Volume=%.3f\n",volume);            /*输出圆柱的体积*/
}
```

```
/*定义求圆柱体积的函数*/
double cylinder(double r,double h)
{
   double result;
   result=3.14*r*r*h;                    /*计算圆柱体积*/
   return result;                        /*返回结果*/
}
```

程序运行结果：

```
Enter radius and height:6.5 7.0
Volume=928.655
```

程序运行时，先输入圆柱的半径和高度，然后调用 cylinder()函数计算体积，最后输出体积。

程序说明如下。

① 一个 C 程序由一个或多个程序模块组成，每一个程序模块作为一个源程序文件。每一个源程序文件由一个或多个函数以及其他有关内容组成，一个源程序文件是一个编译单位。

② C 程序的执行是从 main 函数开始的，如果在 main 函数中调用其他函数，在调用后流程返回到 main 函数，在 main 函数中结束整个程序的运行。一个 C 源程序必须有，也只能有一个主函数 main，它将在程序开始执行时被自动调用。

③ 所有函数都是平行的，即在定义函数时是分别进行的，是互相独立的。一个函数并不从属于另一个函数，即函数不能嵌套定义。函数间可以互相调用，但不能调用 main 函数，main 函数是系统调用的。

2. 函数的分类

在 C 语言中可从不同的角度对函数分类。

（1）从函数定义的角度分类：函数可分为库函数和用户定义函数两种。

① 库函数：由 C 系统提供，用户无须定义，也不必在程序中作类型说明，只需在程序前包含有该函数原型的头文件即可在程序中直接调用。在前面各章的例题中反复用到 printf、scanf 等函数均属此类。C 语言提供了极为丰富的库函数，这些库函数又可从功能角度分成 10 多种。

② 用户定义函数：由用户按需要写的函数。对于用户自定义函数，不仅要在程序中定义函数本身，而且在主调函数模块中还必须对该被调函数进行类型说明，然后才能使用。

（2）从函数有无返回值的角度分类：C 语言的函数兼有其他语言（如 PASCAL 语言）中的函数和过程两种功能，从这个角度看，又可把函数分为有返回值函数和无返回值函数两种。

① 有返回值函数：此类函数被调用执行完后将向调用者返回一个执行结果，称为函数返回值，如数学函数即属于此类函数。由用户定义的这种要返回函数值的函数，必须在函数说明和函数定义中明确返回值的类型。

② 无返回值函数：此类函数用于完成某项特定的处理任务，执行完成后不向调用者返回函数值。这类函数类似于其他语言的过程。由于函数无须返回值，用户在定义此类函数时可指定它的返回为“空类型”，空类型的说明符为“void”。

（3）从函数间数据传送的角度分类：从主调函数和被调函数之间数据传送的角度看，函数又可分为无参函数和有参函数两种。

① 无参函数：函数定义、函数说明及函数调用中均不带参数。主调函数和被调函数之间不进行参数传送。此类函数通常用来完成一组指定的功能，可以返回或不返回函数值。

② 有参函数：也称为带参函数。在函数定义及函数说明时都有参数，称为形式参数（简称为

形参）。在函数调用时也必须给出参数，称为实际参数（简称为实参）。进行函数调用时，主调函数将把实参的值传送给形参，供被调函数使用。

以上各类函数不仅数量多，而且有的还需要硬件知识才会使用，要想全部掌握则需要一个较长的学习过程。因此，应首先掌握一些最基本、最常用的函数，再逐步深入。由于篇幅关系，本章只介绍很少一部分库函数，其余部分读者可根据需要查阅有关手册。

6.1.1 函数的定义

无论系统提供多少库函数，其数量终归有限，编程时总要考虑定义自己的函数。一个 C 程序主要由一系列函数定义组成，每个函数定义包含一段程序代码，执行时将完成一定工作。定义函数时给定了一个名字，供调用这个函数时使用。函数定义的基本形式为

```
返回值类型 函数名 参数表 函数体
```

其中，返回值类型描述函数执行结束时返回的值类型；函数名用标识符表示，主要用于调用这个函数，不能与其他函数或变量重名；参数表描述函数的参数个数和各参数的类型；函数体是一个复合语句，描述被这个函数所封装的计算过程。函数体之前的部分称为函数头部，它描述了函数外部与函数内部的联系。

1. 无参函数的一般形式

定义无参函数的一般形式为

```
类型标识符 函数名()
{
变量声明部分
执行部分
}
```

说明

① 类型说明符和函数名称为函数头。类型标识符指明了函数返回值的类型，它可以是 C 语言的各种数据类型说明符。函数名是由用户定义的标识符，函数名后有一个不可缺少的空括号。

② {}中的内容称为函数体。函数体由两部分组成，一部分是函数体用到的局部变量的声明；另一部分是执行部分，放置的是 C 语言功能语句。

③ 定义函数时可以不写返回值类型，表示返回 int 类型的值。这种做法不应提倡，因为它容易引起错误（未来的 C 系统将禁止不写类型的形式）。在很多情况下都不要求无参函数有返回值，此时函数类型符可以用关键字“void”说明返回值类型。

例 6.2 定义一个无参函数。

```
(6_2.c)
#include<stdio.h>
/*声明定义无参函数 hello*/
void hello()
{
  printf("Hello, how do you do. \n");
}
void main()
{
  hello();    //调用 hello 函数
}
```

程序运行结果：

```
Hello,how do you do.
```

2. 有参函数的一般形式

有参函数的一般形式为

```
类型说明符 函数名(形式参数表)
形式参数类型说明
{
变量声明部分
执行部分
}
```

说明

① 有参函数比无参函数多了两个内容，其一是形式参数表，其二是形式参数类型说明。

② 在形式参数表中给出的参数称为形式参数（简称形参），它们可以是各种类型的变量，各参数之间用逗号间隔。在进行函数调用时，主调函数将赋予这些形式参数实际的值（简称实参）。

③ 形参既然是变量，当然必须给以类型说明。

在 C 程序中，一个函数的定义可以放在任意位置，既可放在主函数 main 之前，也可放在 main 之后。下面的例子就是把函数定义放在主函数 main 之前。

例 6.3　求两个数中较小的数。

```
(6_3.c)
#include<stdio.h>
int min(int a,int b)
{
   if(a>b) return b;
   else return a;
}
void main()
{
   int min(int a,int b);        /*可以省略*/
   int x,y,z;
   printf("input two numbers:\n");
   scanf("%d%d",&x,&y);
   z= min(x,y);
   printf("minnum=%d",z);
}
```

程序运行结果：

```
input two numbers:
85 79
minnun=79
```

现在可以从函数定义、函数说明及函数调用的角度来分析整个程序，从而进一步了解函数的各种特点。程序的第 2 行至第 6 行为 min 函数定义。进入主函数后，因为准备调用 min 函数，故先对 min 函数进行说明（程序第 9 行）。函数定义和函数说明并不是一回事，在后面还要专门讨论。可以看出，函数说明与函数定义中的函数头部分相同，但是末尾要加分号。程序第 13 行为调用 min 函数，并把 x、y 中的值传送给 min 的形参 a、b。程序转向 min 函数执行函数体，函数体中 return 语句（其功能在后续章节介绍）将 a 或 b 的值返回给变量 z。最后由主函数输出 z 的值。

3. 空函数

在程序设计中有时会用到空函数，它的形式为

```
类型说明符  函数名()
{       }
```

例如：

```
void part()
{  }
```

调用此函数时，什么工作也不做，没有任何实际作用。在主调函数中写上 part();表明“这里要调用一个函数”，而现在这个函数没有起作用，等以后扩充函数功能时再补充上。

在程序设计中往往根据需要确定若干模块，分别由一些函数来实现。而在第 1 阶段只设计最基本的模块，其他一些次要功能或锦上添花的功能则在以后需要时陆续补上。

6.1.2 函数的调用

1. 函数调用的形式

C 语言中，函数之间通过调用联系起来，函数调用的一般形式前面已经用过，在程序中是通过对函数的调用来执行函数体的，其过程与其他语言的子程序调用相似。C 语言中函数调用的一般形式为

```
函数名(实际参数表)
```

对无参函数调用时则无实际参数表。实际参数表中的参数可以是常数、变量或其他构造类型数据及表达式。各实参之间用逗号分隔。

在 C 语言中，可以用以下几种方式调用函数。

（1）函数表达式。函数作表达式中的一项出现在表达式中，以函数返回值参与表达式的运算。这种方式要求函数是有返回值的。例如：

```
z=min(x,y);
```

是一个赋值表达式，把 min 的返回值赋予变量 z。

（2）函数语句。函数调用的一般形式加上分号即构成函数语句。例如：

```
printf("%d",a);
scanf("%d",&b);
```

都是以函数语句的方式调用函数。

（3）函数实参。函数作为另一个函数调用的实际参数出现。这种情况是把该函数的返回值作为实参进行传送，因此，要求该函数必须是有返回值的。例如：

```
printf("%d",min(x,y));
```

即是把 min 调用的返回值又作为 printf 函数的实参来使用的。

在函数调用中还应该注意的一个问题是求值顺序的问题。所谓求值顺序是指对实参表中各量是自左至右使用，还是自右至左使用。对此，各系统的规定不一定相同，Turbo C 规定是自右至左求值。

例 6.4 演示函数实参求值顺序。

```
(6_4.c)
#include<stdio.h>
void main()
{
  int i=8;
```

```
    printf("%d\n%d\n%d\n%d\n",++i, --i,i++,i--);
}
```

如果对 printf 语句中的实参++i、--i、i++、i--按照从右至左的顺序求值，则结果如下。

程序运行结果：

```
8
7
8
8
```

如果对 printf 语句中的实参++i，--i，i++，i--按照从左至右的顺序求值，则结果如下。

程序运行结果：

```
9
8
8
8
```

应特别注意的是：无论是从左至右求值，还是自右至左求值，其输出顺序都是不变的，即输出顺序总是和实参表中实参的顺序相同。由于 Turbo C 规定是自右至左求值，因此结果为 8，7，8，8。上述问题可上机调试，加深理解。

2. 函数的说明

函数定义好后，在主调函数中调用某函数之前应对该被调函数进行说明，这与使用变量之前要先进行变量说明是一样的。在主调函数中对被调函数作说明的目的是使编译系统知道被调函数返回值的类型，以便在主调函数中按此种类型对返回值作相应的处理。函数的说明方法有如下两种。

一种是只说明函数的类型，称为简单说明。例如，对前面定义过的函数 min()说明为

```
int min( );
```

这种说明可以单独一行，也可以与其他同类型的变量放在一起。

另一种不仅说明函数的类型，还要说明其参数的类型，称为原型说明。例如，对前面定义过的函数 min()说明为

```
int min(int a,int b);
```

原型说明要比简单说明复杂一些，但是用原型说明后，在函数调用时系统将对其参数的类型进行检查，如果发现不一致，则报错。如果用简单说明方法，则在调用时不作参数类型是否一致的检查，即使不一致也不报错。由此可见，原型说明比简单说明要安全些。

对被调函数原型说明其一般格式为

```
类型说明符 被调函数名(类型 形参，类型 形参…)；
```

或为

```
类型说明符 被调函数名(类型，类型…)；
```

在实际使用中关于函数的说明需要注意如下几点。

（1）对库函数的调用不需要再作说明，但必须把该函数的头文件用 include 命令包含在源文件前部。

（2）在下列情况下，函数在调用之前不必说明：在定义函数时没有加任何说明；该函数无返回值又没有加 void 说明符；该函数具有 int 型返回值而省略说明符。

（3）在下列情况下，函数在调用之前必须说明，如不说明，将出现编译错：在定义函数时加了说明符，包含 void 在内，又是先调用后定义（即调用在定义之前）。

（4）在下列情况下，即在定义函数时加了说明符，包含 void 在内，而先定义后调用（即定义在调用之前），则调用函数之前可以说明也可以不说明。

有时为了使得系统能够检查函数调用时其参数类型是否一致，对于不必说明函数的情况也对函数进行说明。

3. 函数返回值

函数被调用之后，将执行函数体中的程序段，取得并返回给主调函数的一个值，称为函数返回值，如调用正弦函数取得正弦值，调用例 6.3 的 min 函数取得的最小数的值等。函数的返回值都是通过 return(<表达式>)语句来实现的。例如，例 6.3 中，min()函数的函数体中的 return a;语句就是将变量 a 的值作为返回值，返回给调用函数 main()的变量 z，返回值的类型是该函数的类型。对函数返回值（或称函数的值）有以下一些说明。

（1）函数的值只能通过 return 语句返回主调函数。return 语句的一般形式为

```
return 表达式;
```

或者为

```
return(表达式);
```

该语句的功能是计算表达式的值，并返回给主调函数。在函数中允许有多个 return 语句，但每次调用只能有一个 return 语句被执行，因此只能返回一个函数值。

（2）函数值的类型和函数定义中函数的类型应保持一致。如果两者不一致，根据函数的类型对<表达式>的类型进行转换，使得<表达式>的类型转换成为函数的类型。将<表达式>的值和类型返回给调用函数，作为调用函数的值和类型。一般情况下，调用函数要设置一个变量来接收这一返回值。下面通过一个实例说明当函数值的类型与 return 语句表达式的类型不一致时是如何自动转换的。

例 6.5 求两个输入的浮点数的和，最后的和用 int 型表示。

```
(6_5.c)
#include<stdio.h>
void main()
{
  float x,y;
  int sum;
  float add(float a,float b);
  printf("input x,y: ");
  scanf("%f%f",&x,&y);
  sum=add(x,y);
  printf("sum=%d\n",sum);
}
float add(float a,float b)
{
   return(a+b);
}
```

程序运行结果：

```
input x,y:2.3 4.5
sum=6
```

程序说明：该程序由两个函数组成，一个是 main()函数，它无参数，也无返回值；另一个是 add()函数，它有两个参数 a 和 b，都是 float 型的。它有 int 型返回值，因此，定义该函数时可以不加类型说明，调用该函数之前也可不加原型说明。在 main()中，x 和 y 作为 add()函数的实参；在 add()函数中 a 和 b 是形参，调用 add()函数时，其形参与实参要求一致，即个数相等，对应类型相同。在被调用函数 add()中，返回值的表达式 a + b 的类型是 float 型的，其值应该是输入的两个数 2.3 + 4.5，即为 6.8。由于函数 add()的类型为 int 型，因此，要将 6.8 自动转换为 int 型数 6，

再返回给调用函数，即赋值给 int 型变量 sum。

（3）没有返回值的函数，可以明确定义为“空类型”，类型说明符为“void”。其返回语句 return 不带返回值，该 return 语句是将程序流的控制权交给调用函数，继续执行调用函数下边的语句。例如，下面定义的函数 s 并不向主函数返回函数值：

```
void s(int n)
{ …
 return;
}
```

一旦函数被定义为空类型后，就不能在主调函数中使用被调函数的函数值了。例如，在定义 s 为空类型后，在主函数中写语句 sum = s(n);就是错误的。为了使程序有良好的可读性并减少出错，凡不要求返回值的函数都应定义为空类型。

4. 函数的嵌套调用

C 语言中不允许作嵌套的函数定义，因此，各函数之间是平行的，不存在上一级函数和下一级函数的问题。但是 C 语言允许在一个函数的定义中出现对另一个函数的调用，这样就出现了函数的嵌套调用，即在被调函数中又调用其他函数。这与其他语言的子程序嵌套的情形是类似的。

图 6-1 所示为两层嵌套的情形。其执行过程是：执行 main 函数中调用 a 函数的语句时，即转去执行 a 函数，在 a 函数中调用 b 函数时，又转去执行 b 函数，b 函数执行完毕返回 a 函数的断点继续执行，a 函数执行完毕返回 main 函数的断点继续执行。

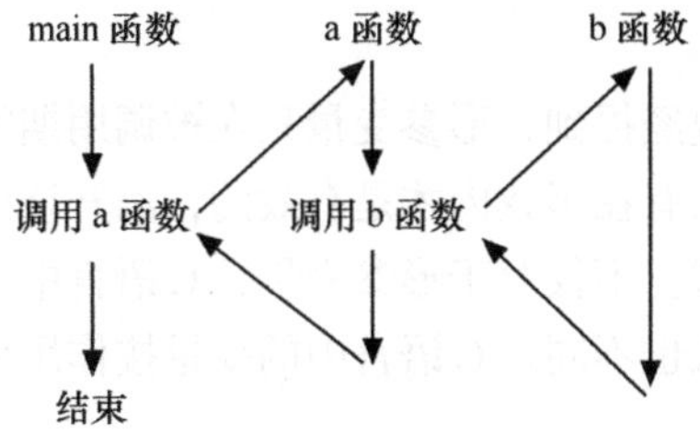

图 6-1　函数嵌套调用

例 6.6　计算 $s = 2^2! + 3^2!$。

本题可编写两个函数，一个是用来计算平方值的函数 f1，另一个是用来计算阶乘值的函数 f2。主函数先调用 f1 计算出平方值，再在 f1 中以平方值为实参，调用 f2 计算其阶乘值，然后返回 f1，再返回主函数，在循环程序中计算累加和。

```
(6_6.c)
#include<stdio.h>
long f1(int p)
{
int k;
  long r;
  long f2(int );
  k=p*p;
  r=f2(k);
  return r;
}
long f2(int q)
{
long c=1;
  int i;
  for(i=1;i<=q;i++)
```

```
    c=c*i;
  return c;
}
void main()
{
int i;
  long s=0;
  for (i=2;i<=3;i++)
    s=s+f1(i);
  printf("\ns=%ld\n",s);
}
```

程序运行结果：

```
s=362904
```

程序说明：在程序中，函数 f1 和 f2 均为长整型，都在主函数之前定义，故不必再在主函数中对 f1 和 f2 加以说明。在主程序中，执行循环程序依次把 i 值作为实参调用函数 f1 求 i^2 值。在 f1 中又发生对函数 f2 的调用，这时是把 i^2 的值作为实参去调 f2，在 f2 中完成求 i^2!的计算。f2 执行完毕把 c 值（即 i^2!）返回给 f1，再由 f1 返回主函数实现累加。至此，由函数的嵌套调用实现了题目的要求。由于数值很大，因此函数和一些变量的类型都说明为长整型，否则会造成计算错误。

6.1.3 变量的生命期及作用域

1. 局部变量和全局变量

在讨论函数的形参变量时曾经提到，形参变量只在被调用期间才分配内存单元，调用结束立即释放。这一点表明形参变量只有在函数内才是有效的，离开该函数就不能再使用了。这种变量有效性的范围称为变量的作用域。不仅对于形参变量，C 语言中所有的变量都有自己的作用域。变量说明的方式不同，其作用域也不同。C 语言中的变量按作用域范围可分为两种，即局部变量和全局变量。

（1）局部变量。局部变量也称为内部变量。局部变量一般定义在函数或复合语句的开始处，尽量不要定义在中间。其作用域仅限于函数内或复合语句内，离开该函数或复合语句后再使用这种变量是非法的。

例如：

```
int f1(int a)          /*函数 f1*/      ┐
{                                       │
  int b,c;                              ├ a、b、c 有效范围
  …                                     │
}                                       ┘
int f2(int x)          /*函数 f2*/      ┐
{                                       │
  int y,z;                              ├ x、y、z 有效范围
  …                                     │
}                                       ┘
main()                                  ┐
{                                       │
  int m,n;                              ├ m、n 有效范围
  …                                     │
}                                       ┘
```

在函数 f1 内定义了 3 个变量，a 为形参，b、c 为一般变量。在 f1 的范围内 a、b、c 有效，或者说 a、b、c 变量的作用域限于 f1 内。同理，x、y、z 的作用域限于 f2 内，m、n 的作用域限于 main 函数内。关于局部变量的作用域还要说明以下几点。

主函数中定义的变量也只能在主函数中使用，不能在其他函数中使用。同时，主函数中也不能使用其他函数中定义的变量。这是因为主函数也是一个函数，它与其他函数是平行关系。这一点是与其他语言不同的，应予以注意。

形参变量是属于被调函数的局部变量，实参变量是属于主调函数的局部变量。

允许在不同的函数中使用相同的变量名，它们代表不同的对象，分配不同的单元，互不干扰，也不会发生混淆。

在复合语句中也可定义变量，其作用域只在复合语句范围内。例如：

```
void main()
{
  int s,a;
  …
 {
  int b;         }
  s=a+b;         } 变量 b 作用范围        } 变量 s、a 作用范围
  …              }
  }
…
 }
```

例 6.7　变量作用域。

```
(6_7.c)
#include<stdio.h>
void main()
{
  int i=2,j=3,k;
  k=i+j;
  {
    int k=8;
    printf("%d\n",k);
  }
  printf("%d\n",k);
}
```

程序运行结果：

```
8
5
```

程序说明：本程序在 main 中定义了 I、j、k3 个变量，其中 k 未赋初值。而在复合语句内又定义了一个变量 k，并赋初值为 8。应该注意这两个 k 不是同一个变量。在复合语句外由 main 定义的 k 起作用，而在复合语句内则由在复合语句内定义的 k 起作用。因此，程序第 5 行的 k 为 main 所定义，其值应为 5。第 8 行输出 k 值，该行在复合语句内，由复合语句内定义的 k 起作用，其初值为 8，故输出值为 8。第 10 行输出，k 的值，而第 10 行已在复合语句之外，输出的 k 应为 main 所定义的 k，此 k 值在第 5 行已获得为 5，故输出也为 5。

（2）全局变量。局部变量避免了不同函数间的相互干扰，增加了函数的独立性。但程序设计有时还要考虑不同函数之间的数据交流及各函数的某些统一设置。当一些变量需要被多个函数共同使用时，参数传递虽然是一个办法，但必须通过函数调用才能实现，并且函数只能返回一个结

果，这会使程序设计受到很大的限制。为了解决多个函数间的变量共用，C 语言允许定义全局变量。全局变量也称为外部变量，它是在函数外部定义的变量。它不属于哪一个函数，它属于一个源程序文件。其作用域是整个源程序。在函数中使用全局变量，一般应作全局变量说明。只有在函数内经过说明的全局变量才能使用。全局变量的说明符为 extern，但在一个函数之前定义的全局变量，在该函数内使用可不再加以说明。

例如：

```
int a,b;        /*外部变量*/
void f1()       /*函数 f1*/
{
  …
}
float x,y;      /*外部变量*/
int fz()        /*函数 fz*/
{
  …
 }
void main()     /*主函数*/
{
  …
}
```

全局变量 x、y 的作用范围

全局变量 a、b 的作用范围

从上例可以看出 a、b、x、y 都是在函数外部定义的外部变量，都是全局变量。但 x、y 定义在函数 f1 之后，而在 f1 内又无对 x、y 的说明，所以它们在 f1 内无效。a、b 定义在源程序最前面，因此在 f1、f2 及 main 内不加说明也可使用。

例 6.8 输入长方体的长宽高 l、w、h，求体积及 x×y、x×z、y×z3 个面的面积。

```
(6_8.c)
#include<stdio.h>
int s1,s2,s3;
int vs( int a,int b,int c)
{
  int v;
  v=a*b*c;
  s1=a*b;
  s2=b*c;
  s3=a*c;
  return v;
}
void main()
{
  int v,l,w,h;
  printf("\ninput length,width and height\n");
  scanf("%d%d%d",&l,&w,&h);
  v=vs(l,w,h);
  printf("\nv=%d,s1=%d,s2=%d,s3=%d\n",v,s1,s2,s3);
}
```

程序运行结果：

```
input length,width and height
3 5 8
v=120,s1=15,s2=40, s3=24
```

程序说明：因为 s1、s2、s3 是在程序所在函数外声明的，是全局变量，所以 main()中输出的 s1、s2、s3 和函数 vs 的 s1、s2、s3 占用相同的存储空间，是同一个变量，值相同。

由于全局变量和局部变量的作用范围不同，允许它们同名。当两者同名时，在对应的函数中全局变量不起作用，而由局部变量起作用。对于其他不存在同名变量的函数，全局变量仍然有效。同样，对于重名的函数局部变量与复合语句的局部变量，以复合语句为准。

例 6.9　外部变量与局部变量同名。

```
(6_9.c)
#include<stdio.h>
int a=3,b=5;              /*a、b 为外部变量*/
max(int a,int b)          /*a、b 为局部变量*/
{
  int c;
  c=a>b?a:b;
  return(c);
}
void main()
{
  int a=8;
  printf("%d\n",max(a,b));
}
```

程序运行结果：

```
8
```

程序说明：如果同一个源文件中，外部变量与局部变量同名，则在局部变量的作用范围内，外部变量被“屏蔽”，即它不起作用。

使用全局变量可以增加函数间数据联系，但是不在必要时不要使用全局变量，原因如下。

① 全局变量在程序的全部执行过程中都占用存储单元，而不是仅在需要时才开辟单元。

② 它使函数的通用性降低了，因为函数在执行时要依赖于其所在的外部变量。如果将一个函数移到另一个文件中，还要将有关的外部变量及其值一起移过去。但若该外部变量与其他文件的变量同名时，就会出现问题，降低了程序的可靠性和通用性。在程序设计中，在划分模块时要求模块的“内聚性”强，与其他模块的“耦合性”弱，即模块的功能要单一（不要把许多互不相干的功能放到一个模块中），与其他模块的相互影响要尽量少，而用全局变量是不符合这个原则的。一般要求把 C 程序中的函数做成一个封闭体，除了可以通过“实参—形参”的渠道与外界发生联系外，没有其他渠道。这样的程序移植性好，可读性强。

③ 使用全局变量过多，会降低程序的清晰性，人们往往难以清楚地判断出每个瞬时各个外部变量的值。在各个函数执行时都可能改变外部变量的值，程序容易出错。因此，要限制使用全局变量。

2. 变量的生命周期

（1）动态存储方式与静态存储方式。

变量从定义开始分配存储单元，到运行结束存储单元被回收，整个过程称为变量生命周期。变量生命周期受变量的存储类别和作用域影响。前面已经介绍了，从变量的作用域（即从空间）角度来分，可以分为全局变量和局部变量。从另一个角度，从变量值存在的作用时间（即生存期）角度来分，可以分为静态存储方式和动态存储方式。

静态存储方式：是指在程序运行期间分配固定的存储空间的方式。

动态存储方式：是在程序运行期间根据需要动态地分配存储空间的方式。

用户存储空间可以分为以下 3 个部分。

① 程序区。

② 静态存储区。

③ 动态存储区。

全局变量全部存放在静态存储区，在程序开始执行时给全局变量分配存储区，程序执行完毕就释放。在程序执行过程中它们占据固定的存储单元，而不动态地进行分配和释放。

动态存储区存放以下数据。

① 函数形式参数。

② 自动变量（未加 static 声明的局部变量）。

③ 函数调用时的现场保护和返回地址。

对以上这些数据，在函数开始调用时分配动态存储空间，函数结束时释放这些空间。

（2）auto 变量

函数中的局部变量，如不专门声明为 static 存储类别，都是动态地分配存储空间，数据存储在动态存储区中。函数中的形参和在函数中定义的变量（包括在复合语句中定义的变量）都属此类，在调用该函数时系统会给它们分配存储空间，在函数调用结束时就自动释放这些存储空间。这类局部变量称为自动变量，自动变量用关键字 auto 作存储类别的声明。例如：

```
int f(int a)            /*定义 f 函数，a 为参数*/
{auto int b,c=3;        /*定义 b、c 自动变量*/
 …
}
```

其中，a 是形参，b 和 c 是自动变量，对 c 赋初值 3。执行完 f 函数后，自动释放 a、b、c 所占的存储单元。

关键字 auto 可以省略，auto 不写则隐含定为“自动存储类别”，属于动态存储方式。

（3）用 static 声明局部变量。

有时希望函数中局部变量的值在函数调用结束后不消失而保留原值，这时就应该指定局部变量为“静态局部变量”，用关键字 static 进行声明。

例 6.10 考察静态局部变量的值。

```
(6_10.c)
#include<stdio.h>
f(int a)
{
  auto b=0;
  static c=3;
  b=b+1;
  c=c+1;
  return(a+b+c);
}
void main()
{
  int a=2,i;
  for(i=0;i<3;i++)
    printf("%d",f(a));
}
```

程序运行结果：

```
789
```

程序说明：程序执行 i = 0 时，第 1 次进入循环，a 的值为 2，即 f(a)相当于 f(2)，进入 f()函数，动态变量 b 为 0，执行 b = b + 1;后 b 的值为 1，静态变量 c 为 3，执行 c = c + 1;后值变为 4，执行 return(a + b+c);的值为 7，返回到主函数，释放动态变量 b 的存储空间。

执行 i = 1 时，第 2 次进入循环，a 的值为 2，即 f(a)相当于 f(2)，进入 f()函数，重新为动态变量 b 分配存储空间，赋值为 0，执行 b = b + 1;后值变为 1，c 为静态变量，存储空间没有释放，值依然为 4，执行 c = c + 1;后值变为 5，执行 return(a + b+c);的值为 8，返回到主函数，释放动态变量 b 的存储空间。

执行 i = 2 时，第 3 次进入循环，a 的值为 2，即 f(a)相当于 f(2)，进入 f()函数，重新为动态变量 b 分配存储空间，赋值为 0，执行 b =b + 1;后值变为 1，c 为静态变量，存储空间没有释放，值依然为 5，执行 c = c + 1;后值变为 6，执行 return(a + b+c);的值为 9，返回到主函数，释放动态变量 b 的存储空间。

最终输出结果为 789。

对静态局部变量的说明如下。

① 静态局部变量属于静态存储类别，在静态存储区内分配存储单元，在程序整个运行期间都不释放。而自动变量（即动态局部变量）属于动态存储类别，占动态存储空间，函数调用结束后即释放。

② 静态局部变量在编译时赋初值，即只赋初值一次；而对自动变量赋初值是在函数调用时进行，每调用一次函数重新给一次初值，相当于执行一次赋值语句。

③ 如果在定义局部变量时不赋初值，则对静态局部变量来说，编译时自动赋初值 0（对数值型变量）或空字符（对字符变量）。而对自动变量来说，如果不赋初值则它的值是一个不确定的值。

例 6.11　打印 1～5 的阶乘值。

```
(6_11.c)
#include<stdio.h>
int fac(int n)
{
  static int f=1;
  f=f*n;
  return(f);
}
void main()
{
  int i;
  for(i=1;i<=5;i++)
  printf("%d!=%d\n",i,fac(i));
}
```

程序运行结果：

```
1!=1
2!=2
3!=6
4!=24
5!=120
```

程序说明：程序执行到循环体时，当 i = 1 时，调用函数 fac(1)，在函数中定义了静态变量 f，给 f 赋值为 1，紧接着执行 f = f*n;即 f = 1*1;，得 f = 1。由 return 语句返回 f 值给主函数，输出第

1 行结果 1! = 1。第 2 次进入循环，当 i = 2 时，调用函数 fac(2)，因为 f 为静态变量，存储空间不变，值是上一次调用函数最后的值 1，执行 f = f*n;即 f = 1*2;，得 f = 2。由 return 语句返回 f 值给主函数，输出第 2 行结果 2! = 2。其他循环依此类推。

（4）register 变量。

一般情况下，变量的值是存放在内存中的，如果有一些变量使用频繁，则通过内存存取变量的值要花费不少时间。为了提高效率，C 语言允许将局部变量的值放在 CPU 中的寄存器中，需要用时直接从寄存器中取出参与运算，这种变量叫作“寄存器变量”，用关键字 register 作声明。

例 6.12　使用寄存器变量。

```
(6_12.c)
#include<stdio.h>
int fac(int n)
{
  register int i,f=1;
  for(i=1;i<=n;i++)
    f=f*i;
  return(f);
}
main()
{
  int i;
  for(i=0;i<=5;i++)
  printf("%d!=%d\n",i,fac(i));
}
```

程序运行结果：

```
0!=0
1!=1
2!=2
3!=6
4!=24
5!=120
```

在 fac 函数中定义的局部变量 f 和 i 是寄存器变量，每调用一次 fac 函数，f 和 i 都要调用 *n* 次，如果 *n* 的值大或者 fac 函数的调用次数多，则能节约许多执行时间。

说明

① 只有局部自动变量和形式参数可以作为寄存器变量，其他变量（如全局变量）不行。

② 一个计算机系统中的寄存器数目有限，不能定义任意多个寄存器变量。

③ 局部静态变量不能定义为寄存器变量，不能写成

```
register static int  a,b;
```

不能把变量 a、b 既放在静态存储区中，又放在寄存器中，二者只能居其一。

（5）用 extern 声明外部变量。

外部变量（即全局变量）是在函数的外部定义的，它的作用域为从变量定义处开始，到本程序文件的末尾。在此作用域内，全局变量可以为程序中各个函数所引用。如果外部变量不在文件的开头定义，其有效的作用范围只限于定义处到文件终了。如果在定义点之前的函数想引用该外部变量，则应该在引用之前用关键字 extern 对该变量作“外部变量声明”，表示该变量是一个已经定义的外部变量。有了此声明，就可以从“声明”处起，合法地使用该外部变量。

例 6.13　用 extern 声明外部变量，扩展其在程序文件中的作用域。

```
(6_13.c)
#include<stdio.h>
int max(int x,int y)
{
  int z;
  z=x>y?x:y;
  return(z);
}
void main()
{
  extern A,B;
  printf("%d\n",max(A,B));
}
int A=13,B=-8;
```

程序运行结果：

```
13
```

程序说明：在本程序文件的最后一行定义了外部变量 A、B，但由于外部变量定义的位置在函数 main 之后，本来在 main 函数中不能引用外部变量 A、B，现在在 main 函数中用 extern 对 A 和 B 进行“外部变量声明”扩展了作用域，因此，就可以在 main 函数中合法地使用该外部变量 A 和 B。

6.2 函数参数传递

前面已经介绍过，函数的参数分为形参和实参两种。在本节中，进一步介绍形参、实参的特点和两者的关系。形参出现在函数定义中，即<参数表>中的参数，因为该参数在该函数被调用之前没有确定的值，只是形式上的参数，只有被调用时才获取值。形参在整个函数体内都可以使用，离开该函数则不能使用。实参出现在主调函数中，因为该参数已具有确定的值，是实在的参数。实参可以是表达式，在调用之前先计算出表达式的值。进入被调函数后，实参变量也不能使用。形参和实参的功能是作数据传送。发生函数调用时，主调函数把实参的值传送给被调函数的形参，从而实现主调函数向被调函数的数据传送。

例 6.14 调用函数时的数据传递。

```
(6_14.c)
#include<stdio.h>
void main()
{
  void swap(int a,int b);
  int x=7,y=11;
  printf("x=%d,\ty=%d\n",x,y);
  printf("swapped:\n");
  swap(x,y);
  printf("x=%d,\ty=%d\n",x,y);
}
swap(int a,int b)
{
  int temp;
  temp=a; a=b; b=temp;
}
```

程序运行结果：

```
x=7,    y=11
swapped:
x=7,    y=11
```

程序说明：程序中第 11～15 行是一个函数定义（注意第 11 行的末尾没有分号），定义了函数名为 swap，指定了两个形参名为 a、b 及形参类型为 int。程序第 8 行包含一个函数调用，swap 后面括号内的 x、y 是实参。x 和 y 是在 main 函数中定义的变量，a 和 b 是函数 swap 中的形式参数。通过函数调用，使两个函数中的数据发生联系，那么为什么没有达到预期的效果，互换 x 和 y 的值，等学完本节后，请读者自己试着分析原因（参照例 6.19）。

函数的形参和实参具有以下特点。

（1）在定义函数时，所指定的形参在该函数被调用之前是不被分配内存单元的，形参变量只有在被调用时才分配内存单元，在调用结束时，即刻释放所分配的内存单元。因此，形参只有在函数内部有效，属于局部变量，其作用范围仅在定义它的函数体内，函数调用结束返回主调函数后则不能再使用该形参变量。

（2）实参可以是常量、变量、表达式、函数等，无论实参是何种类型的量，在进行函数调用时，它们都必须具有确定的值，以便把这些值传送给形参。因此，应预先用赋值、输入等办法使实参获得确定值。

（3）实参和形参在数量上、类型上、顺序上应严格一致，否则会发生“类型不匹配”的错误。

（4）函数的形参属于定义它的函数的局部变量。因此，允许一个函数的形参和实参同名，因为它们在内存中占有不同的存储单元。

下面举一个简单的函数调用的例子，通过它进一步说明函数的定义格式，函数的说明方法，形参与实参的不同之处。

例 6.15 求两个 float 型数的和。

```
(6_15.c)
#include<stdio.h>
void main()
{
  float a,b,sum,x,y;
  float fadd(float,float);
  x=5.6;
  y=7.2;
  sum=fadd(x,y);
  printf("%.2f\n",sum);
}
float fadd(float x,float y)
{
  return(x+y);
}
```

程序运行结果：

```
12.80
```

程序说明：该程序中定义了两个函数 main()和 fadd()。前一个是主函数，它无参数，也无返回值。后一个是具有 float 型返回值的带有参数的函数，该函数有两个参数 x 和 y ,它们都是 float 型变量。在主函数中对函数 fadd()作了简单说明，因为 fadd()函数返回值不是 int 型，并且又是先调用后定义的，如不说明，会出现编译错误。函数 fadd()中的两个形参变量为 x 和 y，主函数中调用该函数的实参变量使用了同名的 x 和 y，函数调用时满足了形参与实参个数相等、对应类型相同的要求。

（5）函数调用中发生的数据传送是单向的，即只能把实参的值传送给形参，而不能把形参的值反向地传送给实参。因此，在函数调用过程中，形参的值发生改变，而实参中的值不会变化。形参与实参值传递如图 6-2 所示。

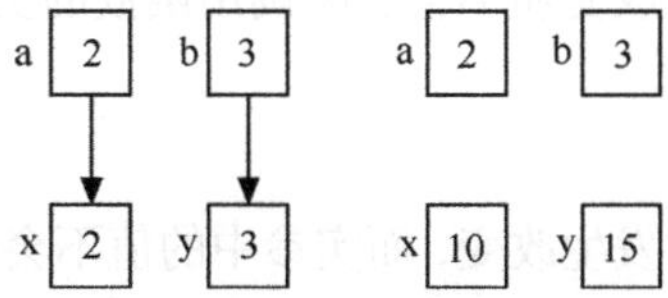

图 6-2　形参与实参值传递

例 6.16　形参与实参值传递。

```
(6_16.c)
#include <stdio.h>
void main()
{
  int n;
  void s(int n);
  printf("input number\n");
  scanf("%d",&n);
  s(n);
  printf("n=%d\n",n);
}
void s(int n)
{
  int i;
  for(i=n-1;i>=1;i--)
  n=n+i;
  printf("n=%d\n",n);
}
```

程序运行结果：

```
input number
12
n=78
n=12
```

程序说明：本程序中定义了一个函数 s，该函数的功能是求 $\sum_{i=1}^{n} i$ 的值。在主函数中输入 n 值，并作为实参，在调用时传送给 s 函数的形参量 n（注意，本例的形参变量和实参变量的标识符都为 n，但这是两个不同的量，各自的作用域不同）。在主函数中用 printf 语句输出一次 n 值，这个 n 值是实参 n 的值。在函数 s 中也用 printf 语句输出了一次 n 值，这个 n 值是形参最后取得的 n 值 0。从运行情况看，输入 n 值为 100，即实参 n 的值为 100。把此值传给函数 s 时，形参 n 的初值也为 100，在执行函数过程中，形参 n 的值变为 5050。返回主函数之后，输出实参 n 的值仍为 100。可见实参的值不随形参的变化而变化。

一般说来，有两种方法可以把参数传递给函数。第一种方法叫作“传值调用”，第二种方法叫作“传址调用”。

6.2.1 值传递

这里所讨论的值传递调用是指传递变量值的调用方式。在这种调用方式中，实参使用变量名、数组元素名或者表达式，形参使用变量名。在调用时，调用函数将实参值拷贝一个副本给形参，使形参按顺序从对应的实参中获得值，这就相当于将实参值对应地赋予形参。这种调用方式具有如下特点：被调用函数的参数值被改变而不会影响调用函数的实参的值，值的传递方式为单向的，使用这种方法安全性较好。

1. 基本数据类型值传递

在函数调用过程中，形参的值发生改变，而实参中的值不会变化。例 6.17 可以说明这个问题。

例 6.17 分析下列程序的输出结果。

```
(6_17.c)
#include<stdio.h>
void main( )
{
  float a,b;
  void f1(float x,float y);
  a=7.2;
  b=3.6;
  f1(a,b);
  printf("%.2f,%.2f\n",a,b);
}
void f1(float x,float y)
{
   x=x+0.5;
   y=y-0.5;
printf("%.2f,%.2f\n",x,y);
}
```

程序运行结果：

```
7.70  ,3.10
7.20  ,3.60
```

程序说明：主函数中，调用 f1()函数时，两个实参都是变量，即 a 和 b。被调用函数的两个形参也都是变量，即 x 和 y，这是属于值传递的调用方式。在被调用函数 f1()中，通过两个赋值表达式语句分别对形参 x 和 y 的值进行改变，并通过 printf()语句输出改变后的 x 和 y 的值 7.70、3.10。返回主函数后，执行 printf()语句输出主函数中 a 和 b 值为 7.20、3.60。可见，a 和 b 值没有因为调用函数 f1()而改变其值。其原因是这种调用方式是调用函数将其实参值拷贝一个副本给了被调用函数的形参，被调用函数中改变形参的值，只是改变了副本中的值，对调用函数中的"正本"没有改变。

切记，传给函数的只是参数值的复制品。所有发生在函数内部的变化均无法影响调用时使用的变量。

2. 数组元素作函数实参

数组的每一个元素与普通变量并无区别，因此，它作为函数实参使用与普通变量是完全相同的，在发生函数调用时，把作为实参的数组元素的值传送给形参，实现单向的值传送。例 6.18 说明了这种情况。

例 6.18 判别一个整数数组中各元素的值，若大于 0 则输出该值，若小于等于 0 则输出 0 值。

```
(6_18.c)
```

```
#include<stdio.h>
void nzp(int v)
{
  if(v>0)
    printf("\n%d",v);
  else
    printf("\n%d",0);
}
void main()
{
  int a[5],i;
  printf("input 5 numbers:\n");
  for(i=0;i<5;i++)
  {
    scanf("%d",&a[i]);
    nzp(a[i]);
  }
}
```

程序运行结果：

```
input 5 numbers:
-25  85  -6  68 5
0
85
0
68
5
```

6.2.2　地址传递

这里所说的地址传递调用指在调用时传递变量地址值的调用方式。地址传递调用时要求调用函数的实参用地址值或数组名，而被调用函数的形参用指针，这种传递是将实参的变量地址值传递给形参指针，即让形参指针指向实参变量，这种传递方式与调用函数拷贝值的副本给形参是不同的，它是让形参指针直接指向实参变量。这种传递方式具有如下特点：被调用函数中可以通过改变形参所指向的内容来改变调用函数的实参值；形参与实参占用同样的内存单元，函数中对形参值的改变也会改变实参的值。因此，地址传递调用可实现主调函数与被调函数之间双向的数据传递。

1．基本数据类型地址传递

基本数据类型地址传递调用时要求调用函数的实参用地址值。注意，形参与实参都必须是地址变量。例如，scanf()的使用就是最典型的传址调用。

假设程序里常要交换两个整型变量的值，想为此写函数 swap，希望调用 swap 能交换两个变量的值。由于操作中需要改变两个变量，显然不能靠返回值（返回值只有一个）。不仔细考虑也可能认为这个问题很简单，有人可能写出下面的函数定义：

```
void swap(int a, int a)
{
int temp=a;
a=b;
b=a;
}
```

写一段程序定义变量并实际调用这个函数，如写出如下程序段：

```
int m=1, n=2;
swap(m, n);
```

执行后会发现变量 m 和 n 的值没有变。上述定义失败的原因在于 C 语言的参数机制：调用 swap 时 m 和 n 的值送给形参 a 和 b，虽然函数里面交换了 a 和 b 的值，但不会影响调用的实参 m 和 n。调用结束时局部变量 a 和 b 被撤销，m 和 n 的值没有变（例 6.14 充分说明了这个问题）。要真正实现数据的交换，可以采用传址调用方法。

例 6.19 交换两个整型变量的值。

```
(6_19.c)
#include <stdio.h>
void swap(int *a ,int * b);
void main()
{
  int a, b;
  printf("please input two number :\n ");
  scanf("%d%d",&a, &b);
  swap(&a, &b);
  printf("after swap two number is: %d, %d\n ",a,b);
}
void swap(int *a ,int * b)
{
  int temp;
  temp=*a;
  *a=*b;
  *b=temp;
}
```

程序运行结果：

```
please input two number:
25  65
after swap two number is: 65 25
```

程序说明：函数中参数使用了指针，使得形参和实参指向内存中同一个存储单元，改变形参的值和改变实参的值实际上是一样的，都是改变变量存储空间的值。请读者比较本例与例 6.14 的异同。

要在函数中交换参数的值，只能传地址，并交换指针所指向的值。如果仅仅交换实参指针的指向，是不能交换两个变量的值的。把例 6.19 稍作修改，就会得到不同结果。

例 6.20 交换两个整型变量的值失败。

```
(6_20.c)
#include<stdio.h>
void swap(int *a ,int * b);
void main()
{
  int a, b;
  printf("please input two number :\n ");
  scanf("%d%d",&a, &b);
  swap(&a, &b);
  printf("after swap two number is: %d, %d\n ",a,b);
}
void swap(int* c ,int* d)
{
  int *temp;
```

```
  temp=c;
  c=d;
  d=temp;
}
```

程序运行结果：

```
please input two number:
25  65
after swap two number is: 25  65
```

2. 数组名作为函数参数

另一个比较典型的传址调用方式是用数组名作为函数的参数。

用数组名作函数参数与用数组元素作实参有几点不同。

（1）用带下标数组元素作实参时，只要数组类型和函数的形参变量的类型一致，那么对数组元素的处理是按普通变量对待的。用数组名作函数参数时，则要求形参和相对应的实参都必须是类型相同的数组，都必须有明确的数组说明。当形参和实参二者不一致时，即会发生错误。

（2）普通变量或带下标数组元素作函数参数时，形参变量和实参变量是由编译系统分配的两个不同的内存单元。在函数调用时发生的值传送是把实参变量的值赋予形参变量。在用数组名作函数参数时，不是进行值的传送，即不是把实参数组的每一个元素的值都赋予形参数组的各个元素。

因为实际上形参数组并不存在，编译系统不为形参数组分配内存。那么，数据的传送是如何实现的呢？在前面章节中曾介绍过，数组名就是数组的首地址。因此，在数组名作函数参数时所进行的传送只是地址的传送，也就是说把实参数组的首地址赋予形参数组名。形参数组名取得该首地址之后，也就等于有了实在的数组。实际上是形参数组和实参数组为同一数组，共同拥有一段内存空间，对形参数组的操作就是对实参数组的操作。

例 6.21　数组 a 中存放了一个学生 5 门课程的成绩，求平均成绩。

```
(6_21.c)
#include<stdio.h>
float aver(float a[5] )
{
  int i;
  float av,s=a[0];
  for(i=1;i<5;i++)
  s=s+a[i];
  av=s/5;
  return av;
}
void main()
{
  float sco[5],av;
  int i;
  printf("\ninput 5 scores:\n");
  for(i=0;i<5;i++)
    scanf("%f",&sco[i]);
  av=aver(sco);
  printf("average score is %6.2f\n",av);
}
```

程序运行结果：

```
input 5 scores:
95 85 84 68 25
```

```
average score is 71.40
```

（3）前面已经讨论过，在变量作函数参数时，所进行的值传送是单向的，即只能从实参传向形参，不能从形参传回实参。形参的初值和实参相同，而形参的值发生改变后，实参并不变化，两者的终值是不同的。例 6.14 和例 6.20 证实了这个结论。

而当用数组名作函数参数时，情况则不同。由于实际上形参和实参为同一数组，因此，当形参数组发生变化时，实参数组也随之变化。当然这种情况不能理解为发生了“双向”的值传递。但从实际情况来看，调用函数之后实参数组的值将由于形参数组值的变化而变化。为了说明这种情况，下面用例 6.22 作为说明。

例 6.22 用数组名作函数参数。

```
(6_22.c)
#include<stdio.h>
void nzp(int a[5] )
{
   int i;
   printf("\nvalues of array a are:\n");
   for(i=0;i<5;i++)
   {
     if(a[i]<0) a[i]=0;
     printf("%d ",a[i]);
   }
}
void main()
{
   int b[5],i;
   printf("\ninput 5 numbers:\n");
   for(i=0;i<5;i++)
   scanf("%d",&b[i]);
   printf("initial values of array b are:\n");
   for(i=0;i<5;i++)
     printf("%d ",b[i]);
   nzp(b);
   printf("\nlast values of array b are:\n");
   for(i=0;i<5;i++)
     printf("%d ",b[i] );
}
```

程序运行结果：

```
input 5 numbers:
95 85 84 68 25
initial values of array b are:
95 85 84 68 25
values of array a are:
95 85 84 68 25
last values of array b are:
95 85 84 68 25
```

程序说明：数组元素在内存中是有序存储的，而数组名相当于指向该数组首地址的指针，所以每次用数组名调用函数，就相当于将指针指向数组的第一个元素。

用数组名作为函数参数时还应注意以下几点。

① 形参数组和实参数组的类型必须一致，否则将引起错误。

② 形参数组和实参数组的长度可以不相同，因为在调用时，只传送首地址而不检查形参数组

的长度。当形参数组的长度与实参数组不一致时，虽不至于出现语法错误（编译能通过），但程序执行结果将与实际不符，这是应予以注意的。修改例 6.22 和例 6.23。

例 6.23 不检查形参数组的长度。

```
(6_23.c)
#include<stdio.h>
void nzp(int a[8] )
{
  int i;
  printf("\nvalues of array  a  are:\n");
  for(i=0;i<8;i++)
{
    if(a[i]<0)   a[i]=0;
    printf("%d ",a[i]);
}
}
void main()
{
  int b[5],i;
  printf("\ninput 5 numbers:\n");
  for(i=0;i<5;i++)
    scanf("%d",&b[i]);
  printf("initial values of array b are:\n");
  for(i=0;i<5;i++)
    printf("%d ",b[i]);
  nzp(b);
  printf("\nlast values of array b are:\n");
  for(i=0;i<5;i++)
    printf("%d ",b[i] );
}
```

程序运行结果：

```
input 5 numbers:
95 85 84 68 25
initial values of array b are:
95 85 84 68 25
values of array a are:
95 85 84 68 25 0 344 0
last values of array b are:
95 85 84 68 25
```

程序说明：例 6.23 与例 6.22 在函数定义中形参数组元素个数不同，例 6.23 中形参数组元素个数多于实参数组元素。在函数调用的时候指针还是指向了实参数组的首地址，在输出完 5 个实参数组元素后，继续输出实参数组后 3 个存储单元的值，这 3 个存储单元的值是不确定的值。

③ 在函数形参表中，允许不给出形参数组的长度，或用一个变量来表示数组元素的个数。例如，可以写为

```
void nzp(int a[])
```

或写为

```
void nzp(int a[], int n)
```

其中，形参数组 a 没有给出长度，而由 n 值动态地表示数组的长度。n 的值由主调函数的实参进行传送。由此，例 6.22 又可改为例 6.24 的形式。

例 6.24 动态确定数组的长度。

```
(6_24.c)
#include<stdio.h>
void nzp(int a[],int n)
{
 int i;
 printf("\nvalues of array a are:\n");
 for(i=0;i<n;i++)
 {
  if(a[i]<0)    a[i]=0;
  printf("%d ",a[i]);
 }
}
void main()
{
 int b[5],i;
 printf("\ninput 5 numbers:\n");
 for(i=0;i<5;i++)
  scanf("%d",&b[i]);
 printf("initial values of array b are:\n");
 for(i=0;i<5;i++)
  printf("%d ",b[i]);
 nzp(b,5);
 printf("\nlast values of array b are:\n");
 for(i=0;i<5;i++)
  printf("%d ",b[i]);
}
```

程序运行结果：

```
input 5 numbers:
95 85 84 68 25
Initial values of array b are:
95 85 84 68 25
Values of array a are:
95 85 84 68 25
last values of array b are:
95 85 84 68 25
```

④ 多维数组也可以作为函数的参数。在函数定义时对形参数组可以指定每一维的长度，也可省去第一维的长度。因此，以下写法都是合法的：

```
int fun(int a[3][10])或int fun(int a[][10])
```

下面举一个值调用方式和地址调用方式不同的例子，并且将看到这两种传递方式可在同一个函数调用中实现。

例 6.25 分析下列程序输出结果。

```
(6_25.c)
#include<stdio.h>
void main()
{
 int a,b,c;
 void f1(int x,int *y,int *z);
 a=5,b=6,c=7;
 printf("%d,%d,%d\n",a,b,c);
 f1(a,&b,&c);
 printf("%d,%d,%d\n",a,b,c);
}
```

```
void f1(int x,int *y,int *z)
{
  x=x*2;
  *y=*y-x;
  *z=x+*y;
}
```

程序运行结果：

```
5,6,7
5,-4,-6
```

程序说明：在调用函数 f1()时，3 个实参中，一个是用变量名，另外两个用变量的地址值；在对应的形参中，一个是用变量名，另外两个用指针。所以在调用 f1()函数中，有一个参数属于值传递调用，有两个参数属于地址传递调用。在被调用函数 f1()中，改变了变量 x 的值，由于是值传递调用，调用函数对应的实参 a 的值并没有被改变。而 y 与 z 通过指针运算符*取其内容而完成地址传递，通过赋值表达式语句改变了 z 和 y 的内容，于是调用函数中实参 b 和 c 的值被相应改变。

该例程序中值得注意的是，要在地址传递调用中通过函数来改变调用函数的参数值，一定要改变形参指针所指向的内容，而不能只改变形参的地址值，改变形参地址值是不会影响对应实参的变量值的。下面的例子将说明这一点。

例 6.26 分析下列程序输出结果。

```
(6_26.c)
#include<stdio.h>
f1(int *y,int *x)
{
  *x=*x*2;
  *y=*y+*x;
  printf("%d,%d\n",*x,*y);
}
f2(int *m,int *n)
{
  int p,q;
  p=q=8;
  m=&p;
  n=&q;
  printf("%d,%d\n",*m,*n);
}
void main()
{
  int a,b,c,d;
  a=b=c=d=5;
  f1(&a,&b);
  f2(&c,&d);
  printf("%d,%d,%d,%d\n",a,b,c,d);
}
```

程序运行结果：

```
10, 15
8 ,8
15,10,5,5
```

程序说明如下。

① 在调用 f1()函数时采用了地址传递调用方式，即实参用变量 a 和 b 的地址值&a 和&b，形

参用指针 x 和 y。在 f1()函数中，通过使用取内容运算符改变了指针 x 和 y 所指向的变量的值，因此，f1()函数被调用后，主函数中变量 a 和 b 的值发生了变化。

② 在调用 f2()函数时，也采用了地址传递调用方式，即实参用变量 c 和 d 的地址值&c 和&d，形参用指针 m 和 n。在 f2()函数中，形参 m 和 n 的地址值发生了变化，m 和 n 指向了变量 p 和 q，于是 m 和 n 所指向的内容将是 p 和 q 变量的值 8，这时，如果要再改变 m 和 n 所指向的内容，只是改变变量 p 和 q 的值，而不会影响调用函数的参数值。因此，简单地说“地址传递调用中通过改变形参的值来改变调用函数中参数的值”这句话是不确切的，一定要指出在被调用函数中通过改变形参所指的内容才能改变调用函数中实参的值。

6.3 递归函数

函数的递归调用是指调用一个函数的过程中直接或间接地调用该函数自身，如图 6-3 所示，这种函数称为递归函数。C 语言允许函数的递归调用。在递归调用中，主调函数又是被调函数。执行递归函数将反复调用其自身，每调用一次就进入新的一层。

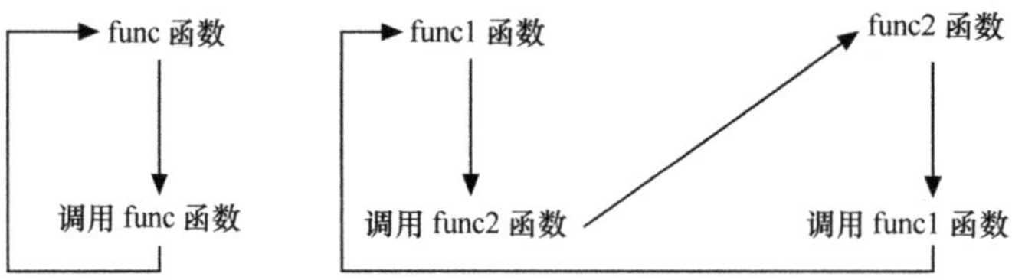

（a）直接递归　　（b）间接递归

图 6-3　函数递归示意

可采用递归算法解决的问题的特点：原始的问题可转化为解决方法相同的新问题，而新问题的规模要比原始问题小，新问题又可以转化为规模更小的问题……直至最终归结到最基本的情况。例如，有函数 f 如下：

```
int f(int x)
{
int y;
z=f(y);
return z;
}
```

这个函数是一个直接递归函数。但是运行该函数将无休止地调用其自身，这当然是不正确的。

为了防止递归调用无终止地进行，必须在函数内有终止递归调用的手段。常用的办法是加条件判断，满足某种条件后就不再作递归调用，然后逐层返回。

递归调用的过程分为递归和回溯两个过程。

① 递归过程。将原始问题不断转化为规模小了一级的新问题，从未知向已知推进，最终达到递归终结条件。

② 回溯过程。从已知条件出发，沿递归的逆过程逐一求值返回，直至递归初始处，完成递归调用。

例 6.27　用递归法计算 n!，n!可用下述公式表示：

$$n! = \begin{cases} 1 & n = 0,1 \\ n \times (n-1)! & n > 1 \end{cases}$$

即求 n!可以在(n–1)!的基–础上再乘上 n。如果把求 n!写成函数 fact(n)，则 fact(n)的实现依赖于 fact(n–1)。

```
(6_27.c)
#include<stdio.h>
long fact(int n)
{
  long res;
  if(n<0) printf("n<0,input error");
  else if(n==0||n==1)  res =1;
    else res=fact(n-1)*n;
  return(res);
}
void main()
{
  int n;
  long y;
  printf("\ninput a inteager number:\n");
  scanf("%d",&n);
  y=fact(n);
  printf("%d!= %ld",n,y);
}
```

程序运行结果：

```
input a inteager number:
4
4!=24
```

程序说明：例 6.27 中定义了递归函数 fact()，在该函数中，定义了保存运算结果的变量 res，并赋值“res = fact(n–1)*n;”，然后通过“return res;”返回 n!的结果。不能写成 fact(n) = fact(n–1)*n;。

读者对 fact(n)定义也许会觉得不完整，因为 fact(n-1)还不知道，res 无法算出。这里需要区分程序书写与程序执行。就像循环程序并不是把所有的循环体语句重复书写，只是给出执行规律，具体执行由计算机去重复。递归函数同样给出的是执行的规律，至于 fact(n-1)如何求得，应由计算机按照给出的规律自行计算。

下面给出计算 fact(4)递归函数的执行过程，如图 6-4 所示，以帮助读者更好地理解递归函数。数字①～⑦是递归函数调用返回的顺序编号。首先 main()函数以 4 作参数调用 fact()，fact(4)依赖于 fact(3)的值，所以必须先计算出 fact(3)才能求 fact(4)。当 fact(4)递归调用自己计算 fact(3)时，fact(4)并未结束，而是暂时停一下，等算出 fact(3)后再继续计算 fact(4)，这时计算机内部 main()、fact(4)和 fact(3)这 3 个函数同时被执行，fact(3)是 fact(4)的克隆体，尽管程序代码、变量名相同，但属于不同的函数体、不同参数、不同变量。这样依次递归，当调用到 fact(1)时，同时有 5 个函数运行着，各个克隆的 fact()均未结束，只有当 n = 1，fact(1) = 1 时，不必再继续递归调用下去。有了 fact(1)的确切值，就可以计算 fact(2)，不断返回，不断结束原来递归克隆的函数，最后可以计算出 fact(4)，返回到主函数 main()。

从实现过程上看，fact()函数不断调用自己，如果没有终结的话会发生死机，就像循环没有结束条件会导致死循环。任何递归函数都必须包含条件来判断是否要递归下去，一旦结束条件成立，递归克隆应该不再继续，以某个初始值作为函数结果，然后返回，结束一个递归克隆函数体。通过一层层的返回，最终算出 n!。

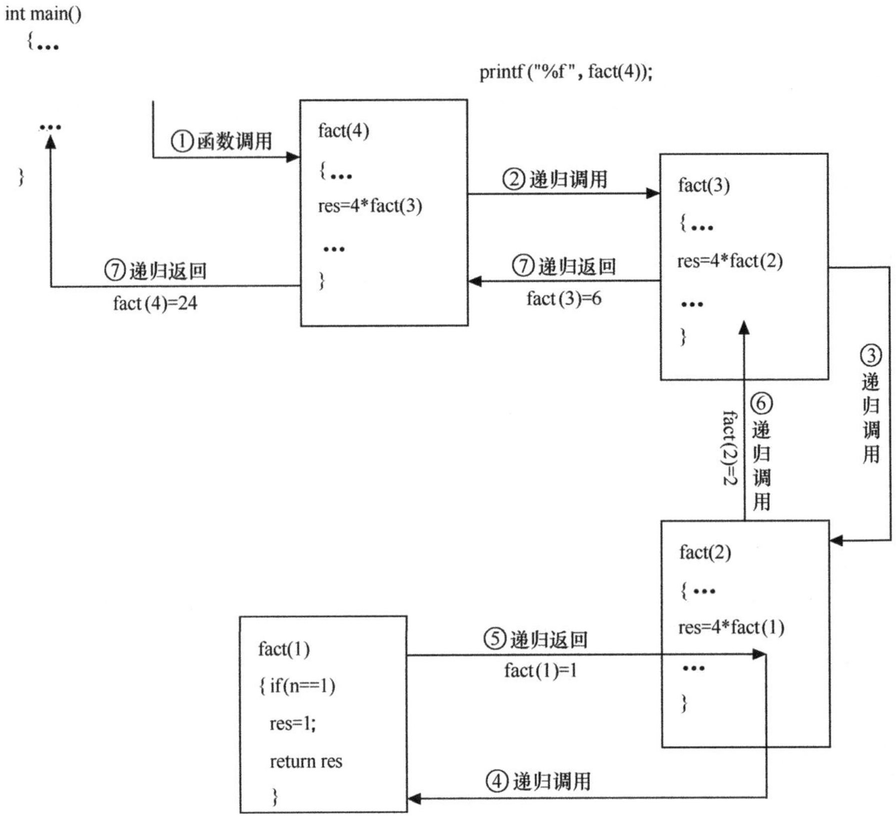

图 6-4　fact()递归函数的实现过程

递归的实质是把问题简化成形式相同但较简单一些的情况，程序书写时只给出统一形式，到运行时再展开。程序中每经过一次递归，问题就得到一步简化，比如把 n!的计算简化成对(n–1)!的计算，不断地简化下去，最终归到一个初始值，就不必再递归了。

从上面例子可以看出，递归函数编写必须抓住以下两个关键点。

递归出口：即递归的结束条件，到何时不再递归调用下去。

递归式子：递归的表达式，如 fact(n) = n*fact(n–1)是错误的。

大部分递归例程没有明显地减少代码规模和节省内存空间。另外，大部分例程的递归形式比非递归形式运行速度要慢一些。这是因为附加的函数调用增加了时间开销（在许多情况下，速度的差别不太明显）。对函数的多次递归调用可能造成堆栈的溢出，不过溢出的可能性不大。因为函数的参数和局部变量是存放在堆栈中的，每次新的调用就会产生一些变量的复制品，这个堆栈冲掉其他数据和程序的存储区域的可能性是存在的。但是除非递归程序运行失控，否则不必为上述情况担心。

递归函数的主要优点是可以把算法写得比使用非递归函数时更清晰、更简洁，而且某些问题，特别是与人工智能有关的问题，更适宜用递归方法。

在递归函数中不使用 if 语句是一个很常见的错误。在开发过程中广泛使用 printf()和 getchar()可以看到执行过程，并且可以在发现错误后停止运行。

例 6.28　也可以不用递归的方法来完成，如可以用递推法，即从 1 开始乘以 2，再乘以 3……直到 *n*。递推法比递归法更容易理解和实现，但是有些问题则只能用递归算法才能实现，典型的问题就是 Hanoi 塔问题。

例 6.29 Hanoi 塔问题求解。古代某寺庙中有一个梵塔，塔内有 3 个座 A、B 和 C，座 A 上放着 64 个大小不等的盘，其中大盘在下，小盘在上。有一个和尚想把这 64 个盘从座 A 搬到座 B，但一次只能搬一个盘，搬动的盘只允许放在其他两个座上，且大盘不能压在小盘上。现要求用程序模拟该过程，并输出搬动步骤。

如图 6-5（a）所示（$n=3$），一块板上有 3 根针，即 A、B、C。A 针上套有 n（$n=3$）个大小不等的圆盘，大的在下，小的在上。要把这 n 个圆盘从 A 针移动 C 针上。

移动规则是：①一次只能移动一个圆盘；②大圆盘不能放在小圆盘的上面；③只能在 3 个位置中移动。求移动的步骤。

算法分析如下。

设 A 上有 n 个盘子。

如果 $n=1$，则将圆盘从 A 直接移动到 C。

如果 $n=2$，则步骤如下。

（1）将 A 上的 $n-1$（等于 1）个圆盘移到 B 上。

（2）将 A 上的一个圆盘移到 C 上。

（3）将 B 上的 $n-1$（等于 1）个圆盘移到 C 上。

如果 $n=3$，则步骤如下。

（1）将 A 上的 $n-1$（等于 2，令其为 n^1）个圆盘移到 B（借助于 C），步骤如下。

① 将 A 上的 $n-1$（等于 1）个圆盘移到 C 上（见图 6-4（b））。

② 将 A 上的一个圆盘移到 B 上（见图 6-4（c））。

③ 将 C 上的 $n-1$（等于 1）个圆盘移到 B 上（见图 6-4（d））。

（2）将 A 上的一个圆盘移到 C 上（见图 6-4（e））。

（3）将 B 上的 $n-1$（等于 2，令其为 n^1）个圆盘移到 C 上（借助 A），步骤如下。

① 将 B 上的 $n-1$（等于 1）个圆盘移到 A 上（见图 6-4（f））。

② 将 B 上的一个盘子移到 C 上（见图 6-4（g））。

③ 将 A 上的 n^1-1（等于 1）个圆盘移到 C 上（见图 6-4（h））。

到此，完成了 3 个圆盘的移动过程。

从上面分析可以看出，当 n 大于等于 2 时，移动的过程可分解为以下 3 个步骤。

第 1 步：把 A 上的 $n-1$ 个圆盘移到 B 上。

第 2 步：把 A 上的一个圆盘移到 C 上。

第 3 步：把 B 上的 $n-1$ 个圆盘移到 C 上。

其中第 1 步和第 3 步是类同的。

当 $n=3$ 时，第 1 步和第 3 步又分解为类同的 3 步，即把 $n-1$ 个圆盘从一个针移到另一个针上，这里的 $n=n-1$。显然这是一个递归过程，据此算法可描述如下。

程序算法：

```
Hanoi(n 个盘, A→B)
{
if(n==1)
    直接把盘子 A→B
 Else{
       Hanoi(n-1 个盘, A→C);
       把 n 号盘子 A→B;
```

```
        Hanoi(n-1个盘，C→B);
     }
  }
```

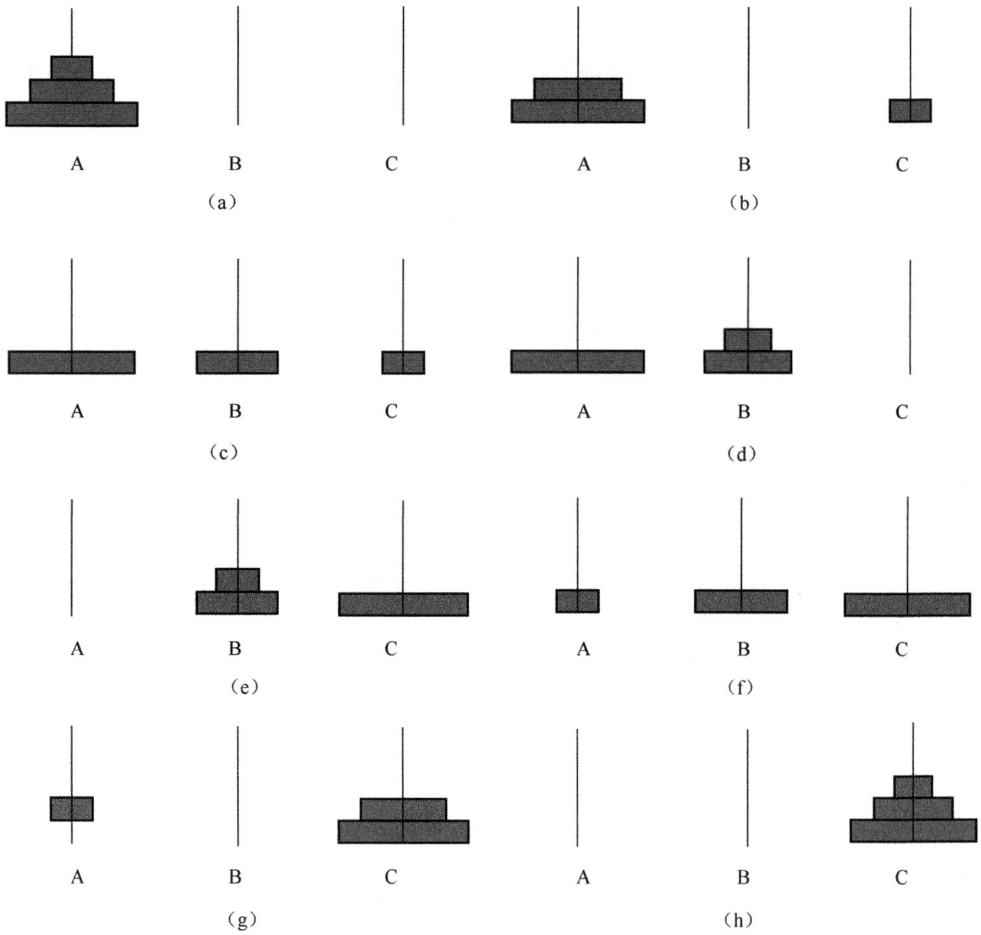

图 6-5 Hanoi 塔问题求解示意图（$n=3$）

按照搬动规则，必须有 3 个座才能完成搬动，一个座是搬动源，一个座是搬动目的地，另一个座在中间过渡使用。在搬动过程中，3 个座的作用是动态变化的，因此，在函数中 3 个座必须指定，令其作为函数的参数。具体搬动步骤在程序中只能通过信息显示来仿真，程序中用 printf()实现。

```
(6_28.c)
#include<stdio.h>
void move(int n,int x,int y,int z)
{
  if(n==1)
    printf("%c->%c\n",x,z);
  else
  {
    move(n-1,x,z,y);
    printf("%c->%c\n",x,z);
    move(n-1,y,x,z);
  }
}
```

```
void main()
{
  int h;
  printf("\ninput number:\n");
  scanf("%d",&h);
  printf("the step to moving %2d diskes:\n",h);
  move(h,'a','b','c');
}
```

程序运行结果：

```
input number:
4
the step to moving 4 diskes:
a->b
a->c
b->c
a->b
c->a
c->b
a->b
a->c
b->c
b->a
c->a
b->c
a->b
a->c
b->c
```

程序分析： 4 个盘需要搬动 15 次，不难证明，n 个盘子将搬动 2^n-1 次。当 n 为 64 时，搬动数约为 1 019 次，如果每天 24 小时不间断地搬，并假设每分钟搬一次，大约需要 1 011 年。

在递归程序设计中，读者千万不要把眼光局限于实现细节，否则很难理出头绪。编写的程序只给出运算规律，具体实现细节应该让计算机去处理。图 6.4 介绍 fact()实现过程中函数调用与返回情况，主要为了帮助读者更好地理解递归函数，在以后的复杂递归问题中，找出递归式子是关键。

6.4　内部函数与外部函数

C 语言程序系统由若干个函数组成，这些函数既可在同一文件中，也可分散在多个不同的文件中。函数本质上是全局的，但是也可以指定函数不能被其他文件调用，根据函数能否被其他源文件调用，可将它们分为内部函数和外部函数。

1．内部函数

如果一个函数只能在定义它的文件中被调用，则称之为内部函数，或称为静态函数。在定义内部函数时，只需在函数定义的函数名和函数类型前面冠以 static 说明符，语法格式为

```
static 类型标识符 函数名(<形参表>)
```

例如：

```
static float func(int a, int b);
```

此时，静态 static 的含义已不是指存储方式，而是指函数 func 的作用范围仅局限于定义它的文件，在其他文件中不能调用此函数，即使在不同的文件中有同名的内部函数，也互不干扰。

这样，在一个需要多人协作编写的大型程序中，不同的程序员可以编写不同的函数，而不必担心所写函数是否会与其他文件中的函数同名。

2. 外部函数

外部函数在整个源程序中都有效，在函数定义的前面冠以 extern 说明符的函数称为外部函数，其定义的一般形式为

```
extern 类型标识符 函数名(<形参表>)
```

例如：

```
extern int f(int a,int b);
```

需要说明如下两点。

① C语言规定，如果在定义函数时省略 extern 说明符时，则隐含为外部函数。

② 在需要调用外部函数的文件中，应该用 extern 对函数作说明，表示该函数是在其他文件中定义的。

例如：

F1.C（源文件一）

```
void main()
{
extern int f1(int i); /*外部函数说明，表示 f1 函数在其他源文件中*/
…
}
```

F2.C（源文件二）

```
extern int f1(int i); /*外部函数定义*/
{
…
}
```

例 6.30 用外部函数实现求 2.0 的平方。

a1.c（文件 1）

```
#include <stdio.h>
extern float my_func(float a);
void main()
{
  printf("result=%f\n",my_func(2.0));
}
```

a1.c（文件 2）

```
float my_func(float a)
{
  float b;
  b=a*a;
  return b;
}
```

程序运行结果：

编译

```
cl -c a.c↙ [得到 a.obj]
cl -c a2.c↙ [得到 a2.obj]
cl a.obj a2.obj↙ [链接成 a.exe]
```

运行

```
a.exe↙
```

得

```
result=4.000000
```

程序说明：整个程序由两个文件组成，每个文件包含一个函数。在源文件 a1.c 中定义了主控函数 main()，其中需要调用外部函数 my_func()，在源文件 a2.c 中自定义了函数 my_func()。extern float my_func() 是外部说明，表示 main()里的 my_func 是外部函数，要通过链接其他文件（.obj）得到。

小　结

本章学习要点如下。

1. 什么是函数。函数可以把相对独立的某个功能抽象出来，使之成为程序中的一个独立实体，可以在同一个程序或其他程序中多次重复使用。

2. 函数的优点。使程序变得更简短而清晰，有利于程序维护，可以提高程序开发的效率，提高了代码的重用性。

3. 函数的分类。

（1）从函数定义的角度分类：可分为库函数和用户定义函数两种。

（2）从函数有无返回值的角度分类：可分为有返回值函数和无返回值函数两种。

（3）从函数间数据传送的角度分类：从主调函数和被调函数之间数据传送的角度看可分为无参函数和有参函数两种。

4. 函数的定义。

5. 函数原型说明。函数原型说明在形式上与函数头部类似，最后加一个分号。原型说明中参数表里的参数名可以不写（只写参数类型）。

6. return 语句的使用。C 语言中的函数至多可以返回一个值，不能返回多个值；返回值的数据类型必须与函数原型中返回值的数据类型匹配；当遇到 return 语句时，函数执行将终止，程序控制流将立即返回调用函数。

7. 变量的作用域。变量的作用域决定变量的可访问性。

局部变量：不能在函数外使用。

全局变量：可以在整个程序中使用。

8. 变量的存储方式。

（1）auto 自动变量：局部变量在默认存储类型的情况下归为自动变量。

（2）register 寄存器变量：存放在 CPU 的寄存器中。对于循环次数较多的循环控制变量及循环体内反复使用的变量均可定义为寄存器变量。

（3）static 静态变量：在程序执行时存在，并且只要整个程序在运行，就可以继续访问该变量。

（4）extern 外部变量：作用域是整个程序，包含该程序的各个文件。生存期非常长，它在该程序运行结束后才释放内存。

函数被调用时，其中的静态局部变量的值将保留前次被调用的结果。

9. 数组作为函数参数。在用数组作实参时，以传址方式调用函数，也就是说把实参数组的首地址赋给形参。实际上形参数组和实参数组为同一数组，共同拥有一段内存空间。

10．函数的嵌套调用。

11．函数的递归调用。

习 题 6

一、选择题

1．在 C 程序中，若对函数类型未加说明，则函数的隐含类型为（　　）。

A）int　　B）double　　C）void　　D）char

2．C 语言中的函数（　　）。

A）可以嵌套定义　　B）不可以嵌套调用

C）可以嵌套定义，但不能递归调用　　D）嵌套调用和递归调用都可以

3．C 语言 auto 型变量是（　　）。

A）存储在动态存储区中　　B）存储在静态存储区中

C）存储在外存储器中　　D）存储在计算机 CPU 的寄存器中

4．有以下函数定义：

```
void  fun( int n, double  x)  {…}
```

下面函数调用正确的是（　　）。

A）fun(10,12.5);　　B）k=fun(10,12.5);

C）fun(int x, double y);　　D）void fun(n, x);

5．有以下程序：

```
int  f1(int  x,int  y){return  x>y?x:y;}
int  f2(int  x,int  y){return  x>y?y:x;}
#include<stdio.h>
void main()
{
  int  a=4,b=3,c=5,d=2,e,f,g;
  e=f2(f1(a,b),f1(c,d));
  f=f1(f2(a,b),f2(c,d));
  g=a+b+c+d-e-f;
  printf("%d,%d,%d\n",e,f,g);
}
```

程序运行后的输出结果是（　　）。

A）4，3，7　　B）3，4，7　　C）5，2，7　　D）2，5，7

6．以下叙述中错误的是（　　）。

A）对于 double 类型数组，不可以直接用数组名对数组进行整体输入或输出

B）数组名代表的是数组所占存储区的首地址，其值不可改变

C）当程序执行中，数组元素的下标超出所定义的下标范围时，系统将给出“下标越界”的出错信息

D）可以通过赋初值的方式确定数组元素的个数

7. 有以下程序：

```
#define N 20
#include<stdio.h>
fun(int a[],int n,int m)
{
int i;
for(i=m;i>=n;i--)
a[i+1]=a[i];
}
void main()
{
int i,a[N]={1,2,3,4,5,6,7,8,9,10};
fun(a,2,9);
for(i=0;i<5;i++)
printf("%d",a[i]);
}
```

程序运行后的输出结果是（　　）。

A）10234　　B）12344　　C）12334　　D）12234

8. 有以下程序：

```
#include<stdio.h>
int a=2;
int f(int n)
{
   static int a=3;
   int t=0;
   if(n%2){ static int a=4; t += a++; }
   else { static int a=5; t += a++; }
   return t+a++;
}
void main()
{
   int s=a, i;
   for( i=0; i<3; i++) s+=f(i);
   printf("%d\n", s);
}
```

程序运行后的输出结果是（　　）。

A）26　　B）28　　C）29　　D）24

9. 有以下程序：

```
#include<stdio.h>
void sum(int a[])
{
    a[0]=a[-1]+a[1]; }
void main()
{
    int a[10]={1,2,3,4,5,6,7,8,9,10};
    sum(&a[2]);
    printf("%d\n", a[2]);
}
```

程序运行后的输出结果是（　　）。

A）6　　B）7　　C）5　　D）8

10. 有以下程序：

```
#include<stdio.h>
int f(int a)
  {
    return a%2; }
  void main()
  {
    int s[8]={1,3,5,2,4,6},i,d=0;
    for (i=0;f(s[i]);i++) d+=s[i];
    printf("%d\n",d);
  }
```

程序运行后的输出结果是（　　）。

A）9　　B）11　　C）19　　D）21

二、程序填空

删除字符串中某个字符。

```
#include<stdio.h>
char s[] ="this , is, string";
void sdele(char s[],char c)
{ int i,j;
for(i=0,j=0;s[i]!='\0';++i)
if (s[i]!=c)
s[j++]=________;
________________;
}
void main ( )
{
char c=',';
printf("%s\n", s);
sdele(__________);
printf("%s\n", s);
}
```

三、写出程序运行的结果

【程序 1】

```
#include<stdio.h>
int f(int c)
{
 static int a=10;
 int b=++a;
 return (a+b+c);
}
void main()
{
 printf("%d",f(f(5)));
}
```

【程序 2】

```
#include<stdio.h>
int fun(int n)
{
 if(n<10) return n;
```

```
    else
      return (n%10)*fun(n/10);
}
void main()
{
   printf("%d",fun(218));
}
```

【程序3】

```
#include<stdio.h>
int w=2;
int f(int x)
{
   int y=1;
   static int z=3;
   y++;z++;
   return(x+y+z);
}
void main()
{
   int k;
   for(k=0;k<3;k++)
   printf("%4d",f(w++));
}
```

【程序4】

```
#include<stdio.h>
fun (int x)
{
   int  y=1;
   static int z=4;
   z++; ++y;
   return(x+y+z);
}
void main( )
{
   int I,x=3;
   for(I=1; I<3 ;I++)
   printf("%5d", fun(x++));
}
```

【程序5】

```
#include<stdio.h>
long fun(int n)
{
   long s;
   if( n== 1|| n==2) s=2;
   else   s=n+ fun(n-1);
     return s;
}
void  main ( )
{
printf("\n %ld", fun (5));
}
```

【程序6】

```
#include<stdio.h>
```

```
fun(int  a)
{
  int b=0;static  int c=3;
  b++;
  c++;
  return  (a+b+c);
}
void main()
{
  int i,a=5;
  for(i=0;i<3;i++)
  printf("%d %d  ",i,fun(a));
  printf("\n");
}
```

【程序7】

```
#include<stdio.h>
void swap(int  x,int y)
{
  int  t;
  t=x;x=y;y=t;
  printf("%d   %d   ",x,y);
}
void main()
{
  int  a=3,b=4;
  swap(a,b);
  printf("%d  %d\n",a,b);
}
```

第 7 章 指针

指针是C语言中一种很重要的数据类型，也是C语言的精华所在。掌握指针的应用，可以使算法表达更确切，使程序简洁、紧凑、高效，特别在表示复杂的数据结构方面显示出强大的功能。因此，在C语言编程中，我们不但要善于使用指针，而且还要学会在各种情况下灵活、正确应用好指针。

7.1 指针与指针变量的概念

7.1.1 指针的概念

C 语言中不同的数据类型在计算机存储器中所占用的存储单元数是不等的，存储器存储单元规定，一个存储单元占一字节，那么，一般C语言整型数据占 2 个单元，字符数据占 1 个单元，实型数据占 4 个单元，其分别占用的字节数为：2 字节、1 字节、4 字节。为了正确地访问这些存储单元，就必须为每个存储单元编上一个编号，根据一个存储单元的编号即可准确地找到该存储单元。在这里存储单元的编号叫作地址，通常也把这个地址称为“指针”。对该地址的操作与使用，就是C语言程序设计中所描述的指针操作，如何用指针来进行地址的操作，就是指针所起的作用。

7.1.2 指针变量

1. 指针变量的概念

指针描述的是一个存储器中存储单元的地址，它是一个整数数值。在C语言中，允许用一个变量来存放该地址值，即存放指针，这种变量就称为指针变量。因此，一个指针变量的值就是某个存储单元的地址或称为某存储单元的指针。指针变量与前面所描述的整型变量、字符变量、实型变量等有所不同，不能用来存放一般普通的数据，只能存放存储器单元的地址，如图 7-1 所示指针变量 p，其存储的内容就是变量 i 的地址值 2000。由于指针变量与普通变量及数组有一定的关系，要正确地使用指针变量，就必须理解普通变量在存储器中的储存空间分配及访问方法。

2. 变量的操作方式

在C语言中，只要定义变量，计算机就在存储器中分配存储空间，就可以对该变量进行操作，其操作的方式主要有两种。

（1）变量的“直接访问”方式。

通过地址存取变量值的方式称为“直接访问”方式。

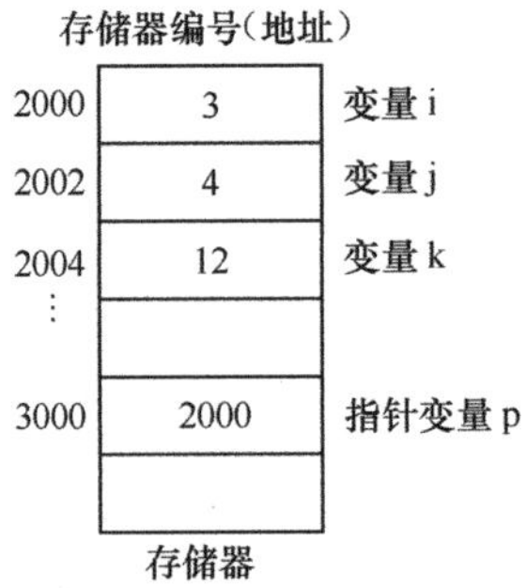

图 7-1　变量在内存的分布情况

说明

这种存取方式只需要变量名，而无须知道变量在内存的具体地址。对变量操作时，C 编译程序会自动找出该变量的存储地址，然后对该地址的存储空间进行操作。例如：

```
printf(%d, i );
```

根据变量名与地址的对应关系，计算机自动找到变量 i 的存储器单元编号（地址）为 2000，然后从由 2000 开始的存储器单元编号（地址）中取出数据，把它输出（值为 3）。

（2）变量的“间接访问”方式。

对变量的操作不是直接通过变量名进行，而是通过其他变量间接操作来实现对该变量的访问，这种方式称为变量的“间接访问”方式。

如图 7-2 所示，特殊变量 p 存放的内容是变量 i 的地址，利用变量 p 来访问变量 i 的方法称为“间接访问”。

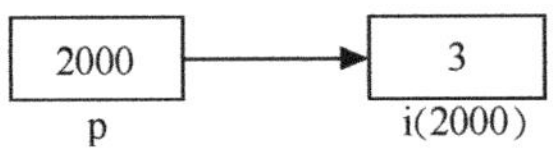

图 7-2　指针与变量的关系

3. 指针变量的引入

在 C 语言中，为了实现“间接访问”方式，专门定义了一种变量来存储这种地址，便于实现变量的“间接访问”。用来存放其他所需要操作变量（如整型、实型、字符型等）的地址，用该变量来“间接访问”其他变量的值，这种变量就称为“指针变量”。

因此，一个指针变量的值就是某个存储器单元的地址或称为某存储器单元的指针。指针与指针变量以有下区别。

① 一个指针是一个地址，是一个常量，一个固定的值。

② 一个指针变量和普通变量一样，需要定义，可以赋予不同的指针值，同时还可以进行相应运算操作，但它的作用只能为其他变量作“间接访问”操作。

指针变量的操作描述：如 p 为一个指针变量，可以把变量 i 的地址 2000 放在指针变量 p 中，这样指针变量 p 就与变量 i 建立了联系，通过操作指针变量 p，就可达到对变量 i 的“间接访问”。它们之间的关系如图 7-2 所示。

注意

指针变量的内容（地址）称为指针，可以说，指针就是地址，变量的指针就是变量的地址，存放地址的变量，就是指针变量，经编译后，变量的地址是不变的，而指针变量可根据需要存放不同的地址，因此它的值是可以改变的。

7.2 指针变量的定义和引用

7.2.1 指针变量的定义

指针变量是专门用于存放地址的变量，C语言将它定义为“指针类型”。要使用指针变量，和普通变量一样，必须先定义，后使用。

C语言对指针变量的类型说明包括3个内容。

（1）指针类型说明，即定义变量为一个指针变量（*）。

（2）指针变量名。

（3）变量值（指针）所指向的变量的数据类型。

因此，指针变量的一般定义形式为

```
类型标识符 *指针变量名;
```

说明

（1）“类型标识符”表示本指针变量所指向变量的数据类型（即本指针变量中存放的是什么数据类型变量的地址）。

（2）“*”为定义指针变量的专用符号，表示该变量名为指针变量。

（3）“指针变量名”为用户所取的变量名。

例如：

```
int *p1;
```

定义p1是一个指向整型变量的指针变量。至于p1究竟指向哪一个整型变量，应由向p1赋予的地址来决定。指针变量赋值后，程序可以通过p1间接访问所指向的变量。

再如：

```
int *p2,*p3;        /*定义p2、p3是指向整型变量的指针变量*/
float *p5;          /*定义p5是指向浮点型变量的指针变量*/
char *p4;           /*定义p4是指向字符型变量的指针变量*/
```

在定义指针变量时要注意两点。

（1）指针是一种数据类型，所以指针变量前面的“*”意思是“指向”，表示该变量为指针型变量。注意：指针变量名是p2、p3，而不是*p2、*p3。

（2）在定义指针变量时必须指定其类型。因为整型数据和实型数据在内存中所占的字节数是不相同的（前者为2字节，后者为4字节）。一个指针变量只能指向同一个类型的变量，不能先指向一个整型变量，再指向一个实型变量。上面的定义中，表示p2、p3只能指向整型变量。

7.2.2 指针变量的赋值

定义了指针变量，如果不指明所指对象，那么指针变量的定义是无意义的。

指针变量的赋值可以有两种方法。

（1）在定义指针变量的同时给指针变量赋初值。例如：

```
int a;
```

```
int *p=&a;
```

（2）先定义指针变量，然后赋值语。例如：

```
int a;
int *p;
p=&a;
```

注意

① 不允许把一个数值赋给指针变量。因此，下面的赋值是错误的：

```
int *p;
p = 1000; （错误）
```

② 被赋值的指针变量前不能再加“*”说明符。因此，以下用法也是错误的：

```
int a;
int *p;
*p = &a; （错误）
```

③ 一个指针变量只能指向同类型的变量，如上例中的指针变量p只能指向整型类型的变量，而不能指向其他类型的变量。因此，下面的用法也是错误的：

```
float b;
int *p;
p = &b; （错误）
```

7.2.3 指针变量的引用

定义好指针变量后，就需要使用指针变量进行操作了，也就是实现对指针变量的引用，其“引用”的实质，就是指针变量如何获取地址，如何实现对变量的操作。为了实现对指针变量的引用，在C语言中，需要使用两个单目运算符“&”、“*”来进行操作。

1. 指针运算符“&”“*”的含义

（1）取地址运算符&。

格式：&变量名

其含义为变量的地址。在scanf()函数及前面介绍指针变量赋值中，我们已经了解并使用了&运算符，如&a的意义是取变量a的存储地址。对指针变量赋地址值可使用该方法，这样指针变量就与其他变量建立了联系。

例如：

```
int a;
int *p;        /* 定义整型指针变量 p */
p=&i;          /* 指针变量 p 赋值，使 p 指向变量 i */
```

（2）取内容运算符*。

格式：*地址

其含义是取出“*”后面地址中的内容。用该运算符可实现指针变量对其他变量的间接访问。例如：

```
int *p;        /* 定义整型指针 p */
int i;
p=&i;          /* 指针变量 p 赋值  */
*p=3;          /* 相当于对变量 i 的操作，i 赋值为 3 */
```

注意

① int *p;中“*”为定义指针变量 p，*p=3;中“*”为取内容运算符，相当于用指针变量 p 对变量 i 进行赋值。

② 指针变量中存放的是其他变量的地址，该地址值不能通过简单的赋值方式来进行，即指针变量的赋值不能将一个整型量直接赋给指针变量，如 p=2000;就是错误的描述方式，但有一个例外是 p=NULL;，其中的 NULL 为空地址。下面是一些正确的描述例子：

```
int i, *px,*py;
char c, *pc;
float f, *pf;;
px=&i;
py=px;                    /*把指针变量 px 的地址值直接赋值给指针变量 py*/
*px=20;   *pc='s';   *pf=12.3;   /* 相当于对变量 i、c、f 进行赋值 */
```

2. “*”运算符与“&”运算符的特点

（1）“*”和“&”都是单目运算符，两者优先级别相同，结合性都是从右至左。“*”和“&”是两个互逆的操作，当这两个操作符碰在一起时，其作用相互抵消。例如，*&i=3 与 i=3 效果完全相同，其操作方式如下：由于是“右结合”方式，先执行&i，它表示 i 的地址；然后执行*(i 地址)，它表示 i 的地址的内容。

（2）“*”与“&”的组合使用。

例如：

```
int  a=20, *p;
p=&a;
```

其组合操作方式有以下两种。

① &*p 等价于&a（“&”和“*”两个运算符的优先级相同，但按从左至右方向结合）。

② *&a 等价于 a（“&”为取变量所对应的地址，“*”为取出地址所对应的变量，互相抵消作用）。

例 7.1 通过指针变量访问整型变量。

```
(7_1.c)
#include<stdio.h>
void main()
{
 int a=10,b=12;                   /* 定义两个整型变量 */
 int *p1,*p2;                     /* 定义两个整型指针变量 */
 p1=&a;                           /*p1 指向 a*/
 p2=&b;                           /*p2 指向 b*/
 printf("%d,%d\n",a,b);           /* 直接访问变量 a、b */
 printf("%d,%d\n",*p1,*p2);       /* 间接访问变量 a、b */
}
```

程序运行结果：

```
10,12
10,12
```

结果分析：可以看出，printf("%d,%d",*p1,*p2)和 printf("%d,%d",a,b);两个语句作用相同。*p1 表示 p1 所指向的变量 a，*p2 表示 p2 所指向的变量 b。

例 7.2 交换指针的指向。

```
(7_2.c)
#include<stdio.h>
void main()
{
  int a = 5 , b = 8;
  int *p1 , *p2 , *p;
  p1 = &a;
  p2 = &b;
  printf("%d %d\n" , *p1 , *p2);
  p = p1; p1 = p2; p2 = p;
  printf("%d %d\n" , *p1 , *p2);
  printf("%d %d\n" , a , b );
}
```

程序运行结果：

```
5 8
8 5
5 8
```

结果分析：程序执行过程如图 7-3 所示。

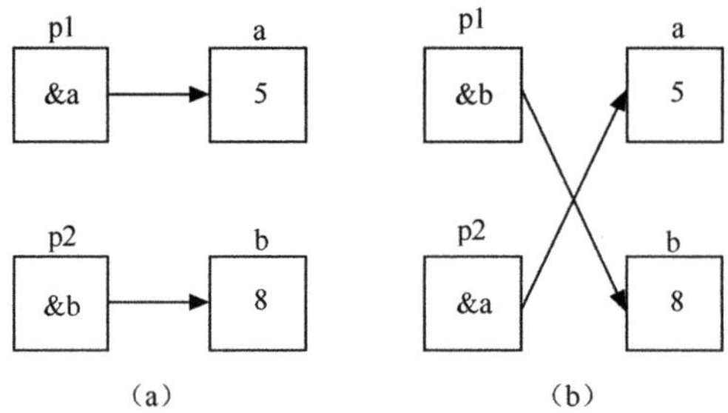

图 7-3 例 7.2 程序执行过程示意图

第 1 个 printf 语句执行时，p1 和 p2 的指向如图 7-3（a）所示，p1 指向 a，p2 指向 b；*p1 就是 a，*p2 就是 b。将 p1 和 p2 互换后的情况如图 7-3（b）所示。这时，p1 指向 b，p2 指向 a；*p1 就是 b，而不再是 a；*p2 就是 a。所以第 2 个 printf 语句执行后，输出结果为 8，5。程序中的指针变量 p 的作用是作为交换 p1 和 p2 的值所需要的临时变量，p 也应定义为指针变量。第 3 个 printf 语句执行后，分别输出 a 和 b 的值，从结果可以看出 a 和 b 变量的值没有发生变化，和初始值一致。

例 7.3 交换指针所指向的变量值。

```
(7_3.c)
#include<stdio.h>
void main()
{
  int a,b,temp;
  int *p1,*p2;
  a = 5; b = 8;
  p1 = &a;
  p2 = &b;
  printf("%d %d\n",a,b);
```

```
    temp = *p1; *p1 = *p2; *p2 = temp;
    printf("%d %d\n",a,b);
}
```

程序运行结果：

```
5 8
8 5
```

结果分析：程序执行过程如图 7-4 所示。

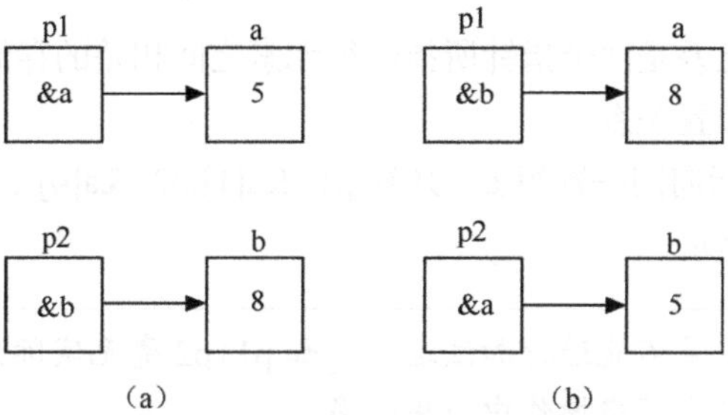

图 7-4　例 7.3 程序执行过程示意图

p1 和 p2 一直指向 a 和 b，所以第 1 个 printf 语句执行时，输出 a 和 b 的值，3 个赋值语句执行以后，将 a 和 b 的值互换，如图 7-4（b）所示。

可见，交换地址和交换指针所指向变量的值是有本质区别的。

7.3　指针和地址运算

指针的本质是一个地址，指针变量存放的是地址，即相应的一个整数值，所以，其运算具有一些特别的性质，不能用普通变量的规则运算来处理指针变量的运算方式。但指针变量的运算种类是有限的，它只能进行赋值运算、加减运算及关系运算，除此以外，还可以赋空（NULL）值。

1．指针与整数的加、减运算

指针变量的加减运算只能对指向数组的指针变量进行，对指向其他类型的指针变量作加减运算是无意义的。假设 p 为指向数组 a 的指针变量，则 p+n、p−n、p++、++p、p—、—p 运算都是合法的。

指针变量加或减一个整数 *n* 的意义是把指针指向的当前位置（指向某数组元素）向前或向后移动 *n* 个位置。应该注意的是，数组指针变量向前或向后移动一个位置，和地址加 1 或减 1 在概念上是不同的。因为数组可以是不同类型的，各种类型的数组元素所占的字节数是不同的。

例如：

```
int a[5],*p;
p=a;       /* p 指向数组 a，即指向数组元素 a[0]  */
p++;       /* p 指向下一个数组元素，即指向 a[1]  */
p=a;       /*重新将数组首地址赋值给 p，即 p 指向数组元素 a[0]*/
p=p+2;     /*使 p 的当前指向向后移动 2 个位置，即 pa=a+2*2 字节=a+4，而不是=a+2 */
```

指针的加减算术运算说明如下。

（1）两个指针变量之间的运算：只有指向同一数组的两个指针变量之间才能进行运算，否则运算毫无意义。

（2）*p++等价于*(p++)，表示先取 p 所指元素的值，再把指针变量加 1，即指向当前元素的后一个元素。

（3）*++p 等价于*(++p)，表示先把指针变量加 1，然后再取所指元素的值。

2. 两个指针变量相减

两个指针可以相减，但主要用于同类型的指针变量，并且两个指针变量指向同一个数组中的数组元素。

两指针变量相减所得之差是两个指针所指数组元素之间相差的存储单元个数，即表示两个指针所指向的数组元素之间位置关系。

例如，假设 p1 和 p2 指向同一数组 a，并有 p1=&a[1];p2=&a[4];，则 p2−p1=3 表示 a[4]的存储位置在 a[1]向后移 3 个单元。

注意

① 两个指针变量不能进行加法运算，如 p1+p2 毫无实际意义。

② 指针相减在字符串操作中应用较多。

3. 两个指针变量之间的逻辑运算

（1）对于两个指针变量之间的关系运算，主要包括“>、>=、<、<=、==、!=”运算符，可表示两个地址之间的前后关系，即谁在前谁在后的问题，以及两个地址之间是否相同，是否表示是同一个地址。

例如，假设 p1 和 p2 指向同一数组 a，并有 p1=&a[1];p2=&a[5];，则

```
p1 == p2        /*若成立，则表示 p1 和 p2 指向同一数组元素*/
p2 > p1         /*若成立，则表示 p2 处于高地址位置*/
p2 < p1         /*若成立，则表示 p2 处于低地址位置*/
p1!=p2          /*若成立，则表示 p1 指向的变量与 p2 指向的变量位置不同*/
```

（2）对于两个指针变量之间的逻辑运算，主要包括“&&、||”运算符，对两个地址之间的操作无意义。

4. 空指针的操作

定义一个指针变量后，没有使其指向一个确定的地址，这个指针变量称为空指针。在实际操作中，当使用空指针时，其结果是不可预料的，是危险的。

在程序中，判断空指针变量可以与 0 比较。设 p 为指针变量，如有 p==0 成立，表明 p 是空指针，它不指向任何变量；p!=0 成立，表明 p 不是空指针。空指针可由对指针变量赋予 0 值而得到。例如：

```
#define  NULL  0
int *p;
p=NULL;    /*表明 p 是空指针*/
```

对指针变量赋 0 值和不赋值是不同的。指针变量未赋值时可以为任意值，是不能使用的，否则将造成意外错误。而指针变量赋 0 值后，则可以使用，只是它不指向具体的变量而已。但是，一旦设定“p=NULL;”后，就不要对它直接取“*”运算，如“*p=2;”是错误的；若要使用这样的空指针，可以重新赋予一个地址值。

7.4 指针与数组

7.4.1 指针变量与数组

1. 指针变量与数组的关系

在 C 语言中，指针变量和数组的关系极为密切。

变量在内存中存放是有地址的，数组在内存中存放也同样具有地址。对数组来说，数组名就是数组在内存中安放的首地址。指针变量是用于存放变量的地址，可以指向变量，当然也可存放数组的首地址或数组元素的地址，这就是说，指针变量可以指向数组或数组元素，对数组而言，数组和数组元素的引用也同样可以使用指针变量。可以利用指针处理内存中连续存放的一系列数据。数组与指针在访问内存时采用统一的地址计算方法，在有些场合下指针和数组的表现形式具有相同的意义。

例 7.4 指针变量与数组的关系。

```
int a[8]={2,4,6,8,10,12,14,16};
int *p;
p=&a[0];
```

则指针变量与数组之间的关系如图 7-5 所示。

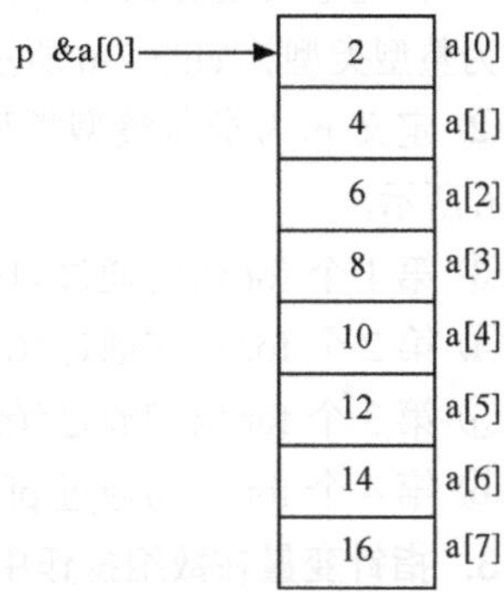

图 7-5 指针变量 p 与数组 a 之间的关系

从图 7-5 中可知，由于是整型数组，因此每个数组元素占 2 字节单元。p、a 及&a[0]均指向统一单元，即它们的数组 a 的首地址，也是 0 号元素 a[0]的首地址。同样，p+1、a+1、&a[1]均指向 1 号元素 a[1]。依此类推，p+i、a+i、&a[i]均指向 i 号元素 a[i]。但要注意的是，p 是一个变量，而 a 和&a[i]都是常量。

2. 指针变量对数组的操作方式

数组中的元素可以通过下标引用，也可以通过指针引用。例如：

```
int a[8],i;
int *p =a;
```

（1）下标法。用 a[i]来引用数组 a 的第 i 个数组元素，也可用 p[i]表示。

（2）指针法。用*(a+i)、*(p+i)引用数组元素。

数组的下标法是通过对数组定义后，运用一个整型变量来描述和操作数组的下标，实现对数组元素的操作；而指针法是需要定义一个指针变量或应用指针的概念来操作数组元素。

在用指针对数组的操作中，需要明确两个概念。

- 数组的指针：是指数组的起始地址（指第 1 个元素的地址）。
- 数组元素的指针：是指某个数组元素的地址。

例 7.5 用不同的方法输出数组 a 中的元素。

```
(7_5.c)
#include<stdio.h>
void main()
{
```

```
    int a[8]={2,4,6,8,10,12,14,16},*p,i;
    p=a;
    for ( i=0;i<8;i++)
      printf("%d ",a[i]);
    printf("\n");
    for ( i=0;i<8;i++)
      printf("%d ",*(a+i));
    printf("\n");
    for ( i=0;i<8;i++)
      printf("%d ",*(p+i));
    printf("\n");
    for ( i=0;i<8;i++)
      printf("%d ",p[i]);
    printf("\n");
}
```

程序运行结果：

```
2 4 6 8 10 12 14 16
2 4 6 8 10 12 14 16
2 4 6 8 10 12 14 16
2 4 6 8 10 12 14 16
```

结果分析如下。

① 首先定义数组 a，该数组有 8 个元素：a[0]、a[1]、a[2]、a[3]、a[4]、a[5]、a[6]、a[7]，它们均为整型类型，如图 7-6 所示。

② 定义 p 为指向整型类型的指针变量，p 指向数组 a，如图 7-6 所示。

③ 第 1 个 for 语句通过 a[i]引用数组元素。

④ 第 2 个 for 语句通过*(a+i)引用数组元素。

⑤ 第 3 个 for 语句通过*(p+i)引用数组元素。

⑥ 第 4 个 for 语句通过 p[i]引用数组元素。

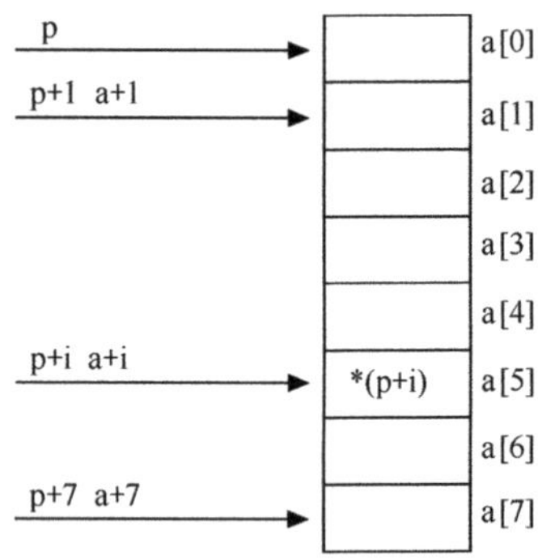

图 7-6 指向一维数组的指针变量

3. 指针变量在数组操作中的运算方式

指针变量可以对数组进行操作，本身指针变量有一定的运算方式，所以指针变量在对数组操作中的运算方式主要包括如下内容。

（1）如果 p 的初值为 p=&a[0]，则

- p+i 和 a+i 就是 a[i]的地址。
- *(p+i)或*(a+i)是 p+i 或 a+i 所指向的数组元素，即 a[i]。

（2）指向数组的指针变量也可以自己带下标，它们的等价关系为：p[i]与*(p+i)等价，*(p+i)与 a[i]等价，故 p[i]的操作与 a[i]的操作等价。

所以，在数组操作中，引用一个数组元素，可用下标法，即 a[i]形式；也可用指针法，即 *(a+i) *(p+i)以及 p[i]。

注意

在用地址方式的表述中，不能用下列语句对数组元素进行操作。

```
for (p=a; p<(a+10); a++)    /*a 是数组名，是数组首地址，是常量值不变*/
printf("%d", *a );          /*对数组名 a 不能进行输出*/
```

上面几种对数组元素的操作方式各有其特点，一般在不使用指针的概念上，使用数组下标方

式较为方便、实用。但使用指针的方式可运用指针变量的变化实现对一批数据的操作，使在较复杂的数据结构中，具有操作的方便性及灵活性，特别在数据结构中的链表操作中，更能体现指针的重要性。

7.4.2 指针变量在一维数组中的应用

1. 指针变量在数组中的几种运算方式

由于指针变量可以实现对数组的操作，只要建立好指针变量对数组的操作关系，就能比较容易地操作数组。但在实际操作中，要注意在用指针变量对一维数组操作时，还需要使用和掌握指针在数组的几种运算方式。

如果 p 指向一维数组 a，即 int a[10],*p=a;，其指针变量有如下运算。

① p++（或 p+=1），则 p 指向下一数组元素，即 a[1]。

② *p++，其结果为：先得到指针变量 p 所指向的变量的值（即*p），然后再使 p+1→p。

③ *(p++)与*(++p)其操作的结果是不同的，主要区别如下。

- *(p++)——先取*p 值，然后使 p 加 1。
- *(++p)——先使 p 加 1，再取*p 值。

例如：p=&a[0];

*(p++)值为：a[0]的值，p+1 却指向 a[1]。

*(++p)值为：先使 p+1，结果为 a[1]的值，p 指向 a[1]。

④(*p)++，其结果为：先取出 p 值，然后该值加 1，即 p 所指向的元素值加 1，实现 a[0]元素值加 1。注意，p 仍然指向 a[0]，指针变量 p 地址没有发生变化。

⑤ a+i 是数组元素 a[i]的地址，即&a[i]，那么，p+i 和 a+i 都可表示 a[i]的地址，指向数组的第 i 号元素。其中，*(p+i)和*(a+i)可表示 a+i 所指对象的内容，即数组元素的值；描述某个数组元素的值，其*(p+i)、*(a+i)、a[i] 3 种方式是等价的。

⑥ 在实际使用中，指向数组元素的指针也可以表示成数组的形式 p[i]。

其中，p[i]与*(p+i)是等价的。

如果 int a[10],*p=a+3;，那么 p[2]相当于 *(a+3+2)，即数组元素 a[5]的值；p[−2]相当于*(a+3−2)，即数组元素 a[1]的值。

2. 程序举例

例 7.6 用指向数组的指针实现从键盘上输入 10 个整型数，找出其中的最小值并显示出来。

```
(7_6.c)
#include<stdio.h>
void main()
{
  int i,a[10],min;
  int *p;
  printf("input 10 numbers:\n");
  p=a;
  for(i=0;i< 10;i++)
    scanf("%d",p+i);
  min=*p;
  for(i=1;i<10;i++)
    if(min>*(p+i))
      min=*(p+i);
```

```
    printf("min=%d",min);
    printf("\n");
}
```

程序运行结果：

```
input 10 numbers:
22  41  60  8  -10  12  14  16  3  56
min=-10
```

7.4.3 指针变量在多维数组中的应用

1. 二维数组元素地址描述

上述关于一维数组与指针关系的结论可以推广到二维数组、三维数组等多维数组中。对于多维数组，主要以二维数组为讨论点，其使用的原理及方法可以推广到多维数组中。

要用指针变量对二维数组进行操作，首先要清楚二维数组中各个元素地址和每一行数组的首地址的描述方法。

一个二维数组定义为

```
int a[3][4]={{0,1,2,3},{4,5,6,7},{8,9,10,11}};
```

从二维数组的角度来看，a 代表整个二维数组的首地址，也就是第 0 行的首地址。a+1 代表第 1 行的首地址。如果二维数组的首地址为 2000，则 a+1 为 2008，因为第 0 行有 4 个整型数据，因此 a+1 的含义是 a[1]的地址，即 a+4×2=2008。a+2 代表第 2 行的首地址，它的值是 2016，如图 7-7 所示（注意：C 语言中，地址值一般为 16 位二进制数。为符合使用习惯，此处采用十进制）。

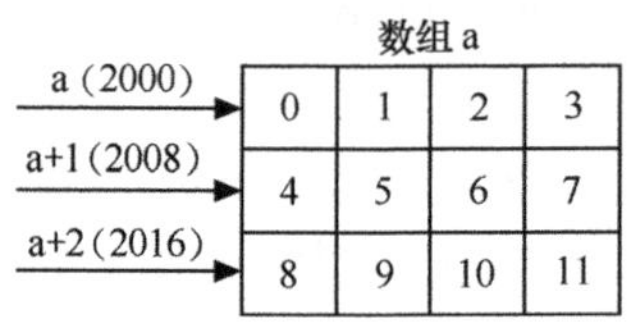

图 7-7　数组名地址与指向的关系

C 语言允许把一个二维数组分解为多个一维数组来处理。因此，数组 a 可以理解为由 3 个一维数组组成，即数组 a 由 a[0]、a[1]和 a[2] 3 个元素组成，而每个元素又含有 4 个元素。例如，a[0]含有 a[0][0]、a[0][1]、a[0][2]和 a[0][3] 4 个元素，a[0]为一维数组名。

a[0]、a[1]和 a[2]既然是一维数组名，而 C 语言规定数组名代表数组的首地址，因此，a[0]就代表第 0 行一维数组中第 0 列元素的地址，即数组元素 a[0][0]的地址，也即&a[0][0]，a[1]的值是&a[1][0]，a[2]的值是&a[2][0]。

a[0]+1 代表第 0 行第 1 列元素的地址，如图 7-8 所示。因 a[0]是一维数组名，则“a[0]+1”中的 1 代表 1 个列元素的字节数，即 2 字节，而不是代表 1 行 8 字节。a[0]的值为 2000，则 a[0]+1 的值是 2002（而不是 2008）。这是因为现在是在一维数组范围内讨论问题，正如有一个一维数组 x，x+1 是其第 1 列元素地址一样。a[0]+0、a[0]+1、a[0]+2、a[0]+3 分别是 a[0][0]、a[0][1]、a[0][2]、a[0][3]的地址（即&a[0][0]、&a[0][1]、&a[0][2]、&a[0][3]）。

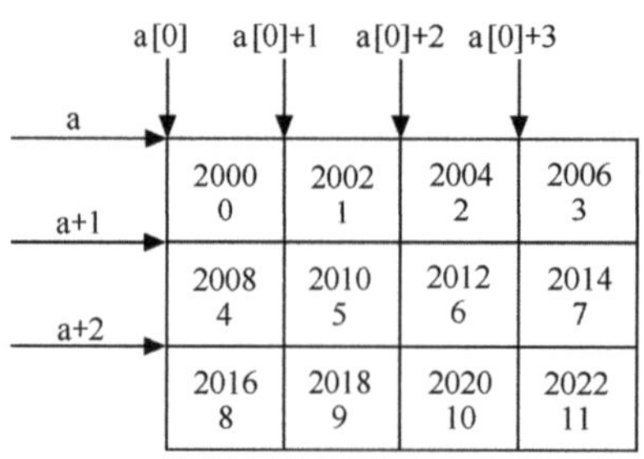

图 7-8　二维数组中的行指针与列指针

根据上述描述方式，可以得出二维数组地址的描述结论。

（1）对于图 7-8，如果将数组名当作一个地址来看，则 a 代表二维数组的首地址，也可看作是二维数组第 0 行的首地址。假设数组的首地址为 2000，那么，a 的地址应为 2000。

（2）描述二维数组的地址时，a 表示第 0 行首地址，a+1 表示第 1 行首地址，a+2 表示第 2 行首地址，即它们的首地址分别为 2000、2008、2016。由于每一行由 4 个整型数组元素组成，因此地址值相差 8。

（3）既然把 a[0]、a[1]、a[2]看作是 3 个一维数组名，那么可以认为它们分别代表其所对应的首地址，也就说 a[0]、a[1]、a[2]可表示二维数组的第 0 行、第 1 行、第 2 行的首地址。

（4）根据上述的关系及指针的描述方式，可推理出如下结论。

- a[0]表示第 0 行首地址，也是第 0 行第 0 列的地址，相当于&a[0][0]；那么，a[0]+1 表示第 0 行第 1 列的地址；a[1]+2 表示第 1 行第 2 列的地址。
- 一般而言，a[i]+j 即表示第 i 行第 j 列的地址，即&a[i][j]地址。

（5）如用指针的形式来表示各元素的地址，可有如下的等价关系。

- a[0]与*(a+0)、a[1]与*(a+1)、a[2]与*(a+2)等价，表示二维数组的第 0 行、第 1 行、第 2 行的首地址。
- 推理出：a[i]+j 与*(a+i)+j 等价，表示二维数组的第 i 行第 j 列的地址。

上述对二维数组地址的描述方式，在二维数组用指针来操作中是非常重要的概念。在实际使用中，如果要用指针的方式来进行操作，就必须要分清二维数组的行地址和列地址以及它们的操作方式，从上面描述来看，二维数组的地址描述是多样的。

为了更好地掌握二维数组中的地址描述问题，还要注意如下几点的区别。

（1）a+1 与*(a+1)的相等问题。

如果按照指针的概念，这两个值明显不等。因为前面是指变量的地址，后面似乎指的是变量地址中所存储的值。实际上这两个值相等，a+1 并非是一个变量，它实际上指的是 a[1]，也就是指的第 2 个一维数组的首元素地址，而*(a+1)就是 a[1]，所以两者的意思是一样的，只不过是地址的不同表示方式。

（2）a 和*a 的相等问题。

在上面二维数组中，可人为地看成由 3 个一维数组元素 a[0]、a[1]、a[2]组成，将 a[0]、a[1]、a[2]看成是数组名。因此，a 表示数组第 0 行的地址，而*a 即为 a[0]，它是数组名，当然还是地址，它就是数组第 0 行 0 列元素的地址。

2. 指针变量对二维数组元素的操作

对于二维数组元素的操作，可像一维数组用指针变量对它的操作一样。但在操作中要注意数组元素的行和列的问题。二维数组元素在存储中规定是按行存储的，如果一个指针变量指向某个存储单元，指针的移动，也是顺序地指向相应存储单元。

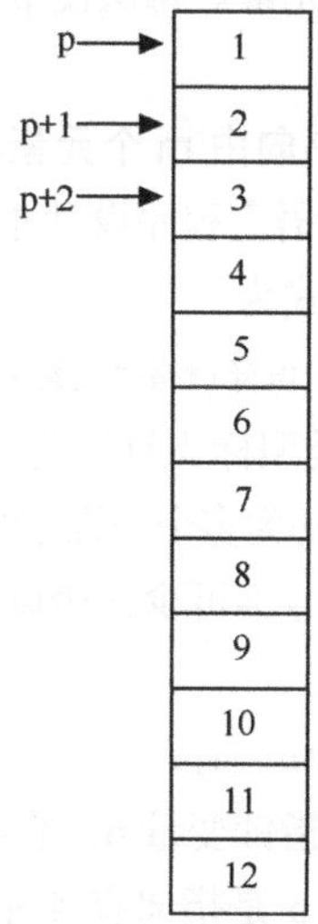

图 7-9　指针变量对二维数组元素的关系

例如，指针移动所指向的数组元素如图 7-9 所示。

```
int a[3][4],*p;
p=a;
p=p+2;
```

从上面指针变量对二维数组元素的操作可以看出，其指针的移动是按存储单元存储的顺序进行的，不是按数组的行、列关系进行的。在程序设计中，要注意此方式的应用。

例 7.7 使用指针来操作二维数组元素的输入与输出。

```
(7_7.c)
#include <stdio.h>
void main()
{
  int a[3][4],*p;
  int i,j;
  p=a[0];                        /* a[0]为列指针，使 p 指向 a[0][0]，其值为&a[0][0]  */
  for(i=0;i<3;i++)
  for(j=0;j<4;j++)
    scanf("%d",p++);             /*指针的表示方法*/
  p=a[0];
  for(i=0;i<3;i++)
  {
    for(j=0;j<4;j++)
     printf("%4d",*p++);         /* 通过 p 值的变化，逐一访问各元素  */
    printf("\n");
  }
}
```

程序运行后输入：

```
1 2 3 4 5 6 7 8 9 10 11 12
```

程序运行结果：

```
1   2   3   4
5   6   7   8
9  10  11  12
```

结果分析：p 是一个基类型为整型的指针变量，它可以指向一般的整型变量，也可以指向整型的数组元素。每次使 p 值加 1，以移向下一元素。if 语句的作用是使一行输出 4 个数据，然后换行。

3. 指向由 m 个元素构成的一维数组的指针变量

在 C 语言程序设计中，对二维数组用一维数组的方式进行操作，有一种新的指针定义方法，其定义方式为

```
类型标识符(*指针变量名)[长度];
```

其中，“类型标识符”为所指数组的数据类型；“*”表示其后的变量是指针类型；“长度”表示二维数组分解为多个一维数组时，一维数组的长度，也即二维数组的列数。需要注意“(*指针变量名)”两边的括号不可少，否则表示的是指针数组，意义就完全不同了。

例如：

```
int(*p)[4];
```

定义一个指针变量 p，它指向包含 4 个元素的一维数组。

由于 p 是指向有 4 个整形元素的一维数组的指针变量，因此，p+1 是将地址值加上 4×2，即指向下一个一维数组，如图 7-10 所示。

设有如下定义：

```
int a[3][4]= {{1,2,3,4},{5,6,7,8},{9,10,11,12}};
int (*p)[4];
p=a;
```

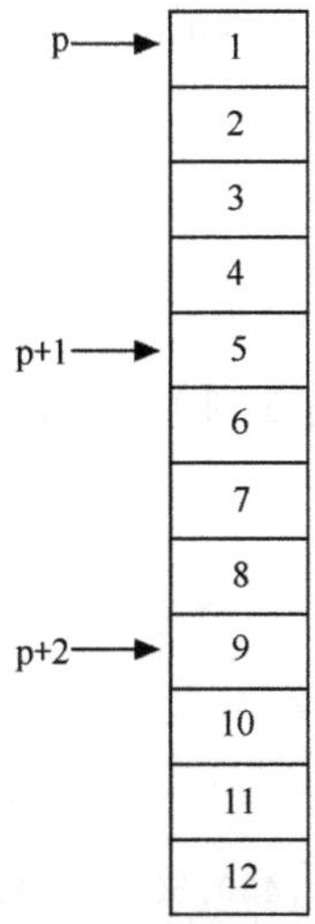

图 7-10 指向一维数组的指针变量

则：p+0 为二维数组第 0 行首地址，与 a+0 或*(a+0)相同；p+1 为二维数组第 1 行首地址，与 a+1 或*(a+1)相同；p+2 为二维数组第 2 行首地址，与 a+2 或*(a+2)相同；*(p+i)+j 为第 i 行第 j 列元素的地址，与*(a+i)+j 相同；*(*(p+i)+j)为第 i 行第 j 列元素，与*(*(a+i)+j)相同，即 a[i][j]。

例 7.8 用指向有 m 个元素的一维数组的指针变量输出二维数组任一行任一列元素的值。

```
(7_8.c)
#include<stdio.h>
void main()
{
  int i,j, a[3][4]= {{1,2,3,4},{5,6,7,8},{9,10,11,12}};
  int (*p)[4];      /*指针变量 p 是指向有 4 个元素的一维数组*/
  p=a;
  scanf("%d,%d",&i,&j);
  printf("\na[%d][%d]=%d",i,j,*(*(p+i)+j));
}
```

程序运行后输入：

```
1,2↙
```

程序运行结果：

```
a[1][2]=7
```

4. 程序举例

例 7.9 从键盘上输入一个 3 行 3 列矩阵的各个元素的值，然后输出主对角线元素之和。用指针的描述方式进行操作。

```
(7_9.c)
#include <stdio.h>
void main()
{
  int a[3][3],sum,*p;
  int i,j;
  sum=0;
  for (i=0; i < 3; i++)
  {
    for (j=0; j < 3; j++)
```

```
    scanf("%d",a[i]+j);              /*其中 a[i]+j 为某行某列的单元地址*/
  }
  for (i=0; i < 3; i++)
    sum=sum+*(*(a+i)+i);             /*其中*(a+i)+i 为某行某列的单元地址*/
  printf("Sum=%d\n",sum);
}
```

例 7.10 编写程序，实现矩阵（3 行 3 列）的转置（即行列互换），用指针的方式进行部分描述。

```
(7_10.c)
#include<stdio.h>
#include<conio.h>
void main()
{
  int i,j,t,(*p)[3];
  int array[3][3]={{100,200,300},{400,500,600},{700,800,900}};
  for (p=array; p<array+3; p++)      /*p 加 1，指针移动到下一行首地址*/
  {
    for (j=0; j < 3; j++)
    printf("%7d",*(*p+j));           /*其中(*p+j) 为某行某列的单元地址*/
    printf("\n");
  }
  for(i=0; i<3; i++)
  for(j=0; j<i; j++)
  {
    t=array[i][j];
    array[i][j]=array[j][i];
    array[j][i]=t;
  }
  printf("Converted array:\n");
  for (i=0; i<3; i++)
  {
    for (j=0; j<3; j++)
    printf("%7d",*(array[i]+j));     /*其中 array[i]+j 为某行某列的单元地址*/
    printf("\n");
  }
}
```

7.5 指针与字符串

在 C 语言中，没有专门存放字符串的变量，一个字符串可以存放在一个字符数组中，数组名表示该字符串第 1 个字符存放的地址。也可以将字符串的首地址赋予一个字符型指针变量，该指针变量便指向这个字符串。

1. 字符串的指针

字符串的指针是字符串在内存中的起始地址。引用字符串时，可以逐个字符引用，也可以整体引用。

2. 指向字符的指针变量定义

```
char *指针变量名;
```

3. 字符指针对字符串的操作

在 C 语言中，可以用两种方法实现对一个字符串的操作。

（1）用字符数组实现。例如：

```
char str[]="China"; /*定义字符串数组*/
```

说明：首先定义一个字符数组，然后把字符串中的字符存放在字符数组中，str 是数组名，代表字符数组的首地址。str[3]表示数组中的字符'n'。

（2）用字符指针实现。例如：

```
char *pstr="China";
```

说明：定义一个字符指针，然后用字符指针指向字符串中的字符。虽然没有定义字符数组，但字符串在内存中是以数组形式存放的，它有一个起始地址，占一片连续的存储单元，并且以'\0'结束。

4. 字符数组与字符指针的特性及区别

使用字符数组和字符指针变量都能实现字符串的存储和各种运算，但两者之间是有区别的，主要注意以下几点。

（1）字符数组是由若干元素组成的，每个元素中放一个字符，而字符指针变量中存放的是地址（字符串的首地址）。

（2）赋值方式不同。字符数组只能对各个元素赋值，不能用一个字符串给一个字符数组赋值，但对于字符指针变量可以用一个字符串给它赋值。例如：

```
char *pstr;
pstr="China";
```

这两个语句等价于

```
char *pstr="China";
```

其中，pstr 为字符指针变量，第 2 条语句把一个字符串直接赋给一个字符指针变量。

使用数组时，下面的形式是错误的：

```
char str [15];
str="China";
```

产生错误的原因是数组名 str 是一个地址常量，不能向它赋值。

定义一个数组时，编译系统给数组分配内存单元，有确定的地址，而定义一个字符指针变量时，给指针变量分配内存单元，在其中可以放一个字符型数据的地址值。如果在定义的同时赋了初值，则这个存储单元的值是固定的，就是初始值的地址，否则这个存储单元的值是不可预料的值。因此，定义一个字符指针变量时，先给它赋一个初值，否则，有可能会破坏程序，造成严重的后果。

5. 程序举例

例 7.11 用字符数组、字符指针处理字符串的程序。

（1）用字符数组处理字符串。

```
(7_11.c)
#include<stdio.h>
void main()
{
  char str[20];
```

```
    gets(str);
    printf("%s\n",str);
}
```

（2）通过字符指针来实现。

```
#include<stdio.h>
void main()
{
  char str[]="ANHUI SANLIAN UNIVERSITY";
  char *p;
  p = str;
  printf("%s\n",p);
}
```

（1）程序运行结果：

```
ANHUI SANLIAN UNIVERSITY↙
ANHUI SANLIAN UNIVERSITY
```

（2）程序运行结果：

```
ANHUI SANLIAN UNIVERSITY
```

例 7.12 输入一行字符，找出其中大写字母、小写字母、空格、数字及其他字符各有多少。

```
(7_12.c)
#include<stdio.h>
void main()
{
  int cle=0,sle=0,di=0,wsp=0,ot=0,i;
  char *p,s[100]={0};
  printf("请输入一行字符：");
  i=0;
  while ((s[i]=getchar())!='\n')  i++;
  p=&s[0];
  while (*p!= '\0')
  {
    if (('A'<=*p)&&(*p<='Z'))
    ++cle;
    else if (('a'<=*p)&&(*p<='z'))
    ++sle;
    else if (*p==' ')
    ++wsp;
    else if ((*p<='9')&&(*p<='0'))
    ++di;
    else
    ++ot;
    p++;
  }
  printf("大写字母个数=%d\n",cle);
  printf("小写字母个数=%d\n",sle);
  printf("空格个数=%d\n",wsp);
  printf("数字个数=%d\n",di);
  printf("其他字符个数=%d\n",ot);
}
```

7.6　指针数组与多级指针

7.6.1　指针数组的定义

1. 指针数组的概念

数组的每个元素都是一个指针类型数据的数组，这样的数组称为指针数组，即数组中的每个数组元素可以看作一个指针变量。指针数组是一个有序的指针的集合。指针数组的所有元素都必须是具有相同存储类型和指向相同数据类型的指针变量。

指针数组比较适合用于指向多个字符串，使字符处理更加方便、灵活。它可以避免长度不一致的字符串分配相同的存储空间，从而节省存储空间。

2. 指针数组的定义

格式：

```
类型标识符  *数组名[数组长度];
```

其中，类型标识符表示每个指针数组元素所指向的变量的类型；*表示该数组为指针数组类型。

例如：

```
int *p[4];
```

表示 p 是一个指针数组，它有 4 个数组元素，每个元素值都是一个指针——指向整型变量。

> **注意**　指针数组与其他数组的特点是相似的。在这里，p 为该指针数组名，和其他数组一样，p 是常量，不能对它进行增量运算。p 为指针数组元素 p[0]的地址，p+i 为 p[i]的地址，那么，*p 就是 p[0]，*(p+i)就是 p[i]（与前面数组的描述是相似的）。

7.6.2　指针数组的使用

由于指针数组可以表示多个相同类型的指针变量，像数组元素一样方便操作。对于指针数组的应用，一方面指针数组可以应用在各种需要指针变量操作的地方，另一方面指针数组对处理字符串提供了更大的方便和灵活。在字符指针数组的应用中，其主要用途是处理长度不定的字符型数据。

例如：有 4 个字符串，各字符串的长度不一样，其中有"abc"、"ab"、"abcde"和"a"，需对它进行存储和处理，现采用以下两种方式进行。

（1）用一般的二维字符数组操作存储方式。

数组定义：char a[4][6]={ "abc", "ab", "abcd", "a"};

由于字符数组 a 定义后，存储空间是固定的，每个字符串在存储中长度是一定的，即每行可存储 6 个字符（包括'\0'），不满 6 个字符，后面添为'\0'。其存储方式如图 7-11 所示。

字符数组 a →

a	b	c	\0		
a	b	\0			
a	b	c	d	e	\0
a	\0				

图 7-11　字符数组存储结构

从图 7-11 可看出，存储上面 4 个字符串，需要 4×6=24 个存储单元，但在实际存储中，只用了 15 存储单元，所以，字符串的存储空间有一定的浪费。

（2）用字符指针数组的操作存储方式。

定义字符指针数组：char　*p[4]={ "abc", "ab", "abcde", "a"};
其中，每个字符指针的数组元素分别表示各字符串的首地址，指向各字符串。

其存储方式如图 7-12 所示。

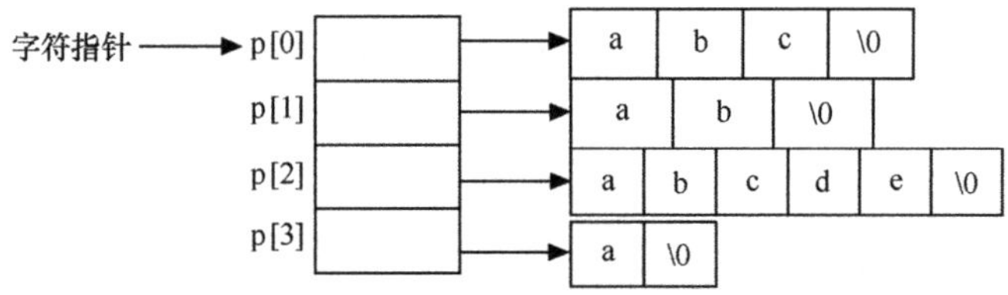

图 7-12　字符指针数组存储结构

从图 7-12 中可看出，4 个字符串分别由 4 个字符数组元素指针 p[0]、p[1]、p[2]、p[3]来进行字符串操作，存储上面 4 个字符串的存储空间（除字符指针变量外）需要 4+3+6+2=15 个存储单元。与前面相比，使用字符指针变量对字符数组（字符串）操作，可节约存储空间。

指针数组和一般数组一样，允许指针数组在定义时初始化，但由于指针数组的每个元素是指针变量，它只能存放地址，因此对指向字符串的指针数组在说明赋初值时，是把存放字符串的首地址赋予指针数组对应的指针数组元素，即 p[0]指向第 1 个字符串，p[1]指向第 2 个字符串，p[2]指向第 3 个字符串，p[3]指向第 4 个字符串。

执行：printf("%s\n", p[3]);，输出第 4 个字符串的内容：a。

例 7.13　在某班学生中查找指定姓名的学生。

```
(7_13.c)
#include<stdio.h>
#include<string.h>
void main()
{
  int i;
  char *pname[5]= { "Li Zhi","Zhang Ji","Jin Xi","Wang Fei","Liu Yi"};
  char name[20];
  printf("Enter a name:");
  gets(name);
  for(i=0;i<5;i++)
  if(strcmp(pname[i],name)==0)
    break;
  if(i<5)
    printf("%s is No.%d student.\n",pname[i],i+1);
  else
    printf("%s is not in this class.\n",name);
}
```

程序运行结果：

```
Enter a name:Jin Xi↙
Jin Xi is No.3 student.
Enter a name:Jing Xi↙
Jing Xi is Not in this class.
```

程序分析：由于 scanf 函数输入的字符串中不能含有空白字符，因此程序中使用 gets 函数输入姓名。

strcmp 是字符串比较函数，pname[i]是第 i 个字符串的起始地址，而 name 是欲查找的字符串的起始地址。strcmp(pname[i],name)==0 时，说明找到了所查字符串。

7.6.3　多级指针

1. 多级指针的引入

指针变量的定义和普通变量的定义一样，在计算机内存中仍然分配一个存储单元，所以，它也有相应的存储地址。

指针变量定义如下：

```
int *a;
float *a;
char *c;
```

其在内存中的存储情况如图 7-13 所示。

对于指针变量存储地址，如何用其他变量来描述呢？

在 C 语言中，为了存储指针变量地址，引入了多级指针的概念，使指针变量的地址用其他指针变量来进行操作。

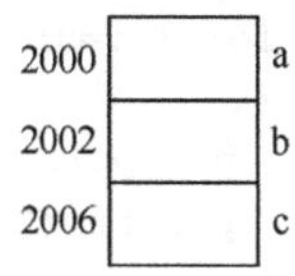

图 7-13　指针变量存储结构

2. 多级指针的定义

如果一个指针变量存放的又是另一个指针变量的地址，则称这个指针变量为指向指针的指针变量，称为多级指针。

定义形式：

```
类型标识符 **指针变量名;
```

其中，指针名前面有两个*，表示是一个二级指针。

为指针型指针初始化的方式是用指针的地址为其赋值，例如：

```
int a ;  /* 定义整型变量 x */
int *p;  /* 定义指向整型变量的指针 p */
int **q; /* 定义二级指针 q */
```

若有：

```
p=&a;     /* 指针 p 指向变量 x */
```

则在程序中，使用*p 等价于使用 a，称为对 a 的间接访问。

对二级指针，若有：

q=&p;　/* 指针型指针 q 指向指针 p */

则使用*q，即间接访问二级指针，等价于使用 p。再次间接访问二级指针，则有：

```
**q = *(*q) = *p = a
```

由此看来，对一个变量 a，在 C 语言中，可以通过变量名对其进行直接访问，也可以通过变量的指针对其进行间接访问（一级间接），还可以通过指针型指针对其进行多级间接访问。图 7-14 所示为变量 a、指针 p 和二级指针 q 的关系。

在 C 语言程序设计中，对间接的级数并未有明确的限制，可以定义多级指针，实现多级的间接访问，但是间接访问数太多时不容易理解，也容易出错，因此，一般很少超过二级间接访问。

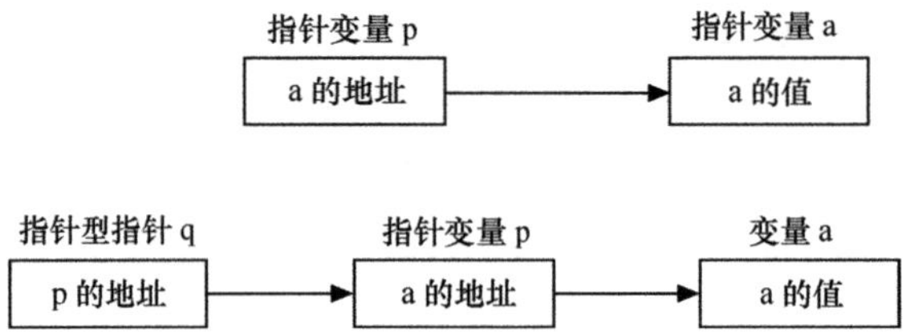

图 7-14 各级指针与变量的关系

例 7.14 用多级指针实现字符串的操作，输出多个字符串的内容。

```
(7_14.c)
#include<stdio.h>
void main()
{
  char *pc[]={"Beijing", "Shanghai", "Nanjing", "Heifei", "Zhengzhou" };
  char **p;    /* p 为二级指针，*p 为指向字符串的地址*/
  int i;
  for ( i=0; i<5; i++ )
  {
    p = pc+i;
    printf ("%s\n", *p);
  }
}
```

程序运行结果：

```
Beijing
Shanghai
Nanjing
Heifei
Zhengzhou
```

例 7.15 用多级指针访问二维数组。

```
(7_15.c)
#include<stdio.h>
void main()
{
  int a[3][3]={1, 2, 3, 4, 5, 6, 7, 8, 9};
  int *b[ ]={a[0],a[1],a[2]};
  int **p=b;
  int i,j;
  for ( i=0; i<3; i++ )
  for ( j=0; j<3; j++ )
  printf("%d,%d,%d\n", *(b[i]+j), *(*(p+i)+j), *(*(a+i)+j) );
}
```

程序运行结果：

```
1,1,1
2,2,2
3,3,3
4,4,4
5,5,5
6,6,6
7,7,7
8,8,8
9,9,9
```

本例中，多级指针 p、指针数组 b 和二维数组 a 之间的关系如图 7-15 所示。

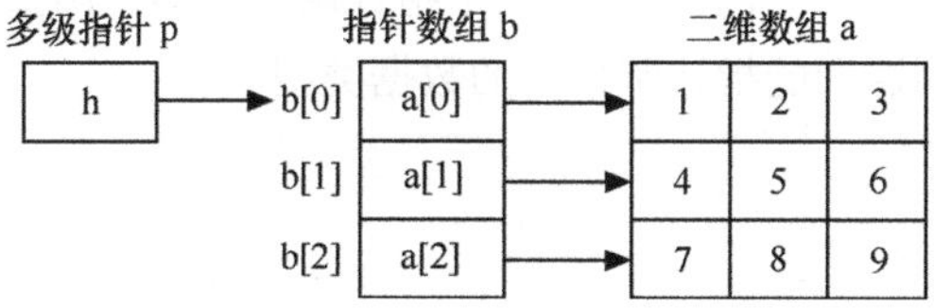

图 7-15　多级指针、指针数组与二维数组

7.7　指针变量与函数

7.7.1　函数的操作方式与指针变量

在 C 语言中，函数是程序的基本单位，用每一个函数来实现一个功能。在函数的操作中，函数的定义、函数的调用、函数的参数传递以及函数的返回值是在程序设计中必须考虑的问题。

（1）定义一个函数，其函数名是函数调用的主要标识。在 C 语言中，函数名与数组名具有相同的地址性质，它表示的是被定义函数的存储首地址，即函数调用后函数执行的入口地址。如前面所述，一个指针变量可以指向变量或数组，用它可以对变量或数组进行操作。由于函数名是函数的入口地址，而指针描述的是地址，因此，可以将一个函数名赋予一个指针变量，然后通过这个指针变量对其函数进行操作。一个函数在编译时自动分配一个入口地址，这个入口地址称为函数的指针。

（2）函数的参数传递主要包括数值参数的传递和地址参数的传递，在地址参数传递中，可使用数组名及指针变量，其操作的方式呈多样化。

（3）在函数的返回值中，一般只能返回一个值，而这个值只能是一个数值或字符，如果希望返回一批数据，其操作方法是返回该批数据的首地址指针，通过对该地址指针的操作来实现对该批数据的操作。

所以，在函数的操作中，函数的调用、参数的传递、函数的返回值都可转变为对指针的操作。在 C 语言中，有函数指针变量和指针型函数两种定义方式来实现上述的操作。

7.7.2　指针型函数的定义与使用

1. 指针型函数的引入

在函数的返回值中，如果希望返回的数据是一个地址值，从该地址开始进行连续地址操作，从而可获得多个数据信息。要想函数返回一个地址值，在 C 语言中可用指针型函数来实现该操作，这就是指针型函数的作用。

2. 指针型函数的定义及使用

定义：

```
类型说明符  *函数名(形参表)；
{
        函数体
}
```

说明如下。

①“函数名”之前加了“*”号表明这是一个指针函数，即返回值将是一个指针。

②“类型说明符”说明返回的指针所指向的数据类型。

例如：

```
int *max (int x, int y)
    {
      …/*函数体*/…
    }
```

表示 max 是一个返回指针的指向型函数，它返回的指针指向一个整型变量。

例 7.16 计算 1+2+3+…+*n* 的值，用返回指针值的函数编程。

```
(7_16.c)
#include<stdio.h>
long int *sum(int m)
{
  int i;
  long int *p,t=0;
  for(i=1;i<=m;i++)
    t=t+i;
  p=&t;                          /* p 为指向变量 t*/
  return p;
}
void main()
{
  int n;
  long int *q;
  printf("请输入 n=");
  scanf("%d",&n);
  q=sum(n);                      /*函数调用，并函数返回地址*/
  printf("sum=%d\n",*q);
}
```

7.7.3 函数指针的定义与使用

1. 函数指针的引入

C 语言程序是由若干函数组成的，每个函数在编译、链接后总是占用一段连续的内存区，而函数名就是该函数所占内存区的入口地址，每个入口地址就是函数的指针。在程序中可以定义一个指针变量用于指向函数，然后通过该指针变量来调用它所指的函数。这种方法能大大提高程序的通用性和可适应性，因为一个指向函数的指针变量可以指向程序中任何一个函数。

2. 函数指针的定义

函数指针定义的一般形式为

```
类型标识符 (*指针变量名)( );
说明如下。
```

①“类型说明符”表示被指函数的返回值的类型。

②“(*指针变量名)”表示“*”后面的变量是定义的指针变量。

③ 空括号表示指针变量所指的是一个函数。

④ 函数指针与普通指针一样，可以对多个函数进行操作，即在一个程序应用中，一个函数指

针变量可以先后指向不同的函数。但是，函数的类型应与函数指针的类型一样。

例如：int (* fp)();

说明

① 类型标识符 int，指函数返回值的类型，即返回值为整型。

② (*fp)()表示定义了一个指向函数的指针变量 p，该变量专门用来存放函数的入口地址；对该变量进行操作，就可实现函数的调用操作。

注意

① 该指针变量 fp 只能用于指向函数的入口地址，不能用于指向一般变量或数组。

② 函数指针在程序的使用中，把哪一个子函数的入口地址赋予它，它就指向哪一个函数，就可实现该子函数的调用。

3. 函数指针变量的使用

函数指针的使用，就是如何通过它来调用子函数。其使用的方法比较简单，只要把被调用的函数名赋值给函数指针变量，就实现了函数地址的赋值。下面通过一个例子来说明用指针形式实现对函数调用的方法。

例 7.17 用函数指针的方法求 a 和 b 中的小者。

```
(7_17.c)
#include<stdio.h>
int min(int x , int y )     /*函数，求两数中的小者*/
{
  int z;
  if ( x < y ) z = x;
  else z = y;
  return (z);
}
  void main()
{
  int (*p)();               /*函数指针变量的定义*/
  int a , b , m;
  p = min;
  printf("输入 a 和 b:\n");
  scanf("%d,%d" , &a , &b );
  m = (*p) (a , b);         /*函数调用*/
  printf("\na=%d,b=%d,min=%d\n" , a , b , m);
}
```

从上述程序可以看出，函数指针的使用主要包括 3 个步骤。

（1）函数指针变量的定义，如

```
int(*p)();
```

（2）函数指针变量的赋值，如

```
p=min;
```

其中，min 为定义的函数名，p 为函数指针。由函数名进行直接赋值，但不能给出函数参数。

（3）用函数指针变量调用函数，如

```
p=min(a,b);
```

如果函数有参数，在用函数指针调用函数时，必须给出参数；如果函数没有参数，在调用函数时，不用给出参数。

有了函数的指针变量，函数的调用可以用以下形式：

```
(*指针变量)(实参表);
```

例如，(*p))a,b)相当于 min(a,b)。

使用函数指针变量还应注意以下两点。

① 使用指向函数指针变量调用函数时，只要知道函数的入口地址，指向函数的指针变量不能指向函数中的语句，因而，其指针变量的运算，如 p+n、p++、p--等指针变量运算都无意义，这是与普通指针变量的主要区别。

② 函数调用中“(*指针变量名)”两边的括号不可少，其中的*不应该理解为求值运算，在此处它只是一种表示符号。

7.7.4 与指针有关的函数参数传递方式

函数在实际的使用中，其函数参数的传递方式是操作函数的一个关键技术，参数的传递方式及方法也是多样的，对于数值传递主要包括变量及数组元素，地址参数的传递主要包括指针及数组名。要很好地掌握及使用函数参数的传递方式，一方面要掌握数值参数的使用技术，另一方面必须要引入指针在函数参数中的使用技术及操作方式。下面分成几步来阐述函数参数的传递方法及技术。

1. 数组元素作函数参数（数值参数的传递）

在实际的使用中，数组元素相当于一个普通变量，所以它作为函数实参使用与普通变量是完全相同的，它是一种数值传递方式。

例 7.18 在一个数组中存放学生成绩，判别一个整数数组中各元素的值，若 80<值≤90，输出该学生成绩。

```
(7_18.c)
#include<stdio.h>
void main()
{
  int a[30],i;
void func( int x ) ;
  printf("输入学生成绩分数\n");
  for(i=0;i<30;i++)
  {
  scanf("%d",&a[i]);
  void func(a[i]);                    /*函数的调用*/
  }
}
func( int x )                         /*函数定义*/
{
  if ( 80<x&&x <= 90 )
  printf("x=%d\n",x ) ;
}
```

注意：在数组元素作函数参数时，二维数组元素的传值调用与一维数组相似，其使用方法相同，所以可以推广到多维数组元素的传值方式。

例 7.19 数组作为参数举例。

```
void main()
{
```

```
  int a[3][5];
  …
  mul( a[1][2],a[0][4] );          /*调用函数*/
  …
 }
 int mul(int x,int y,int z)       /*函数定义*/
 {
  int s;
  …
 }
```

其中，实参为 a[1][2]、a[0][4]，形参为 x、y，其传递方式为数值传递。

2. 数组名作函数参数（地址参数的传递）

由于数组名表示其地址的形式，因此数组名作为函数参数属于地址传递方式，就形参和实参的值来说是单向的，就数据的传递来说是双向的。

例 7.20　在一个数组中存放一个学生 4 门课程的成绩，求学生的总成绩和平均成绩。

```
(7_20.c)
#include<stdio.h>
void main()
{
  float sum ( float a[] );            /*函数声明*/
  float sco[4],ave,s;
  int i;
  printf("输入 4 门成绩分数\n");
  for(i=0;i<4;i++)
    scanf("%f",&sco[i]);
  s=sum(sco);                         /*函数的调用*/
  ave=s/4;
  printf("sum=%f\n",s);
  printf("ave=%f\n",ave);
}
float sum ( float a[4] )              /*函数定义*/
{
  int i;
  float s=a[0];
  for(i=1;i<4;i++)
  s=s+a[i];
  return s;
}
```

3. 指针变量作函数参数

在函数参数传递中，描述地址参数传递，主要有数组名和指针变量。指针变量中存放的是地址，所以，用指针变量作为地址传递的参数是一种容易理解的方式。不管是数组名还是指针变量，都可归纳为用指针作函数参数，那么，其参数的传递方式有如下几种。

实参	形参
① 数组名	数组名
② 指针变量	数组名
③ 数组名	指针变量
④ 指针变量	指针变量

注意

① 指针作函数参数时，要求实参与形参必须匹配。从上面的组合方式来看，数组名也是一个地址，但它是一个常量，只能是数组的首地址。

② 指针变量是一个变量，可以描述不同的地址，并可进行运算，其灵活性较强。

③ 要掌握好指针的传递方式，就必须要理解地址的传递方式及相关特点。

读者可通过下面一些程序例子来掌握与理解函数参数的传递方法。

（1）数组名与数组名进行参数的传递实例。

例 7.21 在主函数中存放 *n* 个数据，设计一个子函数对该数据按由小到大进行排序。其算法用选择法实现排序。

选择排序法的基本思想是：如对于 10 个数，先从这 10 个数中挑选出最小的数，并通过交换令其成为这 10 个元素的首元素；再从其后的 9 个数中挑选出最小的，并通过交换令其成为这 9 个元素的首元素；再从其后的 8 个数中挑选出最小的，并通过交换令其成为这 8 个元素的首元素……如此反复，当只剩下最后一个数据时，排序完成。

程序实现过程如下。

```
(7_21.c)
#include<stdio.h>
void main ( )
{
  void sort ( int array[ ],int n );                    /*函数声明*/
  int a[100],i,n;
  printf("排序数据的个数=");
  scanf("%d",&n);
  printf("\n 排序的数据=");
  for(i=0;i<n;i++)
    scanf("%d",&a[i]);                                 /*n 个数据的输入*/
  sort( a, n );                                        /*调用排序函数*/
  printf("\n");
  for(i=0;i<n;i++)
  printf("排序的结果：%d",a[i]);                       /*输出排序结果*/
}
void sort ( int array[ ], int n )
{
  int i,j,k,t;
  for(i=0;i<n-1;i++)
  {
    k=i;                                               /*把 k 作为最小数据的数组下标值*/
    for(j=i+1;j<n;j++)
     if(array[k]>array[j])
    k=j;                                               /*把 j 的下标值保存在 k 中*/
    t=array[k]; array[k]=array[i]; array[i]=t;         /*最小值和首元素进行交换*/
  }
}
```

（2）数组名与指针变量进行参数的传递实例。

例 7.22 编写一个子函数，统计字符串的长度，通过主函数的调用实现地址的传递。

```
(7_22.c)
#include<stdio.h>
```

```
void main ()
{
  int strlen(char *s);
  char *p,s[]="45678";
  p="abcde";
  p++;
  printf("%d\t",strlen(p+1));                        /*函数调用*/
  printf("%d\t",strlen(s));                          /*函数调用*/
}
int strlen(char *s)
{
  int n;
  for (n=0;*s++;n++);
  return n;
}
```

程序运行结果：

```
3   5
```

从上面的结果看，实参是指针变量和数组名，形参是指针变量。由于指针 p 进行了移动，当指针变量 p+1 的值传递到指针变量 s 时，它已指到字符串中的字符'c'，因此，它的长度计算为 3；而数组名 s 表示该字符串的首地址，其计算长度为 5。如果把 strlen(s)写为 strlen(s+2)，是否能行，其结果是多少？如果把 int strlen(char *s);中的形参改为数组形式 int strlen(char s[]);，要完成该功能，其函数如何改写？读者可考虑。

注意　*s++是当它取出'\0'时，表示其值为 0，即逻辑值为假，结束循环。也可把它写为*s++!='\0'。

（3）二维数组在函数参数的传递实例。

例 7.23　编写一个子函数，实现矩阵对角元素的求和，用数组名作实参进行参数传递。

分析：二维数组元素相当于一个变量，可以像变量一样作实参，与用一维数组元素作函数参数类似。但二维数组名作实参和形参时，其使用的方式有一定的区别。在被调用函数中对形参数组定义可以指定每一维的大小，也可以省略第一维（行）的大小说明，但列的长度必须给出。

```
(7_23.c)
#include<stdio.h>
void main()
{
  int a[][3]={0,2,4,6,8,10,12,14,16},sum;
  int func(int a[][3]);
  sum=func(a);
  printf("\n sum=%d\n",sum);
}
int func(int a[][3])                           /* 注意函数形参的定义*/
{
  int i,j,sum=0;
  for(i=0;i<3;i++)
  for(j=0;j<3;j++)
    if(i==j)  sum+=a[i][j];
  return sum;
}
```

另外，由于二维数组在描述数组元素地址、行地址时有多种表示方法，因此，它在作函数参数时，要特别注意它们的使用方式。下面通过程序例子来理解传递函数地址的应用。

（4）函数指针变量作函数参数的传递实例。

例 7.24 对两个整数进行加、减、乘、除运算。

分析：函数指针变量作函数参数，实际上是函数的一种灵活的使用方式，它可实现函数地址的传递，即将函数名传给形参。下面的程序，其实现过程是用一个指针变量指向函数，通过该指针变量调用此函数。

```
(7_24.c)
#include<stdio.h>
int add(int a,int b){return a+b;}
int sub(int a,int b){return a-b;}
int mul(int a,int b){return a*b;}
int div(int a,int b){return a/b;}
void result(int (*p)(),int a,int b)  /*使用函数的指针 p 作为 result 函数的形参*/
{
  int value;
  //printf("进入了\n");
  //printf("a=%d,b=%d",a,b);
  value=(*p)(a,b);  /*使用函数指针变量形式灵活地调用加、减、乘、除 4 个函数*/
  printf("%d\t",value);
}
void main()
{
  int i,j;
  int (*pf)();             /*定义一个函数的指针 pf*/
  printf("input two integer i,j:");
  scanf("%d%d",&i,&j);
  pf=add;                  /*将加法函数的函数名 add 赋给函数指针 pf*/
  result(pf,i,j);          /*将函数的指针 pf 作为函数的实参传递给 result 函数的第 1 个参数*/
  pf=sub;
  result(pf,i,j);
  pf=mul;
  result(pf,i,j);
  pf=div;
  result(pf,i,j);
  printf("\n");
}
```

7.7.5 带参数的 main 函数和命令行参数

在前面介绍的程序中，main()函数后的括号内不加参数，实际上，main()函数可以带参数，指针数组的一个重要应用是作为 main 函数的形参,使用户编写的程序可以在执行文件时附带参数执行。人们习惯将 argc、argv 作为 main()函数的形参名。

1. main 函数的定义

主函数 main 有参形式为

```
void main(int argc,char * argv[ ])
{
   …
}
```

说明如下。

① C语言规定形参argc必须是整型变量，argc是传递给main()函数的参数的个数。由于系统至少要传递给main函数一个运行文件名，因此argc的最小值是1。

② C语言规定形参argv必须是指向字符串的指针数组。该数组各个元素是字符指针，分别指向调用main()函数时在操作系统命令行输入的各个字符串。

2. 函数main的调用

main函数是由系统调用的，C源程序文件经过编译、链接后得到的与源程序文件同名的可执行文件，在操作系统命令环境下，输入该文件名，系统就调用main函数；若main中给出了形参，执行文件时必须指定实参，命令行的一般形式为

```
命令名  参数1  参数2  …  参数n
```

说明如下。

① 文件名和各参数之间用空格隔开，各参数应当都是字符串。

② 命令名为该程序文件名。

③ 参数1　参数2　…　参数*n*的地址传递到argv[ ]字符指针数组中，argv[1]存放的是参数1的地址，argv[2]存放的是参数2的地址，依此类推。

说明　命令行参数应当是字符串，其中argv[0]存放的是该程序文件的文件名。

例7.25　编写一命令文件，把键入的字符串倒序打印出来。设文件名为invert.c。

```
(7_25.c)
void main(int argc,char *argv[])
{
  int i;
  for(i=argc-1;i>0;i--)
  printf("%s \n ",argv[i]);
}
```

本程序为部分程序段，若编写完整后经编译、链接后生成文件名为invert.exe的可执行文件，在DOS提示符下输入：

```
invert  I  love china
```

输出结果：

```
china  love  I
```

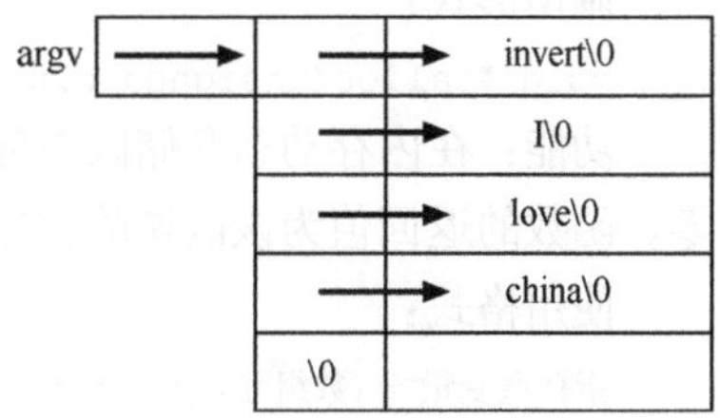

图7-16　字符串的首地址

程序分析：执行main函数时，文件名invert是第1个参数，因此，argc的值为4，argc[0]是字符串"invert"的首地址，argc[1]是字符串"I"的首地址，argc[2]是字符串"love"的首地址，argc[3]是字符串"china"的首地址，如图7-16所示。

7.8　指针与动态内存分配

7.8.1　动态存储的概念

在C语言程序设计中，变量使用前必须进行一定的存储安排，如放在哪里、占据多少存储单

元等，这个工作被称作存储分配。动态内存分配是指在程序运行时为程序分配内存的一种方法。动态分配的存储区在用户的程序之外，即它不是由编译系统分配的，而是由用户在程序中通过动态分配获取的。使用动态分配的优点：一是可以更有效地使用内存；二是同一段内存可以作为不同的用途，使用时申请，用完时释放；三是允许建立链表等动态数据结构。

7.8.2 C 语言的动态存储管理方式

C 语言的动态存储管理由一组标准库函数实现，它们包含在 malloc.h 或 stdlib.h 头文件中。所以，在 C 语言程序设计中，只需调用相应的函数就可以实现动态存储。与动态存储分配有关的函数共有以下 4 个。

（1）存储分配函数 malloc。

调用形式：

```
void *malloc(unsigned size)
```

功能：在内存的动态存储区中分配一个长度为 size 的连续存储空间。其中，形参 size 为无符号整数，是函数 malloc 要求分配存储空间的字节数。函数返回值为一个指针，它指向所分配存储空间的起始地址。若函数返回值为 NULL 或 0，则表示未能成功申请到内存空间。函数类型为 void，表示返回的指针不指向任何具体的类型。

使用格式：

```
指针型变量 =(基类型*)malloc(需要的存储空间的字节数);
```

例如：

```
p=(char *)malloc(50);
```

表示分配 50 字节的内存空间，并强制转换为字符数组类型，函数的返回值为指向该字符数组的指针，把该指针赋予指针变量 p。

（2）带计数和清零的动态存储分配函数 calloc。

调用形式：

```
void *calloc(unsigned n,unsigned size)
```

功能：在内存动态存储区中分配 n 块长度为 size 字节的连续区域，分配时还把存储块全部清零。函数的返回值为该区域的首地址。若分配不成功，返回空指针（NULL）。

使用格式：

```
指针型变量 =(数组元素类型*)calloc(n,每一个数组元素的存储空间的字节数);
```

例如：

```
p=(double *)calloc(5, sizeof(double));
```

其中的 sizeof(double)是求 double 类型数据的长度。因此，该语句的意思是：按 double 类型数据的长度分配 5 块连续区域，强制转换为 double 类型，并把其首地址赋予指针变量 p。

（3）动态存储释放函数 free。

调用形式：

```
void free(void *ptr)
```

功能：释放由指针变量 ptr 所指示的内存区域。其中，ptr 为一个指针变量，指向最近一次调用函数 malloc 或 calloc 时所分配的连续存储空间的首地址。通过函数 free 将已分配的内存区域交还系统，使系统可以重新对其进行分配。free 函数无返回值，因为释放总是成功的。

使用格式：

```
free(指针型变量);
```

注意

由于动态分配的存储单元只能由 free 函数释放，当动态开辟的存储单元不再使用时要及时用 free 函数释放，以免过多地占用内存。

（4）分配调整函数 realloc。

调用形式：

```
void *realloc(void *p, unsigned size)
```

功能：向系统重新申请一个确定大小的存储空间，并将原存储空间中的数据值传送到新的地址空间的低端，返回值为一个指向 void 类型的分配域起始地址的指针值。如果此函数操作失败，返回值为空，原存储空间的数据将丢失。

使用格式：

```
指针型变量 =(基类型*)realloc( 原存储空间的首地址,新的存储空间的字节数);
```

小　　结

本章从变量的定义及操作方式入手，介绍变量在存储器中的存储方式及特点，逐步理解和掌握指针变量的概念、定义及使用。在 C 语言程序设计中，由于通过指针变量来间接地操作变量、数组、函数，使程序的设计方法更加丰富及复杂，因此，对于不同指针类型及指针变量的运算需要重点掌握。本章主要包括以下内容。

1．有关指针的数据类型。

名称	定义（以整型为例）	含义
一级指针变量	int *p	p 指向整型数据（变量、数组元素）
二级指针变量	int **p	p 指向整型一级指针变量
指向一维数组的指针变量	int (*p)[n]	用于二维数组（有 *n* 列）的行指针变量
一维指针数组	int *p[n]	元素是整型一级指针变量的一维数组
指向函数的指针变量	int (*p)()	p 指向一个返回整型值的函数
返回指针的函数	int *fun(){函数体}	fun 函数返回一个指向整型数据的指针

2．指针的运算。

（1）指针变量加（减）一个整数。

例如：p++、p--、p+i、p-i、p+=i、p-=i。

说明

p+i 代表地址。计算 p+c*i，c 为系数（整型 c=2，实型 c=4，字符型 c=1），表示 p 指向下面第 i 个元素。

（2）指针变量赋值。将一个变量地址赋予一个指针变量。

```
p=&a; /*将变量 a 的地址赋予 p*/
p=a; /*将数组 a 首地址赋予 p*/
p=&a [i]; /*将数组 a 第 i 个元素的地址赋予 p*/
p=max; /*max 为已定义的函数，将 max 的入口地址赋予 p*/
p1=p2; /*p1 和 p2 都是指针变量，将 p2 的值赋予 p1*/
```

（3）两个指针变量可以相减。如果两个指针指向同一个数组的各个元素，则两个指针变量值之差是两个指针之间的元素个数。例如：

```
p1=a[1]   p2=a[5]   p2-p1=5-1=4
p1+p2 无意义
```

（4）两个指针变量比较。如果两个指针指向同一个数组的各个元素，则两个指针变量可以比较它们的大小。例如：

```
p1>p2   p2>p1
```

3．动态内存分配函数。

（1）存储分配函数 malloc。

调用形式：

```
void *malloc(unsigned size)
```

（2）带计数和清零的动态存储分配函数 calloc。

调用形式：

```
void *calloc(unsigned n,unsigned size)
```

（3）动态存储释放函数 free。

调用形式：

```
void free(void *ptr)
```

（4）分配调整函数 realloc。

调用形式：

```
void *realloc(void *p, unsigned size)
```

习 题 7

一、选择题

1．在以下定义和赋值语句中，正确的是（　　）。

A）static char str[8]="Good morning";　　B）char str[20]; str="Good morning";

C）char *p="Good morning";　　D）char *p;*p="Good morning";

2．设有定义：int　n1=0,n2,*p=&n2,*q=&n1;，以下赋值语句中与 n2=n1;语句等价的是（　　）。

A）*p=*q;　　B）p=q;　　C）*p=&n1;　　D）p=*q;

3．若有定义：int　x=0, *p=&x;，则语句 printf("%d\n", *p); 的输出结果是（　　）。

A）随机值　　B）0　　C）x 的地址　　D）p 的地址

4．有以下程序：

```
void  fun(char  *a,  char  *b)
{  a=b;    (*a)++;  }
void main ()
{ char   c1="A", c2="a", *p1, *p2;
  p1=&c1;  p2=&c2;   fun(p1,p2);
  printf("&c&c\n",c1,c2);
}
```

程序运行后的输出结果是（　　）。

A）Ab　　B）aa　　C）Aa　　D）Bb

5. 以下叙述正确的是（　　）。

A）数组名实际上是此数组的首地址，所以数组名相当于一个指针变量

B）若定义数组 a[2][3]，则 a+1 和*(a+1)完全相等

C）若定义数组 a[2][3]，则++a 和 a[1]完全等价

D）某函数的形参为一个数组，则调用此函数时只能将数组名作为对应的实参

6. 下面各语句行中，能正确进行字符串赋值操作的是（　　）。

A）char st[4][5]={"ABCDE"};

B）char s[5]={'A', 'B', 'C', 'D', 'E'};

C）char *s; s="ABCDE";

D）char *s; scanf("%s", s);

7. 已定义以下函数：

```
fun (int  *p)
{  return  *p:  }
```

该函数的返回值是（　　）。

A）不确定的值　　B）形参 p 中存放的值

C）形参 p 所指存储单元中的值　　D）形参 p 的地址值

8. 有以下程序段：

```
void main()
{
   int  a=5,  *b,   **c;
   c=&b;  b=&a;
   …
}
```

程序在执行了 c=&b:b=&a; 语句后，表达式**c 的值是（　　）。

A）变量 a 的地址　　B）变量 b 中的值

C）变量 a 中的值　　D）变量 b 的地址

9. 语句 int(*p)();说明了（　　）。

A）p 是指向一维数组的指针变量

B）p 是指向 int 型数据的指针变量

C）p 是指向函数的指针，该函数返回一个整型数据

D）p 是一个函数名，该函数的返回值是指向整型数据的指针

10. 有以下程序：

```
void fun(char *c,int d)
{
 *c=*c+1;d=d+1;
 printf("%c,%c, ",*c,d);
}
void main()
{
 char a='A',b='a';
 fun(&b,a);
 printf("%c,%c\n",a,b);
}
```

程序运行后的输出结果是（　　）。

A）B，a，B，a　　B）a，B，a，B

C）A，b，A，b　　D）b，B，A，b

11．下列程序段的输出结果是（　　）。

```
void fun(int  *x, int  *y)
{   printf("%d  %d", *x, *y); *x=3; *y=4;}
void main()
{
    int  x=1,y=2;
    fun(&y,&x);
    printf("%d %d",x, y);
}
```

A）2　14　3　　B）1 2　1 2

C）1 2　3　4　　D）2 1　1 2

12．有以下程序：

```
int fun(int  x,int  y,int   *cp,int  *dp)
{  *cp=x+y;     *dp=x-y;  }
void main()
     {  int a, b, c, d;
     a=30;  b=50;
     fun(a,b,&c,&d);
         printf("%d,%d\n", c, d);
     }
```

输出结果是（　　）。

A）50，30　　B）80，−20　　C）30，50　　D）80，20

13．有如下程序段：

```
int  *p,a=10,b=1;
p=&a;  a=*p+b;
```

执行该程序段后，a 的值为（　　）。

A）12　　B）11　　C）10　　D）编译出错

14．有以下程序：

```
#include <stdio.h>
 main()
 {int n,*p=NULL;
*p=&n;
printf("Input n: ");      scanf("%d",&p);     printf("output n: ");
printf("%d\n",p);
}
```

该程序试图通过指针 p 为变量 n 读入数据并输出，但程序有多处错误，以下语句正确的是（　　）。

A）int　n,*p=NULL;　　B）*p=&n;

C）scanf("%d",&p)　　D）printf("%d\n",p);

15．以下程序的运行结果是（　　）。

```
#include <stdio.h>
void main()
{
     int a[]={1,2,3,4,5,6};
     int *p=a;
```

```
    printf("%d,",*p);
    printf("%d,",*(++p));
    printf("%d,",*++p);
    printf("%d,",*(p--));
    p+=3;
   printf("%d,%d\n",*p,*(a+3));
  }
```

A）1，2，3，3，2，1　　　　B）1，2，3，3，5，4

C）1，3，5，3，3，3　　　　D）1，3，5，5，3，1

二、填空题

1．已知指针 p 的指向如下所示，则执行语句*p++;后，*p 的值是________。

10	20	30	40	50
	p↑			

2．以下程序段的输出结果是________。

```
int * p,a;
a=100;    p=&a;        a=*p+10;
printf("%d\n",*p);
```

3．以下程序的输出结果是________。

```
    int  ast(int x,int y,int *cp,int *dp)
    {*cp=x+y;
    *dp=x-y;}
    void main( )
    {int a,b,c,d;
    a=4;b=3;
    ast(a,b,&c,&d);
    printf("%d%d\n",c,d);
    }
```

4．有以下定义：

```
char s[3]="AB";
char *p;
```

在执行了语句 p=s;之后，*(p+2)的值是________。

5．以下程序的运行结果是________。

```
#include <stdio.h>
void main()
{
   static char s[]="Program",*ptr;
   for (ptr=s;ptr<s+7;ptr+=2)
     putchar(*ptr);
   putchar('\n');
}
```

6．以下程序的功能是：利用指针指向 3 个整型变量，并通过指针运算找出 3 个数中的最大值输出到屏幕上。请填空。

```
void  main()
{
  int x,y,z,max,*px,*py,*pz,*pmax;
  scanf("%d%d%d",&x,&y,&z);
  px=&x;
```

```
    py=&y;
    pz=&z;
    pmax=&max;
    ________;
    if(*pmax<*py)*pmax=*py;
    if(*pmax<*pz)*pmax=*pz;
    printf("max=%d\n",max);
    }
```

7. 以下程序的运行结果是________。

```
#include <stdio.h>
void main()
{
    int a[3][2]={1,2,3,4,5,6},(*p)[2];
    p=a;
    printf("%d,%d,%d,%d\n",*(p[2]+1),*(*(p+2)+1),(*(p+2))[1], p[2][1]);
  }
```

8. 以下程序的输出结果是________。

```
#include<stdlib.h>
void main()
  {
     char *s1,*s2,m;
     s1=s2=(char*)malloc(sizeof(char));
     *s1=15;
     *s2=20;
     m=*s1+*s2;
     printf("%d\n",m);
  }
```

三、编程题

1. 编写函数 length(char *s)，函数返回指针 s 所指字符串的长度。

2. 编写一个程序，输入一个整数，利用指针变量返回该数的绝对值。

3. 求 3×4 整数矩阵中的最大元素、最小元素和所有元素的平均值。要求用指向二维数组的指针变量按二维数组的排列方式处理数组元素。

4. 有 3 个人各有 C 语言、高等数学、大学英语 3 门课成绩，请编程找出其中至少有一门课成绩不合格者。要求使用指针函数实现。

5. 输入一个字符串，内有数字和非数字字符，如

```
a123x456 19703?302tab5876
```

将其中连续的数字作为一个整数，依次存放到一个数组 a 中，例如，123 放在 a[0]中，456 放在 a[1]中……统计共有多少个整数，并输出这些数。

第 8 章 结构体与共用体

8.1 结构体类型和结构体变量

前面章节已介绍了基本类型（或称简单类型）的变量（如整型、实型、字符型变量等），也介绍了一种构造类型——数组和指针类型，但是，仅有这些类型还不够，有时还需要将不同类型的数据组合成一个有机的整体，以便于引用。这些组合在一个整体中的数据是相互联系的。例如，一个学生成绩表中应包含学号、姓名、科目成绩等项，这些项都与某一学生相联系。其中，学号可为整型或字符型，姓名应为字符型，成绩可为整型或实型。显然不能用一个数组来存放这一组数据，因为数组中各元素的类型和长度都必须一致。为了解决这一问题，在C语言中允许用户自己指定这样一种构造数据类型——结构体。

8.1.1 结构体类型的定义

C 语言中给出了一种构造数据类型——“结构（structure）”或叫作“结构体”。它相当于其他高级语言中的记录。“结构”是一种构造类型，它是由若干“成员”组成的。每一个成员可以是一个基本数据类型或者又是一个构造类型。结构既然是一种“构造”而成的数据类型，那么在说明和使用之前必须先定义它，也就是构造它，如同在说明和调用函数之前要先定义函数一样。

定义一个结构体类型的一般形式为

```
struct 类型名
       {
         成员表列;
         };
```

成员表由若干个成员组成，每一成员也称为结构体中的一个域。成员名命名规则与变量名相同。对各个成员都应进行类型声明，其声明的一般形式为

```
类型名（或类型说明符）成员名;
```

例如：

```
struct student
{
    int  xh;
    char  xm[20];
    float  cj;
};
```

这个结构体定义中，结构体名为 student，该结构体由 3 个域构成，第 1 成员为 xh（学号），整型变量；第 2 个成员为 xm（姓名），字符数组；第 3 个成员为 cj（成绩），实型变量。注意，不要忽略最后一行的分号。

结构体一旦定义后，即可使用它进行变量定义，凡是说明为 student 的变量都具有以上 3 个相同的域。由此可见，结构是一种数目固定、类型可以不同的若干有序变量的集合。

8.1.2 结构体变量的定义

定义的结构体类型只是相当于一个模型，其中并没有具体数据，系统也不对它分配实际内存单元，为了能在程序中使用结构体类型数据，应该定义结构体类型的变量，并在其中存放数据。定义结构体变量可采用以下 3 种方法。

1. 先定义结构体再定义结构体变量

例如：

```
    struct student
    {
      int   xh;
      char  xm[20];
      float  cj;
    };
struct student  student1,student2;
```

说明了两个变量 student1 和 student2 为 student 结构体类型。另外，也可以用宏定义使一个符号常量表示一个结构类型。

例如：

```
#define STUDENT struct stu
STUDENT
{
     int   xh;
     char  xm[20];
     float  cj;
};
STUDENT student1,student2;
```

2. 在定义结构体类型的同时定义结构体变量

例如：

```
struct student
  {
    int   xh;
    char  xm[20];
    float  cj;
  }student1,student2;
```

它的作用与第 1 种方法相同，即定义了两个 struct student 类型的变量 student1 和 student2。这种形式的说明的一般形式为

```
struct 结构名
{
    成员表列;
}变量名表列;
```

3. 直接定义结构体变量

例如：

```
struct
{
  int  xh;
  char  xm[20];
  float  cj;
}student1,student2;
```

其一般形式为

```
struct
{
    成员表列;
}变量名表列;
```

第 3 种方法与第 2 种方法的区别在于第 3 种方法中省去了结构体名，而直接给出结构体变量。

关于结构体类型的几点说明如下。

（1）类型与变量是两个不同的概念，不能混为一谈。只能对变量进行诸如赋值、存取、运算等操作，但不能对一类型进行上述操作。

（2）对结构体的成员（也即“域”）可以单独使用，如同普通变量一样。

（3）结构体的成员也可为一结构体变量，即构成了嵌套的结构体。

例如，给出了某一个数据结构体如图 8-1 所示。

num	name	sex	birthday			score
			month	day	year	

图 8-1　数据结构体

按图可给出以下结构定义：

```
struct date
{
    int month;
    int day;
    int year;
};
struct{
    int num;
    char name[20];
    char sex;
    struct date birthday;
    float score;
}stud1,stud2;
```

首先定义一个结构 date，由 month（月）、day（日）、year（年）3 个成员组成。在定义并说明变量 stud1 和 stud2 时，其中的成员 birthday 被说明为 date 结构类型。

（4）成员名可与程序中其他变量同名，互不干扰。

8.1.3　结构体变量的引用

在程序中使用结构体变量时，往往不把它作为一个整体来使用。在 ANSI C 中除了允许具有相同类型的结构体变量可相互赋值以外，一般对结构体变量的使用，包括赋值、输入、输出、运算等都是通过对结构体变量中的成员的引用来进行的。

引用结构体成员的一般形式为

```
结构体变量名. 成员名
```

例如，student1.xh 表示 student1 变量中的 xh 成员，即 student1 的 xh（学号）项。其中的“.”叫作“结构体成员运算符”或“成员运算符”，这样引用的结构体成员相当于一个普通变量。

成员运算符其运算级别是最高的，与圆括号运算符“()”、下标运算符“[ ]”为同一级别运算符，其运算顺序为自左向右。

如果成员本身又是一个结构体类型，则必须逐级找到最低级的成员才能使用，即访问的应是结构体的基本成员，只能对最低级的成员进行赋值、存取以及运算。

其引用一般形式为

```
外层结构体变量.外层成员名.内层成员名
```

例如：

```
    stud1.birthday.year        /* 基本成员 year ，相当于一个整型变量 */
```

例 8.1 对结构体变量的引用。

```
(8_1.c)
#include <stdio.h>
#include<string.h>
struct student
{
  int   xh;
  char  xm[20];
  float  cj;
};
void main()
{
  struct student stud1={1001,"LiMing",75.5},stud2;
  printf("xh=%d  xm=%s  cj=%f\n",stud1.xh,stud1.xm,stud1.cj);
  stud2=stud1;
  printf("xh=%d  xm=%s  cj=%f\n",stud2.xh,stud2.xm,stud2.cj);
}
```

8.1.4 结构体变量的初始化

结构体变量的初始化是指在结构体变量说明的同时，对其成员指定初始值。结构体变量初始化的一般形式为

```
struct 结构体名
{
    成员表列;
}结构体变量名={初始值表};
```

其中，大括号内的初始值之间用逗号分隔，初始值的个数和类型一般应与成员个数和类型相匹配。

例 8.2 结构体变量的初始化。

```
(8_2.c)
#include <stdio.h>
#include<string.h>
void main()
{
  struct student
  {
    int   xh;
```

```
      char  xm[20];
        float cj;
  } stud1={1001,"LiMing",75.5};
  printf("xh=%d\n xm=%s \n cj=%f",stud1.xh,stud1.xm,stud1.cj);
}
```

8.2　结构体数组

8.2.1　结构体数组的定义

数组的元素既可以是简单类型也可以是结构体类型。由结构体类型的元素组成的数组称为结构体类型数组。结构体类型数组的每一个元素都是具有相同结构体类型的下标变量。在实际应用中，经常用结构体数组来表示具有相同结构体数据的一个群体。

与结构体变量定义方法相似，只需说明它为数组类型即可。例如：

```
    struct  student
    {char  name[20];
     int  num;
     int  age;
     char  sex;
     float  score;
     };
struct student stud[10];
```

定义了一个结构体数组 stud，共有 10 个元素，stud [0]～stud [9]。每个数组元素都具有 struct　student 的结构形式。除此之外，还可直接定义一个结构体数组，例如：

```
struct student
{char  name[20];
…
}student[10];
```

或

```
struct
{char  name[20];

…

}student[10];
```

数组中各个元素如同基本类型元素变量一样，在内存中连续存储。

8.2.2　结构体数组的引用

对结构体数组赋值、运算、输入和输出均是对结构体数组元素的成员进行的，与普通类型变量操作相同。结构体数组元素的成员表示一般形式为

```
结构体数组名[下标].成员名
```

在有结构体嵌套的情况下为

```
结构体数组名[下标]. 结构体成员名.…. 结构体成员名. 成员名
```

结构体数组元素可相互赋值，例如：

```
struct date
```

```
    {
         int month;
         int day;
         int year;
    };
    struct{
         int num;
         char name[20];
         char sex;
         struct date birthday;
         float score;
    }stud[10];
stud [1]=stud [2];
```

对于结构体数组元素内嵌的结构体类型成员，情况也相同。例如：

```
        stud [2].birthday=stud [1].birthday;
```

在处理结构体问题时经常涉及字符或字符串的输入，必须注意以下问题。

（1）scanf()函数用%s 输入字符串遇空格即结束，因此，输入带空格的字符串可改用 gets 函数。

（2）在输入字符类型数据时往往得到的是空白符（空格、回车等），甚至运行终止，因此，常作相应处理，即在适当的地方增加 getchar();空输入语句，以消除缓冲区中的空白符。

8.2.3 结构体数组的初始化

与其他类型的数组一样，对结构体数组可以初始化。结构体数组的一个元素相当于一个结构体变量，结构体数组初始化即顺序对数组元素初始化。例如：

```
    struct student
    {
       int num;
       char *name;
       char sex;
       float score;
    }stud[5]={
            {101,"Li ping","M",45},
            {102,"Zhang ping","M",62.5},
            {103,"He fang","F",92.5},
            {104,"Cheng ling","F",87},
            {105,"Wang ming","M",58};
          };
```

当对全部元素作初始化赋值时，也可不给出数组长度。

例 8.3 计算学生的平均成绩和不及格人数。

```
    (8_3.c)
    #include<stdio.h>
    struct student
    {
      int num;
      char *name;
      char sex;
      float score;
    }stud[5]={{101,"Liping","M",45},{102,"Zhangping","M",62.5},{103,"Hefang","F",92.5}
,{104,"Chengling","F",87},{105,"Wangming","M",58}};
    void main()
    {
      int i,count=0;
```

```
    float ave,sum=0;
    for(i=0;i<5;i++)
    {
      sum+= stud [i].score;
      if(stud [i].score<60)
       count++;
    }
    ave=sum/5;
    printf("average=%f\n count=%d",ave,count);
  }
```

程序说明：本程序中定义了一个外部结构体数组 stud，共 5 个元素，并作了初始化赋值。在主函数中通过循环逐一累加元素的成绩项存入 sum 中，对于成绩小于 60 分的进行计数，最后计算出平均成绩和不及格的人数。

例 8.4　建立同学通信录。

```
  (8_4.c)
  #include"stdio.h"
  #define NUM 5
  struct men
  {
     char name[20];
     char phone[10];
  }
   main()
    {
     struct men man[NUM];
     int i;
     for(i=0;i<NUM;i++)
     {
       printf("input name:\n");
       gets(man[i].name);
       printf("input phone:\n");
       gets(man[i].phone);
     }
     printf("name\t\t\tphone\n\n");
     for(i=0;i<NUM;i++)
       printf("%s\t\t\t%s\n",man[i].name,man[i].phone);
  }
```

程序说明：本程序中定义了一个结构体，其两个域分别表示姓名和电话号码，在主函数中声明结构体数组，通过循环输入两个成员的值，然后又通过循环分别输出各元素的两个成员值。

8.3　结构体类型指针

一个结构体变量的指针就是该变量所占内存单元的起始地址。可以设一个指针变量，用它来指向一个结构体变量，此时该指针变量的值是结构体变量的起始地址。指针变量也可以用来指向结构体数组中的元素。

8.3.1　指向结构体变量的指针

一个指向结构体变量的指针变量称为结构体指针变量。结构体指针变量的值为所指的结构体变量的首地址。通过结构体即指针可访问该结构体变量。

结构体指针变量说明的一般形式为

```
struct 结构体名 *结构体指针变量名;
```

例如，前面定义过 student 这个结构体，如果要定义一个指向该结构体的指针变量，可进行如下定义：

```
struct  student  *student1;
```

当然，也可在定义 student 结构体时同时定义指针变量。例如：

```
struct  student
 {char  name[20];
  int  num;
  int  age;
  char  sex;
  float  score;
}*student1;
```

与前面讨论的各种类型指针变量相同，结构体指针变量也必须先赋值，然后才能引用。通过赋值，把结构体变量的首地址赋予该指针变量，不能仅仅把结构体变量名赋予指针变量。

定义了结构体指针变量，通过它可方便地访问结构体变量的各个成员。其访问的一般形式为

```
(*结构体指针变量). 成员名
```

或写为

```
结构体指针变量->成员名
```

例如：

```
struct  student  *student1;
(*student1).name   或  student1->name
```

这两种访问方式是等效的，都可以访问 student 结构体变量的 name 域。

应该注意的问题是(*student1)两侧的括号不能少，在运算符的优先级中，成员运算符“.”的优先级高于指针运算符“*”的优先级。去掉括号后*student1.name 等效于*(student1.name)，这样意义就完全不同了。

例 8.5 访问结构体成员的形式

```
(8_5.c)
#include<stdio.h>
void main()
{
 struct student
  {
   int num;
   char *name;
   char sex;
   float score;
 }stud1= {101,"Li ping",'M',45};
 struct student  *stud;
 stud=&stud1;
 printf("学号=%d\t,姓名=%s\t,性别=%c,成绩=%f\n",stud1.num,stud1.name,stud1.sex,stud1.
score);
 printf(" 学 号 =%d\t, 姓 名 =%s\t, 性 别 =%c, 成 绩 =%f\n",stud->num,  stud->name,
stud->sex,stud-> score);
 }
```

从程序运行结果可以看出有 3 种访问结构体成员形式。

（1）结构体变量名.成员名。

（2）(*结构体指针变量). 成员名。

（3）结构体指针变量->成员名。

这 3 种形式访问结构体成员，其效果是完全等同的。

8.3.2 指向结构体数组的指针

前面介绍过指向数组元素或数组的指针和指针变量，同样，对结构体数组及其元素也可用指针或指针变量来指向。当结构体指针变量指向一个结构体数组时，该结构体指针变量的值为结构体数组的首地址；当结构体指针变量指向结构体数组中某一元素时，结构体指针变量的值为该结构体数组元素的首地址。

设 pt 为指向结构体数组的指针变量，此时 pt 指向该结构体数组的首地址，该地址也即结构体数组下标为 0 号的元素的地址，pt+i 指向结构体数组的第 i 号元素。

例 8.6　用指针变量输出结构体数组。

```
(8_6.c)
#include<stdio.h>
void main()
{
  int  i ;
  struct student
{
  int num;
  char *name;
  char sex;
  float score;
}stud[5]={{101,"Li  ping",'M',45},{102,"Zhang  ping",'M',62.5},{103,"He  fang",'F',
92.5},{104,"Cheng ling",'F',87},{105,"Wang ming",'M',58}};
  struct student  *pt;
  printf("学号\t 姓名\t 性别\t 成绩\n");
  for(pt=stud,i=0;i<5;i++)
  printf("%d\t%s\t%c\t%f\n",(pt+i)->num, (pt+i)->name, (pt+i)->sex, (pt+i)->score);
}
```

8.3.3 结构体变量和指向结构体指针作为函数参数

在 ANSI C 中，允许使用结构体变量作为函数的参数进行数据整体传递。但这种传递要将全部的成员逐个传送，特别是成员为数组时将会使传送数据的时间和空间开销很大，严重地降低程序的效率。因此，在这种情况下，最好的方式是使用指针，即用指针变量作为函数的参数进行数据传送。此时，由于实参传向形参的只是地址，从而极大地降低了时间和空间的开销，提高了程序的效率。

将一个结构体变量的值传递给另一函数有以下 3 种方式。

（1）用结构体变量的成员作参数。其用法与普通类型变量作实参相同，都属于“值传递”方式。应注意实参类型应与形参保持一致。

（2）用结构体变量作实参。其传递方式属于“值传递”方式，形参也应为同类型结构体变量，传递时实参把全部成员值按序传递给形参，这种方式在时间和空间上开销都较大，因此，一般情况下较少使用。

（3）用指向结构体变量（或数组）的指针作为实参，将结构体变量（或数组）的地址传给形参。

例 8.7 计算一组学生的平均成绩和不及格人数，用结构体变量作为函数的参数编程。

```
(8_7.c)
#include<stdio.h>
#define STUDENTNUM  3
struct student
{
  int num;
  char *name;
  float score;
};
void  average(struct student[]  st )
{
  int  count=0 ,i;
  float ave, sum=0;
  for(i=0;i<STUDENTNUM;i++)
  {
    sum+=st[i].score;
    if(st[i].score<60)
    count++;
  }
  ave=sum/STUDENTNUM;
  printf("average=%f\n",ave);
  printf("不及格人数为: %d",count);
}
void main()
{
  struct student stud1[STUDENTNUM] ={
  {101, "Li  ping",80},{ 103, "Zhang  san",78.5},{ 109, "Wang  wu",94} };
  average(stud1);
}
```

说明　程序中定义一个结构体数组，在主函数 main 中进行初始化赋值，通过调用 average 函数计算出平均成绩和不及格人数。

例 8.8 用结构体指针变量实现例 8.7。

```
(8_8.c)
#include<stdio.h>
#define STUDENTNUM  3
struct student
{
  int num;
  char *name;
  float score;
};
void  average(struct student  *st )
{
  int  count=0,i;
  float ave, sum=0;
  for(i=0; i<STUDENTNUM ; i++, st++)
  {
    sum+=st->score;
```

```
    if(st->score <60)
    count++;
   }
  ave=sum/STUDENTNUM;
  printf("average=%f\n",ave);
  printf("不及格人数为: %d",count);
 }
void main()
 {
  struct student  *pt , stud1[STUDENTNUM] ={
  {101, "Li  ping",80},{ 103, "Zhang  san",78.5},{ 109, "Wang  wu",94} };
  pt=stud1;
  average(pt);
 }
```

程序说明：程序中定义了结构体指针变量 pt，在主函数 main 中对结构体数组各元素进行初始化，把结构体数组首地址赋值给结构体指针变量 pt 使其指向该数组，通过调用以 pt 作为实参的函数 average，计算出平均成绩和不及格人数并输出相应的结果。

8.4　动态内存分配

在 C 语言中，数组的长度必须预先定义好，而且在整个程序中是固定不变的。但在实际的编程中，往往会出现这种情况，即所需的内存空间取决于实际输入的数据，因而无法事先确定，如移动公司客户信息。对于这种情况，用数组的方法很难解决。为了解决诸如上述问题，C 语言提供一些有关内存管理的函数，通过这些内存管理的函数可以按需要动态地分配内存空间，也可把不再使用的内存空间回收，为有效地利用内存资源提供了条件。

常用的内存管理函数有以下两个。

1. 分配内存空间函数 malloc

调用形式：

```
(类型说明符*) malloc(size)
```

功能：在内存的动态存储区中分配一块长度为 size 字节的连续区域。函数的返回值为该区域的首地址。

说明

① “类型说明符” 表示把该区域用于何种数据类型。

② (类型说明符*)表示把返回值强制转换为该类型指针。

③ “size” 是一个无符号数。

例如：

```
pt=(char *)malloc(100);
```

表示分配 100 字节的内存空间，并强制转换为字符数组类型，函数的返回值为指向该字符数组的指针，把该指针赋予指针变量 pt。

2. 分配内存空间函数 calloc

calloc 也用于分配内存空间。

调用形式：

```
(类型说明符*)calloc(n,size)
```

功能：在内存动态存储区中分配 *n* 块长度为 size 字节的连续区域。函数的返回值为该区域的首地址。

calloc 函数与 malloc 函数的区别仅在于一次可以分配 *n* 块连续区域。

例如：

```
ptr=(struct student*)calloc(2,sizeof(struct student));
```

其中的 sizeof(struct student)是求 student 的结构长度。因此，该语句的意思是：按 student 的长度分配 2 块连续区域，强制转换为 student 类型，并把其首地址赋予指针变量 ptr。

3. 释放内存空间函数 free

调用形式：

```
free(void *ptr);
```

功能：释放 ptr 所指向的一块内存空间，ptr 是一个任意类型的指针变量，它指向被释放区域的首地址。被释放区应是由 malloc 或 calloc 函数所分配的区域。

在程序中对于动态分配内存一般应遵循申请内存空间、使用内存空间、释放内存空间 3 个步骤，从而实现存储空间的动态分配。

例 8.9 利用动态内存分配实现字符串的输入和输出。

```
(8_9.c)
#include<stdio.h>
#include<stdlib.h>
void main()
{
  char *pt;
  int  i;
  char *s=(char *)malloc(200);
  if(!s)
  {
    printf("memery  failed!\n");
    exit(1);
  }
  gets(s);
  for(i=0;i<strlen(s);i++)
    printf("%c",*(s+i));
  free(s);
}
```

程序说明：在本例中，头文件 stdlib.h 包含了 malloc()和 free()两个函数的原型说明。定义字符型指针变量 s，通过 malloc()函数分配 200 字节内存空间，并把该空间的首地址赋给 s，通过 s 实现字符串的输入和输出，最后通过 free()释放 s 指向的内存空间给系统。

例 8.10 分配一块区域，输入一个学生数据。

```
(8_10.c)
#include<stdio.h>
#include<stdlib.h>
void main()
{
  struct student
  {
    int  xh;
    char *xm;
    float score;
  } *ps;
```

```
    ps=(struct student*)malloc(sizeof(struct student));
    ps->xh=102;
    ps->xm="Wang ping";
    ps->score=82.5;
    printf("Xh=%d\nXm=%s\nScore=%f\n",ps->xh,ps->xm,ps->score);
    free(ps);
}
```

程序说明：本例定义了结构体类型指针变量 ps，通过内存分配函数 malloc()分配一块内存区，并把首地址赋予 ps，使 ps 指向该区；通过对 ps 所指向的结构体各成员赋值并输出各成员的值；最后通过 free()函数释放 ps 所指向的内存空间。

8.5 共 用 体

在 C 语言程序设计中，有时需要使几种不同类型的变量存放在同一段内存单元之中。例如，可以把一个整型变量、字符型变量、实型变量放在同一地址开始的内存单元中。如图 8-2 所示，以上 3 个变量虽然在内存中所占的字节数不同，整型占 2 字节，字符型占 1 字节，实型（float）占 4 字节，但它们都从同一地址开始存放。这在前面的各种数据类型中都是办不到的，这种用来存储不同类型的数据使之共同占用同一段内存的结构称之为“共用体”类型结构。“共用体”也称为“联合体”或“联合”。

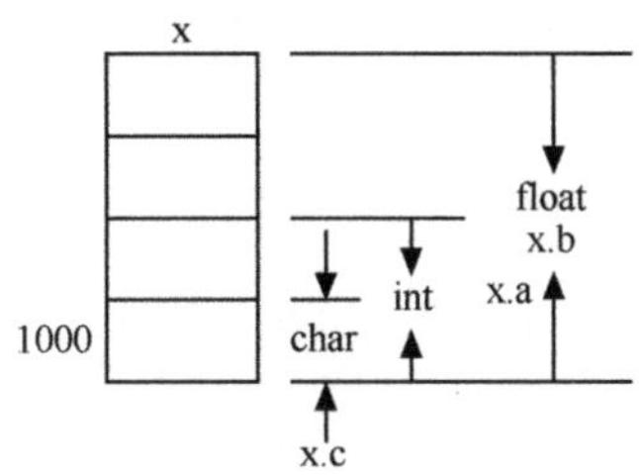

图 8-2 “共用体”类型结构

8.5.1 共用体类型的定义

共用体类型的定义与结构体类型的定义非常相像，只要把关键字 struct 替换为 union 即可。共用体类型定义的一般形式为

```
union 共用体名
{
    成员项表列;
};
```

其中，成员表列中可含有若干成员，其成员定义的一般形式为

```
类型说明符    成员名;
```

例如：

```
    union example
    {
      int  i;
      char ch;
      float f;
```

```
    };
```

定义了一名称为 example 的共用体类型，其含有 3 个成员，类型分别为整型、字符型和浮点类型。

共用体类型数据中的每个数据成员所占用的内存单元都是连续的，而且都是从连续的内存单元首地址单元开始存放的，对每个成员来说，其首地址均相同。

8.5.2 共用体变量的定义

共用体变量的定义和结构体变量定义方式相同，有先定义再说明、定义同时说明和直接说明 3 种形式。

例如：

```
union example
{
   int  i;
   char ch;
   float f;
};
union example  ex;
```

或

```
union example
{
   int  i;
   char ch;
   float f;
}ex;
```

或

```
union
{
   int  i;
   char ch;
   float f;
}ex;
```

虽然共用体和结构体在定义上十分相似，但两者之间有本质上的不同，具体比较如下。

（1）结构体和共用体都有若干成员域，但其定义的关键字不同。

（2）结构体成员各自有自己的存储空间，结构体变量所占空间为各个成员所占内存空间之和；而共用体变量所占空间为其所占内存空间最大的成员的长度。

（3）结构体变量在同一时刻可存储全部成员的值；共用体变量在同一时刻只能存储某一成员值。

8.5.3 共用体变量的引用和初始化

共用体变量只有先定义才能引用它，而且不能引用共用体变量，只能引用共用体变量中的成员。其引用的一般形式为

```
共用体变量名.成员名
```

例如：ex 被说明为 example 类型的变量之后，即可使用如下方法引用共用体各成员：

```
ex.i=10;
ex.ch='C';
ex.f=78.5;
```

由于共用体变量中的各成员在内存中共占相同的一段空间，因此一个共用体变量在某一时刻

只能存放其中一个成员项的值，其他成员项的值被覆盖掉了。

例 8.11　设有若干个名学生和教师数据，学生数据内容有编号、班级、姓名、性别、职业；教师的数据内容包括编号、姓名、性别、职业、职务等。要求编写程序输入人员数据并输出。

```
(8_11.c)
#include<stdio.h>
struct
{
 int num;
 char name[8];
 char sex;
 char zy;
 union
 {
  int class;
  char zw[10];
 }sl;
}person[3];

void main()
{
 int n,i;
 for(i=0;i<3;i++)
 {
 scanf("%d%s%c%c",&person[i].num,person[i].name,&person[i].sex,person[i].zy);
 if (person[i].zy=='s')
 scanf(" %d ",&person[i].sl.class );
 else if (person[i].zy =='t' )
 scanf(" %s",person[i].sl.zw);
 else
 printf("what you input is error! ");
}
for(i=0;i<3;i++)
{
 if (person[i].zy=='s')
  printf("%-4d %-10s %-3c %-3c %-6d\n" ,person[i].num,person[i].name,
  person[i].sex,person[i].zy,person[i].sl.class);
 else
  printf("%-4d %-10s %-3c %-3c %-6d\n" ,person[i].num,person[i].name,
  person[i].sex,person[i].zy,person[i].sl.zw);
 }
}
```

程序中定义的结构体类型中使用共用体类型成员 sl（属类），根据每个人的 zy（职业）不同选择 sl 中不同的成员进行赋值和输出。

8.6　枚举类型

在实际问题中，有些变量的取值被限定在一个有限的范围内。例如，一年之中分为春、夏、秋、冬 4 个季节；一个星期由星期一、星期二……星期日 7 天构成；一年只有 12 个月等。如果把这些量说明为整型、字符型或其他类型显然是不妥当的。为此，C 语言提供了一种称为“枚举”的类型。在“枚举”类型的定义中列举出所有可能的取值，被说明为该“枚举”类型的变量取值不能超过定义的范围。应该说明的是，枚举类型是一种基本数据类型，而不是一种构造类型，因为它不能再分解为任何基本类型。

8.6.1 枚举类型的说明

枚举类型定义的一般形式为

```
enum  枚举类型名
    {
      枚举值列表
      };
```

在枚举值列表中应罗列出所有的可用值，这些值也称为枚举元素。

例如：

```
enum  WeekDay
{ Sunday , Monday , Tuesday , Wednesday , Thursday ,Friday , Saturday };
```

该枚举类型名为 WeekDay，其中共有 7 个值分别为一周中的 7 天，凡是被说明为 WeekDay 类型的变量，其值只能是以上 7 个值中的某一值。

8.6.2 枚举型变量的定义

枚举类型变量的定义同结构体、共用体类型变量定义相同，也可采用 3 种方式。

例如：

```
enum  WeekDay
    { Sunday , Monday , Tuesday , Wednesday , Thursday ,Friday , Saturday };
enum  WeekDay  day1,day2;
```

或

```
enum  WeekDay
    { Sunday , Monday , Tuesday , Wednesday , Thursday ,Friday , Saturday } day1,day2;
```

或

```
enum
{ Sunday , Monday , Tuesday , Wednesday , Thursday ,Friday , Saturday } day1,day2;
```

在 C 语言中，对枚举类型变量的使用有如下要求。

（1）枚举元素值为常量不能为变量，并且与其下标部分无关。不能在程序中再次对它赋值。

（2）枚举元素本身由系统定义为有序号的数值，第 1 个元素值为 0，其他元素值依次为 1，2，3，…。

可在定义枚举类型时对枚举常量重新定义值，如

```
    enum color_name{red=3,yellow,blue,white=8,black};
```

此时 yellow 为 4，blue 为 5，black 为 9，即系统自动往后延续。

（3）只能把枚举元素赋予枚举类型变量，而不能把枚举元素值序数值直接赋予枚举类型变量。

（4）枚举元素既不是字符常量也不是字符串常量，在使用时无须加单引号或双引号。

例 8.12　枚举类型的使用。

```
(8_12.c)
#include<stdio.h>
void main()
{
```

```
    enum WeekDay
    {
      Sunday , Monday , Tuesday , Wednesday , Thursday ,Friday , Saturday
    } day1,day2,day3;
    day1= Monday;
    day2= Thursday;
    day3= Saturday;
    printf(" %d %d %d\n", day1,day2,day3);
  }
```

在程序中只能把枚举元素赋予枚举类型变量，而不能把枚举元素序数值直接赋予枚举类型变量。如果一定要把数值赋予枚举类型变量，必须进行强制类型转换。例如：

```
day1=( enum WeekDay ) 1;
```

另外，还应该注意枚举元素既不是字符常量也不是字符串常量，在使用时无须加单引号或双引号。例如：

```
day1="Monday";
```

这样的赋值是错误的。

例 8.13　口袋中有红、黄、蓝、白、黑 5 种颜色小球若干个，每次从口袋中取出 3 个球，输出取出 3 种不同颜色球的取法。

```
(8_13.c)
#include <stdio.h>
void main( )
{
  enum Color
  {
    Red , Yellow ,Blue ,White , Black
  };
  enum Color  i , j , k , p;
  int n , loop;
  n=0;
  for(i=Red;i<=Black;i++)
  for(j=Red;j<=Black;j++)
  if (i != j )
  {
    for(k =Red;k<=Black;k++)
    if((k !=i)&&(k !=j))
    {
      n=n+1;
      printf("%-4d",n);
      for(loop=1;loop<=3;loop++)
      {
        switch (loop)
        {
          case 1: p=i;break;
          case 2: p=j;break;
          case 3: p=k;break;
          default:break;
        }
        switch(p)
        {
          case  Red: printf("%-6s", "Red");break;
          case  Yellow: printf("%-6s", "Yellow");break;
```

```
            case  Blue: printf("%-6s", "Blue");break;
            case  White: printf("%-6s", "White");break;
            case  Black: printf("%-6s", "Black");break;
            default :break;
          }
        }
      printf("\n" );
      }
    }
  printf("\n total:%5d\n",n);
}
```

本程序采用穷举法列出取出小球的所有情况，其取法共有 5×5×5=125 种，当 k、i、j 不相等时即满足取出 3 种不同颜色小球的条件，输出 3 种不同颜色球所有组合方案，并输出方案总数。

8.7　用 typedef 定义类型

C 语言不仅提供了丰富的数据类型，而且还允许由用户自己定义类型说明符，也就是说允许由用户为数据类型取“别名”。类型定义符 typedef 即可用来完成此功能。

例如，有整型量 a、b，其说明如下：

```
int  a , b;
```

其中，int 是整型变量的类型说明符。int 的完整写法为 integer，为了增加程序的可读性，可把整型说明符用 typedef 定义为

```
typedef  int  INTEGER ;
```

这样，以后就可用 INTEGER 来代替 int 作整型变量的类型说明了。

例如：

```
INTEGER a , b;
```

它等效于

```
int a , b;
```

用 typedef 定义数组、指针、结构等类型将带来很大的方便，不仅使程序书写简单而且使意义更为明确，因而增强了可读性。

例如：

```
typedef char NAME[20];
```

表示 NAME 是字符数组类型，数组长度为 20，然后可用 NAME 说明变量。例如：

```
NAME a1 , a2 , s1 , s2;
```

完全等效于

```
char a1[20] , a2[20] ,s1[20] ,s2[20] ;
```

又如：

```
typedef struct stu
{
    char name[20];
    int age;
    char sex;
} STU;
```

定义 STU 表示 student stu 的结构体类型，然后可用 STU 来说明结构变量。例如：

```
STU  body1 , body2;
```

综上所述，typedef 定义的一般形式为

```
typedef 原类型名 新类型名;
```

其中，原类型名中含有定义部分，新类型名一般用大写表示，以便于区别。

有时也可用宏定义来代替 typedef 的功能，但是宏定义是由预处理完成的，而 typedef 则是在编译时完成的，后者更为灵活方便。

关于 typedef 的几点说明如下。

（1）可以使用 typedef 声明任何类型名，但不能用它来定义变量。

（2）用 typedef 只是对已存在的类型命一别名，其本身并没有创造新的类型。

（3）typedef 与预处理命令#define 有相似之处，但二者的本质不同，#define 在预处理时只能进行简单的字符替换，而 typedef 是在编译的时候处理的，并不作替换。

（4）使用 typedef 有利于程序的通用与移植。

小　　结

本章介绍了 C 语言的用户定义类型，包括结构体、共用体和枚举类型 3 种，其中结构体和共用体是构造类型，枚举类型是基本数据类型，重点讲述了结构体类型。本章要求掌握以下内容。

- 了解结构体、共用体和枚举类型数据的特点。
- 熟练掌握结构体类型、变量、数组及指针变量的定义、初始化和成员的引用方法。
- 掌握共用体和枚举类型、变量的定义和引用。
- 掌握用户自定义类型的定义和使用。

本章有很多知识点容易混淆，现归纳如下。

1．结构体与共用体有很多相似的地方，了解结构体与共用体的区别非常重要，它们的主要区别有以下两点。

（1）在结构体变量中，各成员均拥有自己的内存空间，它们是同时存在的，一个结构变量的总长度等于所有成员项长度之和；在共用体变量中，所有成员只能先后占用该共用体变量的内存空间，它们不能同时存在，一个共用体变量的长度等于最长的成员项的长度。这是结构体与共用体的本质区别。

（2）在说明结构体变量或数组时可以对变量或数组元素的所有成员赋初值，由于共用体变量同时只能存储一个成员，因此只能对一个成员赋初值。对共用体变量的多个成员赋值则逐次覆盖，只有最后一个成员有值。

2．定义结构体与共用体类型时可相互嵌套。

3．枚举类型的数据就是用户定义的一组标识符（枚举常量）的序列，其存储的是整型数值，因此，枚举类型是基本数据类型。由于枚举常量对应整数值，因此，枚举类型数据与整数之间可以比较大小，枚举变量还可以进行++、—等运算。枚举类型不能直接输入、输出，只能通过赋值取得枚举常量值，输出也只能间接进行。

习 题 8

一、选择题

1．C 语言结构体类型变量在程序执行期间（　　）。

A）所有成员一直驻留在内存中

B）只有一个成员驻留在内存中

C）部分成员驻留在内存中

D）没有成员驻留在内存中

2．下面程序的运行结果是（　　）。

```
#include<stdio.h>
void main()
 {
   struct cmplx{int x;
                int y;
               }cnum[2]={1,3,2,7};
    printf("%d\n",cnum[0].y/cnum[0].x*cnum[1].x);
}
```

A）0　　B）1　　C）3　　D）6

3．设有如下定义：

```
 struct  sk
  {int n;
   float  x;
  }data ,*p;
```

若要使 p 指向 data 中的 n 域，正确的赋值语句是（　　）。

A）p=&data.n;　　B）*p=data.n;

C）p=(struct sk *)&data.n;　　D）p=(struct sk *)data.n;

4．以下对结构体变量 stu1 中成员 age 的非法引用是（　　）。

```
struct  student
  {int age;
   int num;
  }stu1,*p;
 p=&stu1;
```

A）stu1.age　　B）student.age　　C）p->age　　D）(*p).age

5．下面对 typedef 的叙述中不正确的是（　　）。

A）用 typedef 可以定义各种类型名，但不能用来定义变量

B）用 typedef 可以增加新类型

C）用 typedef 只是将已存在的类型用一个新的标识符来代表

D）使用 typedef 有利于程序的通用和移植

6．以下 scanf 函数调用语句中对结构体变量成员的不正确引用是（　　）。

```
   struct  pupil
    {char name[20];
      int age;
      int sex;
```

```
  }pup[5],*p;
  p=pup;
```

A）scanf("%s",pup[0].name);　　B）scanf("%d",&pup[0].age);

C）scanf("%d",&(p->sex));　　D）scanf("%d",p->age);

7. 有如下定义：

```
struct mn
{int x;
float y;
}book,*p;
```

如果 p=&book.x;，则对于结构体变量 book 的成员 x 的正确引用是（　　）。

A）(*).book.x　　B）(*p).x

C）p->book.x　　D）p.book.x

8. 已知：

```
struct{
int i;
char c;
float a;}test;
```

则 sizeof(test)的值是（　　）。

A）4　　B）5　　C）6　　D）7

9. 若有以下定义和语句：

```
union book
{int i;  char c;  float f;}a;
int n;
```

则以下语句正确的是（　　）。

A）a=5;　　B）a={2,'a',1,2};　　C）n=a;　　D）printf("%d",a);

10. 已知 enum color{red,yellow=2,blue,white,black}ren;，执行下述语句的输出结果是（　　）。

```
Printf("%d",ren=white);
```

A）0　　B）1　　C）3　　D）4

二、填空题

1. 以下程序的运行结果是（　　）。

```
#include"stdio.h"
struct n{
    int x;
    char c;
  };
void main()
  {struct n a={10,'x'};
  func(a);
   printf("%d,%c",a.x,a.c);
  }
func(struct n b)
  {
  b.x=20;
  b.c='y';
  }
```

2. 若有定义：

```
  struct  num
  {int a;
```

```
    int b;
    float  f;
  }n={1,3,5.0};
  struct num *pn=&n;
```

则表达式 pn->b/n.a*++pn->b 的值是________，表达式(*pn).a+pn->f 的值是________。

3．以下程序的运行结果是________。

```
struct ks
  {int a;
   int *b;
  }s[4],*p;
  void main()
  {
   int i,n=1;
  printf("\n");
  for(i=0;i<4;i++)
   {
     s[i].a=n;
     s[i].b=&s[i].a;
     n=n+2;
   }
  p=&s[0];
  p++;
  printf("%d,%d\n",(++p)->a,(p++)->a);
}
```

4．结构数组中存有 3 人的姓名和年龄，以下程序输出 3 人中最年长者的姓名和年龄。请在下画线上填入正确内容。

```
stati struct man{
    char name[20];
     int age;
  }person[]={"li=ming",18,
             "wang-hua",19,
             "zhang-ping",20
            };

void main()
  {struct man *p,*q;
   int old=0
   p=person;
  for(q=p;_____;p++)
    if(old<p->age)
     {q=p;______;}
   printf("%s %d",______);
}
```

三、判断题

1．结构体类型和指针类型都属于构造类型。

2．结构体类型和结构体变量都要先定义才能使用。

3．结构体类型名属于变量名。

4．结构体类型里面的数据成员都必须是同一种数据类型，否则编译会产生错误。

5．在同一结构内的成员名不能相同，但不同结构的成员名可以相同。

6．结构是一个新的数据类型，但它本身并不是变量，不占用任何空间。

7．结构体变量不能直接引用，只能引用它的数据成员。

8．结构体变量的成员不能是一个结构体变量，否则编译会产生错误。

9．结构数组的每一个元素都是具有相同结构类型的下标结构变量。

10．对结构数组成员的访问可以是：结构数组名->成员名。

11．结构指针变量中的值是所指向的结构变量的值。

12．对结构变量成员的引用可以是：*(结构指针变量).成员名。

13．一个共用体变量的存储空间等于各成员存储空间之和。

14．枚举类型中的枚举值是常量，不能是变量。

15．枚举类型的类型说明符是 enum。

四、编程题

1．设某组有 4 个人，填写如下的登记表，除姓名、学号外，还有 3 科成绩，编程实现对表格的计算，求解出每个人的 3 科平均成绩，求出 4 个学生的单科平均成绩，并按平均成绩由高分到低分输出。

Number	Name	English	Mathemr	Physics	Average
1	Liping	78	98	76	.
2	Wanglin	66	90	86	.
3	Jiangbo	89	70	76	.
4	Yangming	90	100	67	.

2．某单位有 3 人参加计算机等级考试，现需将每名考生的准考证号、姓名、性别、报考级别和成绩录入计算机，并统计平均分和及格率。

第 9 章 文件

在 C 语言程序设计过程中，数据的输入与输出是很重要的过程。很多情况下是从键盘上输入数据，程序的运行结果再输出到屏幕上。实际上，为了增强数据输入和输出的处理功能，C 语言程序中的数据也可以从文件中输入或输出到文件中去。

9.1 文件概述

以前各章中所用到的输入和输出，都是以终端为对象的，即从终端键盘输入数据，运行结果输出到终端上。从操作系统的角度看，每一个与主机相联的输入/输出设备都看作是一个文件。例如，终端键盘是输入文件，显示屏和打印机是输出文件。

9.1.1 文件的概念

文件（file）是程序设计中一个非常重要的概念。所谓“文件”一般指存储在外部介质上数据的集合。一批数据是以文件的形式存放在外部介质（如磁盘）上的，操作系统是以文件为单位对数据进行管理的，也就是说，如果想找存在外部介质上的数据，必须先按文件名查找所指定的文件，然后再从该文件中读取数据。要向外部介质上存储数据也必须先建立一个文件（以文件名标识），才能向它输出数据。

C 语言把文件看作是一个字符（字节）的序列，即由一个一个字符（字节）的数据顺序组成。根据数据的组织形式，可分为 ASCII 文件和二进制文件。ASCII 文件又称文本（text）文件，它的每一个字节存放一个 ASCII 代码，代表一个字符。二进制文件是把内存中的数据按其在内存中的存储形式原样输出到磁盘上存放。比如，一个浮点型数据 1 234.567，它在 ASCII 码文件中占用 8 字节，因为它是由 8 个字符组成的（其中包括小数点）；而在二进制文件中占用 4 个存储字节，因为每个浮点型数据占 4 字节。如果有一个整数 10 000，在内存中占 2 字节，如果按 ASCII 码形式输出，则占 5 字节，而按二进制形式输出，在磁盘上只占 2 字节，如图 9-1 所示。

用 ASCII 码形式输出与字符一一对应，一个字节代表一个字符，因而便于对字符进行逐个处理，也便于输出字符，但一般占存储空间较多，而且要花费转换时间（二进制形式与 ASCII 码间的转换）。用二进制形式输出数值，可以节省储存空间和转换时间，但一个字节并不对应一个字符，不能直接输出字符形式。一般中间结果数据需要暂时保存在外存上以后又需要输入到内存的，常用二进制文件保存。

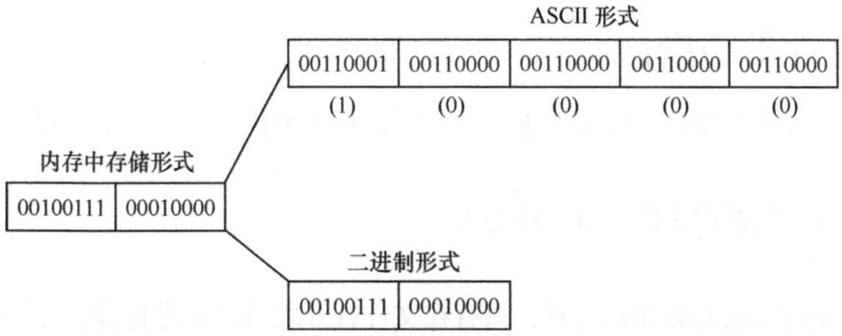

图 9-1　数据的组织形式

由前所述，一个 C 文件是一个字节流或二进制流。它把数据看作是一连串的字符（字节），而不考虑记录的界限。换句话说，C 语言中文件并不是由记录（record）组成的（这是和 PASCAL 或其他高级语言不同的）。在 C 语言中对文件的存取是以字符（字节）为单位的。输入/输出的数据流的开始和结束仅受程序控制而不受物理符号（如回车换行符）控制。也就是说，在输出时不会自动增加回车换行符以作为记录结束的标志，输入时不以回车换行符作为记录的间隔（事实上 C 文件并不由记录构成），这种文件称为流式文件。C 语言允许对文件存取一个字符，这就增加了处理的灵活性。在过去使用的 C 版本（如 UNIX 系统下使用的 C）有两种对文件的处理方法：一种叫作"缓冲文件系统"，另一种叫作"非缓冲文件系统"。所谓缓冲文件系统是指系统自动地在内存区为每一个正在使用的文件名开辟一个缓冲区。从内存向磁盘输出数据必须先送到内存中的缓冲区，装满缓冲区后才一起送到磁盘中去。如果从磁盘向内存读入数据，则一次从磁盘文件中将一批数据输入到内存缓冲区（充满缓冲区），然后再从缓冲区逐个地将数据送到程序数据区（给程序变量），如图 9-2 所示。缓冲区的大小由各个具体的 C 版本确定，一般为 512 字节。

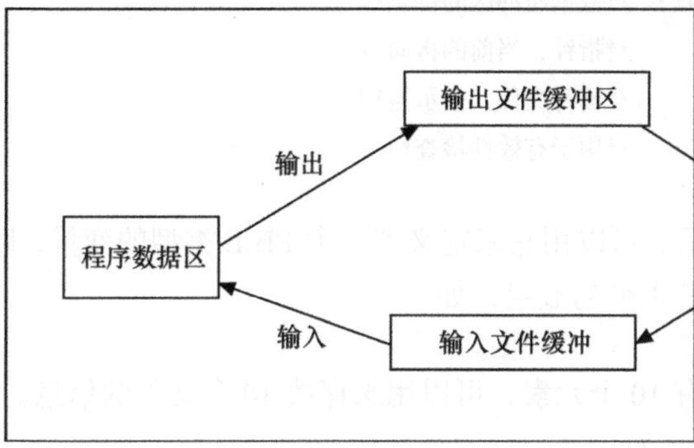

图 9-2　缓冲文件系统流程

所谓"非缓冲文件系统"是指系统不自动开辟确定大小的缓冲区，而由程序为每个文件设定缓冲区。

在 UNIX 系统下，用缓冲文件系统来处理文本文件，而用非缓冲文件系统处理二进制文件。用缓冲文件系统进行的输入/输出又称为高级（或高层）磁盘输入/输出（高层 I/O），用非缓冲文件系统进行的输入/输出又称为低级（低层）输入/输出系统。ANSI C 标准决定不采用非缓冲文件系统，而只采用缓冲文件系统，既用缓冲文件系统处理文本文件，也用它来处理二进制文件，也就是将缓冲文件系统扩充为可以处理二进制文件。

在 C 语言中，没有输入/输出语句，对文件的读写都是用库函数来实现的。ANSI C 规定了标准输入/输出函数，用它们对文件进行读写。

本章只介绍 ANSI C 规定的文件系统以及对它的读写。

9.1.2 文件类型指针

无论使用什么文件系统，在对文件进行操作时，都必须执行以下 3 个步骤。

（1）打开文件。

（2）文件处理（包括读文件、写文件等）。

（3）关闭文件。

每个文件在使用之前都必须先打开，只有在文件打开之后才能进行读、写等操作，当文件操作结束时，就应该关闭它。

每一个文件被打开或创建之后，都存在一个唯一确定该文件的文件标识，以后对文件的处理（包括读、写等）就可以通过该文件标识进行。对于“缓冲文件系统”来说，其文件标识称为“文件类型指针”，它的定义形式如下：

```
FILE * fp;
```

其中，FILE 是由编译系统定义的一种结构类型，其中存放着有关文件的一些信息（如文件的名字、文件状态及文件当前位置等）。Turbo C 在 stdio.h 文件中对于 FILE 有如下的声明：

```
typedef  struct
{
short  level;                        /*缓冲区“满”或“空”的程度*/
unsigned   flags;                    /*文件状态标志*/
char  fd;                            /*文件描述符*/
unsigned  char  hold;                /*如无缓冲区不读取字符*/
short  bsize;                        /*缓冲区的大小*/
unsigned   char   *baffer;           /*数据缓冲区的位置*/
 unsigned  char  *curp;              /*指针，当前的指向*/
unsigned   istemp;                   /*临时文件，指示器*/
short   token;                       /*用于有效性检查*/
} FILE;
```

有了结构体 FILE 类型之后，可以用它来定义若干个 FILE 类型的变量，以便存放若干个文件的信息。例如，可以定义 FILE 类型的数组，如

```
FILE f[10];
```

定义了一个结构体数组 f，它有 10 个元素，可以用来存放 10 个文件的信息。

可以定义文件型指针变量，如

```
FILE  *fp;
```

fp 是一个指向 FILE 类型结构体的指针变量。可以使 fp 指向某一个文件的结构体变量，从而通过该结构体变量中的文件信息能够访问该文件。也就是说，通过文件指针变量能够找到与它相关的文件。如果有 *n* 个文件，一般应设 *n* 个指针变量（指向 FILE 类型结构体的指针变量），使它们分别指向 *n* 个文件（确切地说指向存放该文件信息的结构体变量），以实现对文件的访问。fp 是指向 FILE 结构类型的指针变量，它是在打开或创建文件时获得的。

对于“非缓冲文件系统”来说，其文件标识称为“文件号”，它的定义形式如下：

```
int fd;
```

其中，fd 也是在文件打开或创建时获得的。

通过打开或创建文件而获得的文件类型指针 fp 或文件号 fd 之后，就可以通过 fp 或 fd 对文件进行操作。

例 9.1　打开一个磁盘文件"text"，并向其中输入一串字符。

```
(9_1.c)
#include<stdio.h>
void main()
{
  FILE *fp;
  If ((fp=fopen("text","w"))==NULL)
  {
    printf("Can not open the file\n");
    exit(0);
  }
  fputs("China! ",fp);
  fclose(fp);
}
```

9.2　文件的打开与关闭

通常文件在使用之前（读写操作）首先要打开，而使用完了之后也要关闭。在 C 语言中，文件的打开是使用 fopen()函数来实现的，而关闭一个文件是使用 fclose()函数实现的。下面就介绍这两个函数。

9.2.1　文件的打开

ANSI C 规定了标准输入/输出函数库，用 fopen()函数来实现打开文件。fopen 函数的调用方式为

```
FILE*fp;
fp=fopen(文件名，使用文件方式);
```

例如：

```
fp=fopen("test","r");
```

它表示要打开名字为 test 的文件，使用文件方式为"读入"（r 代表 read，即读入），fopen 函数带回指向 test 文件的指针并赋予 fp，这样 fp 就和文件 test 相联系了，或者说，fp 指向 test 文件。可以看出，在打开一个文件时，通知给编译系统以下 3 个信息。

（1）需要打开的文件名，也就是准备访问的文件的名字。

（2）使用文件的方式（"读"还是"写"等）。

（3）让哪一个指针变量指向被打开的文件。

文件的使用方式及含义如表 9-1 所示。

表 9-1　文件的使用方式及含义

文件使用方式	含义
"r"（只读）	为输入打开一个文本文件
"w"（只写）	为输出打开一个文本文件
"a"（追加）	向文本文件尾增加数据
"rb"（只读）	为输入打开一个二进制文件
"wb"（只写）	为输出打开一个二进制文件
"ab"（追加）	向二进制文件尾增加数据
"r+"（读写）	为读/写打开一个文本文件

续表

文件使用方式	含义
“w+”（读写）	为读/写建立一个新的文本文件
“a+”（读写）	为读/写打开一个文本文件
“rb+”（读写）	为读/写打开一个二进制文件
“wb+”（读写）	为读/写建立一个新的二进制文件
“ab+”（读写）	为读/写打开一个二进制文件

① 用“r”方式打开的文件只能用于向计算机输入而不能用来向该文件输出数据，而且该文件应该已经存在，不能用“r”方式打开一个并不存在的文件（即输入文件），否则出错。

② 用“w”方式打开的文件只能用于向该文件写数据（即输出文件），而不能用来向计算机输入。如果原来不存在该文件，则在打开时新建立一个以指定的名字命名的文件。如果原来已存在一个以该文件名命名的文件，则在打开时将该文件删除，然后重新建立一个新文件。

③ 如果希望向文件末尾添加新的数据（不希望删除原有数据），则应该用“a”方式打开。但此时该文件必须已存在，否则将得到出错信息。打开时，位置指针移到文件末尾。

④ 用“r+”“w+”“a+”方式打开的文件既可以用来输入数据，也可以用来输出数据。用“r+”方式时该文件应该已经存在，以便能向计算机输入数据。用“w+”方式则新建立一个文件，先向此文件写数据，然后可以读此文件中的数据。用“a+”方式打开的文件，原来的文件不被删除，位置指针移到文件末尾，可以添加，也可以读。

⑤ 如果不能实现“打开”的任务，fopen 函数将会带回一个出错信息。出错的原因可能是用“r”方式打开一个并不存在的文件；磁盘出故障；磁盘已满无法建立新文件等。此时 fopen 函数将带回一个空指针值 NULL（NULL 在 stdio.h 文件中已被定义为 0）。

说明

常用下面的方法打开一个文件：

```
if(fp=fopen("file1","r")==NULL)
{
  printf("cannot open this file\n");
  exit(0);
}
```

即先检查打开的操作有无出错，如果有错就在终端上输出“cannot open this file”。

exit 函数的作用是关闭所有文件，终止正在调用的过程。待用户检查出错误，修改后再运行。

⑥ 用以上方式可以打开文本文件或二进制文件，这是 ANSI C 的规定，用同一种缓冲文件系统来处理文本文件和二进制文件。但目前使用的有些 C 编译系统可能不完全提供所有这些功能（有的只能用“r”“w”“a”方式），有的 C 版本不用“r+”“w+”“a+”，而用“rw”“wr”“ar”等，请读者注意所用系统的规定。

⑦ 在向计算机输入文本文件时，将回车换行符转换为一个换行符，在输出时把换行符转换成为回车和换行两个字符。在用二进制文件时，不进行这种转换，在内存中的数据形式与输出到外部文件中的数据形式完全一致，一一对应。

⑧ 在程序开始运行时，系统自动打开 3 个标准文件：标准输入、标准输出和标准出错输出。通常 3 个文件都与终端相联系，因此以前所用到的从终端输入或输出都不需要打开终端文件。系统自动定义了 3 个文件指针 stdin、stdout 和 stderr，分别指向终端输入、终端输出和标准出错输出（也从终端输出）。如果程序中指定要从 stdin 所指的文件输入数据，就是指从终端键盘输入数据。

例 9.2　编一程序，试着以读写方式打开 idata.dat 文件。

```
(9_2.c)
#include<stdio.h>
void main()
{
  FILE * fp;
  if ((fp=fopen ("idata.dat" , "w +"))==NULL)
  printf("Can not open file idata.dat! ");
  else
  fclose (fp);
}
```

9.2.2　文件的关闭

在使用完一个文件后应该关闭它，以防止它再被误用。“关闭”就是使文件指针变量不再指向该文件，也就是文件指针变量与文件“脱钩”，此后不能再通过该指针对原来与其相联系的文件进行读写操作，除非再次打开，使该指针变量重新指向该文件。用 flcose()函数就可以实现关闭一个指定的文件。fclose()函数调用的一般形式为

```
FILE *fp;
fclose(文件指针);
```

例 9.3　编一程序，从键盘上输入 10 个整数，存入 idata.dat 文件并关闭该文件。

```
(9_3.c)
#include<stdio.h>
void main()
{
  FILE * fp;
  int data [10 ], i ;
  for ( i=0 ; i <10;i++)
    scanf ("%d",&data [ i ]);
  if ( (fp=fopen ("idata.dat" , "w+") )==NULL)
    printf("Can not open file idata.dat! ");
  else
  {
    /*将数组中的 10 个数据写入到 fp 所指向的 idata.dat 文件中*/
    fwrite(data,2,10,fp );
  fclose (fp);
  }
}
```

前面我们把打开文件（用 fopen()函数）时所带回的指针赋给了 fp，现在通过 fp 又把该文件关闭，即 fp 不再指向该文件。

应该养成在程序终止之前关闭所有文件的习惯，如果不关闭文件将会丢失数据。因为在向文件写数据时，是先将数据输到缓冲区，待缓冲区充满后才正式输出给文件，如果数据未充满缓冲区而程序结束运行，缓冲区中的数据就将会丢失。用 fclose()函数关闭文件，可以避免这个问题，它先把缓冲区中的数据输出到磁盘文件，然后才释放文件指针变量。

9.3 文件的读写

文件打开以后，就可以进行读写操作了。下面介绍几个常用的读写函数。

9.3.1 文件尾测试函数

在对文件进行读操作时，当读到该文件的尾部时应该停止读操作。feof()函数可以判定文件指针是否指向文件的尾部。feof()函数调用的一般形式为：

```
FILE *fp;
feof(fp);
```

其中，fp 是文件指针。当 fp 所指向的文件没有到文件的尾部时，该函数的值为 0，否则返回 1 值。

例 9.4 复制一个磁盘文件。

```
(9_4.c)
#include<stdio.h>
void main()
{
  FILE *infp,*outfp;
  char infile[40],outfile[40];
  int ch;
  printf("input filename:");
  scanf("%s",infile);
  printf("output filename:");
  scanf("%s",outfile);
  if((infp=fopen(infile,"r"))==NULL)          /* 打开源文件 */
  {
    printf("infile open error.\n");
    exit(0);
  }
  if((outfp=fopen(outfile,"w"))==NULL)        /* 打开目标文件 */
  {
    printf("outfile open error.\n");
    exit(0);
  }
  ch=fgetc(infp);                             /* 从源文件中读一个字符 */
  while(!feof(infp))                          /* 源文件未读完 */
  {
    fputc(ch, outfp);
    ch=fgetc(infp);                           /* 复制文件 */
  }
  fclose(infp);
  fclose(outfp);
}
```

9.3.2 读/写字符函数

从文件中读取或写入一个字符，要用到字符读函数 fgetc()和字符写函数 fputc()。

1. fgetc()函数

fgetc()函数调用的一般格式为

```
FILE *fp;
char ch;
ch=fgetc(fp);
```

其中，fp 为文件型指针变量，ch 为字符变量。fgetc()函数带回一个字符，赋予 ch。如果在执行 fgetc()函数读字符时遇到文件结束符（文件尾），函数返回一个文件结束标志 EOF（–1）。

对于 fgetc()函数的使用有以下几点说明。

（1）在 fgetc()函数调用中，读取的文件必须是以读或读/写方式打开的。

（2）读取字符的结果也可以不向字符变量赋值，如 fgetc(fp);，但是读出的字符不能保存。

（3）在文件内部有一个位置指针，用来指向文件的当前读写字节。在文件打开时，该指针总是指向文件的第 1 个字节。使用 fgetc()函数后，该位置指针将向后移动一字节。因此，可连续多次使用 fgetc()函数，读取多个字符。应注意文件指针和文件内部的位置指针不是一回事。文件指针是指向整个文件的，须在程序中定义说明，只要不重新赋值，文件指针的值是不变的。文件内部的位置指针用以指示文件内部的当前读写位置，每读写一次，该指针均向后移动，它不需在程序中定义说明，而是由系统自动设置的。

例 9.5　读取文件 whh.c，在屏幕上输出。

```
(9_5.c)
#include<stdio.h>
void main()
{
 FILE *fp;
 char ch;
 if((fp=fopen("whh.c","rt"))==NULL)
 {
  printf("Cannot open file strike any key exit!");
  getch();
  exit(1);
 }
 ch=fgetc(fp);
 while (ch!=EOF)
 {
  putchar(ch);
  ch=fgetc(fp);
 }
 fclose(fp);
}
```

本例程序的功能是从 whh.c 文件中逐个读取字符，在屏幕上显示。 程序定义了文件指针 fp，以读文本文件方式打开文件“whh.c”，并使 fp 指向该文件。如打开文件出错，给出提示并退出程序。程序第 12 行先读出一个字符，然后进入循环， 只要读出的字符不是文件结束标志（每个文件末有一结束标志 EOF）就把该字符显示在屏幕上，再读入下一字符。每读一次，文件内部的位置指针向后移动一个字符，文件结束时，该指针指向 EOF。执行本程序将显示整个文件。

2. fputc()函数

fputc()函数调用的一般格式为

```
FILE *fp;
Char ch;
fputc(Ch,fp);
```

其中，fp 为文件型指针变量，ch 是要写入的字符。

对于 fputc()函数的使用也要说明几点。

（1）被写入的文件可以用写、读写、追加方式打开，用写或读写方式打开一个已存在的文件时将清除原有的文件内容，写入字符从文件首开始。如需保留原有文件内容，希望写入的字符从文件末开始存放，必须以追加方式打开文件。被写入的文件若不存在，则创建该文件。

（2）每写入一个字符，文件内部位置指针向后移动一字节。

（3）fputc()函数有一个返回值，如写入成功则返回写入的字符，否则返回一个 EOF。可用此来判断写入是否成功。

例 9.6 从键盘输入一行字符，写入一个文件，再把该文件内容读出显示在屏幕上。

```
(9_6.c)
#include<stdio.h>
void main()
{
  FILE *fp;
  char ch;
  if((fp=fopen("whh","wt+"))==NULL)
  {
   printf("Cannot open file strike any key exit!");
   getch();
   exit(1);
  }
  printf("input a string:\n");
  ch=getchar();
  while (ch!='\n')
  {
   fputc(ch,fp);
   ch=getchar();
  }
  rewind(fp);
  ch=fgetc(fp);
  while(ch!=EOF)
  {
   putchar(ch);
   ch=fgetc(fp);
  }
  printf("\n");
  fclose(fp);
}
```

程序中第 6 行以读写文本文件方式打开文件 whh。程序第 13 行从键盘读入一个字符后进入循环，当读入字符不为回车符时，则把该字符写入文件之中，然后继续从键盘读入下一字符。每输入一个字符，文件内部位置指针向后移动一字节。写入完毕，该指针已指向文件末。如要把文件从头读出，须把指针移向文件头，程序第 19 行 rewind()函数用于把 fp 所指文件的内部位置指针移到文件头。第 20 行至第 25 行用于读出文件中的一行内容。

9.3.3 读/写字符串函数

fgetc()和 fputc()函数只能操作单个字符，而在文件中需要操作字符串时，就要用到 fgets()和 fputs()函数。

1. fgets()函数

```
fgets()函数调用的一般格式为
FILE *fp;
fgets(字符数组，n, fp);
```

该函数的功能是从指定的文件中读一个字符串到字符数组中。其中，fp 为文件型指针变量；n 是一个正整数，表示从文件中读出的字符串不超过 n-1 个字符。在读入的最后一个字符后加上串结束标志'\0'。

对于 fgets()函数的使用有以下几点说明。

（1）在读出 n−1 个字符之前，如遇到了换行符或 EOF，则读出结束。

（2）fgets()函数也有返回值，其返回值是字符数组的首地址。

例 9.7　从 whh.c 文件中读入一个含 10 个字符的字符串。

```
(9_7.c)
#include<stdio.h>
void main()
{
  FILE *fp;
  char str[11];
  if((fp=fopen("whh.c","rt"))==NULL)
  {
    printf("Cannot open file strike any key exit!");
    getch();
    exit(1);
  }
  fgets(str,11,fp);
  printf("%s",str);
  fclose(fp);
}
```

本例定义了一个字符数组 str 共 11 字节，在以读文本文件方式打开文件 whh.c 后，从中读出 10 个字符送入 str 数组，在数组最后一个单元内将加上'\0'，然后在屏幕上显示输出 str 数组。

2. fputs()函数

fputs()函数调用的一般格式为

```
FILE *fp;
fputs(字符串,fp);
```

该函数的功能是向指定的文件写入一个字符串。其中，fp 为文件型指针变量，字符串可以是字符串常量，也可以是字符数组名或指针变量。

例 9.8　在 whh 文件中追加一个字符串。

```
(9_8.c)
#include<stdio.h>
void main()
{
  FILE *fp;
  char ch,st[20];
  if((fp=fopen("whh","at+"))==NULL)
  {
    printf("Cannot open file strike any key exit!");
    getch();
    exit(1);
  }
```

```
    printf("input a string:\n");
    scanf("%s",st);
    fputs(st,fp);
    rewind(fp);
    ch=fgetc(fp);
    while(ch!=EOF)
    {
      putchar(ch);
      ch=fgetc(fp);
    }
    printf("\n");
    fclose(fp);
}
```

本例要求在 whh 文件末加写字符串，因此，在程序第 6 行以追加读写文本文件的方式打开文件 whh。然后输入字符串，并用 fputs()函数把该串写入文件 whh。在程序 15 行用 rewind()函数把文件内部位置指针移到文件首。再进入循环逐个显示当前文件中的全部内容。

9.3.4 读/写数据函数

如果用 ANSI C 提供的 fread()和 fwrite()函数，读写任何类型数据都是十分方便的。

1. fread()函数

fread()函数调用的一般格式为

```
FILE *fp;
fread (buffer,size , count ,fp );
```

该函数的功能是从 fp 所指的文件中，每次读 size 字节送入到 buffer 所对应的地址中，连续读 count 次。其中，buffer 是一个指针，对 fread()来说，它是读入数据的存放地址；size 是要读写的字节数；count 是要进行读写多少个 size 字节的数据项。

2. fwrite()函数

fwrite()函数调用的一般格式为

```
FILE *fp;
fwrite (buffer , size , count ,fp );
```

该函数的功能是将 buffer 所对应地址中的 count 个、每个数据项大小为 size 字节的数据存储到 fp 所指向的文件中。其中，buffer 是一个指针，size 是要读写的字节数，count 是要进行读写多少个 size 字节的数据项。

例 9.9 编一程序，从键盘上输入 100 个整数，并存入 idata.dat 文件中。

```
(9_9.c)
#include<stdio.h>
void main()
{
  FILE * fp;
  int data [100 ], i ;
  for ( i=0 ; i <100;i++)
  scanf ("%d",&data [ i ]);
  if ( (fp=fopen ("idata.dat" , "w +" ) )==NULL)
  printf("Can not open file idata.dat! ");
  else
  {
    fwrite(data , 2, 100 , fp );
    fclose (fp);
```

```
  }
}
```

例 9.10　编一程序，将例 9.9 中存入 idata.dat 文件中的 100 个整数读入程序中并显示出来。

```
(9_10.c)
#include<stdio.h>
void main()
{
  FILE * fp;
  int data [100 ], i ;
  if ( (fp=fopen ("idata.dat" , "r" ) )==NULL)
  printf("File idata.dat have not been found! ");
  else
  {
    fread(data , 2, 100 , fp );
    fclose (fp);
    for ( i=0 ; i <100;i++)
    printf ("%d", data [ i ]);
  }
}
```

例 9.11　从键盘输入 2 个学生数据，写入一个文件中，再读出这 2 个学生的数据显示在屏幕上。

```
(9_11.c)
#include<stdio.h>
struct stu
{
  char name[10];
  int num;
  int age;
  char addr[15];
}boya[2],boyb[2],*pp,*qq;
void main()
{
  FILE *fp;
  char ch;
  int i;
  pp=boya;
  qq=boyb;
  if((fp=fopen("stu_list","wb+"))==NULL)
  {
    printf("Cannot open file strike any key exit!");
    getch();
    exit(1);
  }
  printf("\ninput data\n");
  for(i=0;i<2;i++,pp++)
    scanf("%s%d%d%s",pp->name,&pp->num,&pp->age,pp->addr);
  pp=boya;
  fwrite(pp,sizeof(struct stu),2,fp);
  rewind(fp);
  fread(qq,sizeof(struct stu),2,fp);
  printf("\n\nname\tnumber age addr\n");
  for(i=0;i<2;i++,qq++)
    printf("%s\t%5d%7d%s\n",qq->name,qq->num,qq->age,qq->addr);
  fclose(fp);
}
```

本例程序定义了一个结构 stu，说明了两个结构数组 boya 和 boyb，以及两个结构指针变量 pp 和 qq。pp 指向 boya，qq 指向 boyb。程序第 16 行以读写方式打开二进制文件“stu_list”，输入 2 个学生数据之后，写入该文件中， 然后把文件内部位置指针移到文件首，读出 2 个学生数据后，在屏幕上显示。

9.3.5 格式读/写函数

fscanf()函数和 fprintf()函数都是常用的格式化读写函数，它们读写的对象不是键盘和显示器，而是磁盘文件。

1. fscanf()函数

fscanf()函数的调用格式为

```
FILE *fp;
fscanf( fp, 格式控制串, 地址表);
```

其中，fp 是文件指针变量。该函数的功能为：按格式控制串所描述的格式，从 fp 所指向的文件中读取数据，送到指定的内存地址单元中。若输入操作成功，返回实际读出的数据项个数，不包括数据分隔符。若没有读数据项，则返回 0。若文件结束或调用失败，则返回 EOF。

2. fprintf()函数

fprintf()函数的调用格式为

```
FILE *fp;
fprintf(fp, 格式控制串, 输出项参数表);
```

其中，fp 是文件指针变量。该函数的功能为：将输出项按指定格式写入 fp 所指向的文件中。若输出操作成功，返回写入的字节数；若输出操作失败，则返回 EOF。

例 9.12 用 fscanf()和 fprintf()函数完成从键盘输入 2 个学生数据，写入一个文件中，再读出这 2 个学生的数据显示在屏幕上。

```
(9_12.c)
#include<stdio.h>
struct stu
{
  char name[10];
  int num;
  int age;
  char addr[15];
}boya[2],boyb[2],*pp,*qq;
void main()
{
  FILE *fp;
  char ch;
  int i;
  pp=boya;
  qq=boyb;
  if((fp=fopen("stu_list","wb+"))==NULL)
  {
    printf("Cannot open file strike any key exit!");
    getch();
    exit(1);
  }
  printf("\ninput data\n");
  for(i=0;i<2;i++,pp++)
```

```
    scanf("%s%d%d%s",pp->name,&pp->num,&pp->age,pp->addr);
  pp=boya;
  for(i=0;i<2;i++,pp++)
    fprintf(fp,"%s %d %d %s\n",pp->name,pp->num,pp->age,pp->addr);
  rewind(fp);
  for(i=0;i<2;i++,qq++)
    fscanf(fp,"%s %d %d %s\n",qq->name,&qq->num,&qq->age,qq->addr);
  printf("\n\nname\tnumber age addr\n");
  qq=boyb;
  for(i=0;i<2;i++,qq++)
    printf("%s\t%5d %7d %s\n",qq->name,qq->num, qq->age,qq->addr);
  fclose(fp);
}
```

与例 9.11 相比，本程序中 fscanf()和 fprintf()函数每次只能读写一个结构数组元素，因此，采用了循环语句来读写全部数组元素。 还要注意指针变量 pp、qq 由于循环改变了它们的值，因此，在程序的第 25 行和第 32 行分别对它们重新赋予了数组的首地址。

9.4 其他函数

9.4.1 文件头定位函数

在文件操作的过程中，经常需要把文件的读写指针移动到文件的开头，rewind()函数就可以实现这样的功能。rewind()函数调用方式如下

```
FILE *fp;
rewind(fp);
```

执行完 rewind()函数后，以后的文件读写操作都是从文件首部开始的。

例 9.13 有一个磁盘文件，第 1 次将它的内容显示在屏幕上，第 2 次把它复制到另一文件上。

```
(9_13.c)
#include<stdio.h>
void main()
{
  FILE * fp1 , *fp2 ;
  fp1=fopen ("file1.c" , "r" );
  fp2=fopen ("file2.c" , "w" ) ;
  while (! feof (fp1 ) )
    putchar (getc (fp1 ) ) ;
  rewind (fp1 );
  while (! feof (fp1 ) )
    putc (getc (fp1 ) , fp2 ) ;
  fclose (fp1 ) ;
  fclose (fp2);
}
```

在第 1 次将文件的内容显示在屏幕以后，文件 file1.c 的位置指针已指到文件末尾，feof 的值为非零（真）。执行 rewind()函数，使文件的位置指针重新定位于文件开头，并使 feof()函数的值恢复为 0（假）。

9.4.2 文件随机定位函数

fseek()函数用来移动文件内部位置指针，其调用形式为

```
fseek(文件指针，位移量，起始点);
```

其中，“文件指针”指向被移动的文件。“位移量”表示移动的字节数，要求位移量是 long 型数据，以便在文件长度大于 64 KB 时不会出错。当用常量表示位移量时，要求加后缀“L”。“起始点”表示从何处开始计算位移量，规定的起始点有 3 种：文件首、当前位置和文件尾。

其表示方法如表 9-2 所示。

表 9-2　　起始点的表示方法

起始点	表示符号	数字表
文件首	SEEK—SET	0
当前位置	SEEK—CUR	1
文件尾	SEEK—END	2

例如，fseek(fp,100L,0);的意义是把位置指针移到离文件首 100 字节处。另外，fseek()函数一般用于二进制文件。在文本文件中由于要进行转换，故往往计算的位置会出现错误。文件的随机读写在移动位置指针之后，即可用前面介绍的任一种读写函数进行读写。由于一般是读写一个数据块，因此常用 fread()和 fwrite()函数。下面用例题来说明文件的随机读写。

例 9.14　在学生文件 stu list 中读出第 2 个学生的数据。

```
(9_14.c)
#include<stdio.h>
struct stu
{
  char name[10];
  int num;
  int age;
  char addr[15];
}boy,*qq;
void main()
{
  FILE *fp;
  char ch;
  int i=1;
  qq=&boy;
  if((fp=fopen("stu_list","rb"))==NULL)
  {
    printf("Cannot open file strike any key exit!");
    getch();
    exit(1);
  }
  rewind(fp);
  fseek(fp,i*sizeof(struct stu),0);
  fread(qq,sizeof(struct stu),1,fp);
  printf("\n\nname\tnumber age addr\n");
  printf("%s\t%5d %7d %s\n",qq->name,qq->num,qq->age,qq->addr);
}
```

设文件 stu_list 已建立，本程序用随机读出的方法读出第 2 个学生的数据。程序中定义 boy

为 stu 类型变量，qq 为指向 boy 的指针。以读二进制文件方式打开文件，程序第 22 行移动文件位置指针。其中的 i 值为 1，表示从文件头开始，移动一个 stu 类型的长度， 然后再读出的数据即为第 2 个学生的数据。

9.4.3　出错检测函数

C 标准提供一些函数用来检查输入/输出函数调用中的错误。

1．ferror()函数

在调用各种输入/输出函数（如 fread()、fwrite()等）时，如果出现错误，除了函数返回值有所反映外，还可以用 ferror()函数检查。它的一般调用形式为

```
FILE *fp;
ferror(fp);
```

如果 ferror()返回值为 0（假），表示未出错；如果返回一个非零值，表示出错。应该注意，对同一个文件每一次调用输入/输出函数，均产生一个新的 ferror()函数值，因此，应当在调用一个输入/输出函数后立即检查 ferror()函数的值，否则信息会丢失。

在执行 fopen()函数时，ferror()函数的初始值自动置为 0。

2．clearerr()函数

clearerr()函数的使用形式同 ferror()函数，它的作用是使文件错误标志和文件结束标志设置为 0。假设在调用一个输入/输出函数时出现错误，ferror()函数值为一个非零值。在调用 clearerr (fp)后，ferror(fp)的值变成 0。只要出现错误标志，就一直保留，直到对同一文件调用 clearerr()函数或 rewind()函数，或任何其他一个输入/输出函数。

小　　结

1．C 系统把文件当作一个“流”，按字节进行处理。

2．C 文件按编码方式分为二进制文件和 ASCII 文件。

3．C 语言中，用文件指针标识文件，当一个文件被打开时， 可取得该文件指针。

4．文件在读写之前必须打开，读写结束必须关闭。

5．文件可按只读、只写、读写、追加 4 种操作方式打开，同时还必须指定文件的类型是二进制文件还是文本文件。

6．文件可按字节、字符串、数据块为单位读写，文件也可按指定的格式进行读写。

7．文件内部的位置指针可指示当前的读写位置，移动该指针可以对文件实现随机读写。

习 题 9

一、选择题

1．设 fp 是文件指针，则以下是以“追加”方式打开“whh.txt”文件的是（　　）。

A）fp = fopen("whh.txt","r");　　B）fp = fopen("whh.txt","w");

C）fp = fopen("whh.txt","a");　　D）fp = fopen("whh.txt","r + ");

2．判断文件是否到了该文件的尾部要用到的函数是（　　）。

A）EOF　　B）feof()　　C）fbof()　　D）ferror()

3．下列语句中，将C定义为文件型指针的是（　　）。

A）FILE c　　B）FILE *c　　C）file c　　D）file *c;

4．标准库函数fputs(pl,p2)的功能是（　　）。

A）从pl指向的文件中读一个字符串存入p2指向的内存

B）从p2指向的文件中读一个字符串存入pl指向的内存

C）将pl指向的内存中的一个字符串输出到p2指向的文件

D）将p2指向的内存中的一个字符串输出到pl指向的文件

二、填空题

1．“FILE *p”的作用是定义一个（　　），其中的“FILE”是在（　　）中定义的。

2．在对文件进行操作的过程中，若要求文件的现行位置回到文件的开头，应当调用的函数是（　　）函数。

三、编程题

1．从键盘输入一个字符串，将其中的小写字母全部转换成大写字母，然后输出到一个磁盘文件“test.dat”中保存。输入的字符串以回车结束。

2．有5个学生，每个学生有3门课的成绩，从键盘输入数据（包括学生号、姓名、3门课成绩），计算出平均成绩，将原有数据和计算出的平均分数存放在磁盘文件“stud.dat”中。

第 10 章 编译预处理

10.1 宏 定 义

在 C 语言源程序中用一个指定的标识符（即名字）来代表一个字符串，称为“宏”，这个标识符称为“宏名”。在源程序中可以出现这个宏名，称为“宏引用”或“宏调用”。在编译预处理时，对源程序中所有出现的“宏名”，均可用宏定义中的字符串去替换。这种将宏名替换成字符串的过程称为“宏替换”或“宏展开”。

为了区别于一般的变量名、数组名、指针变量名，宏名通常由大写字母组成。宏分为无参数的宏（即无参宏）和有参数的宏（即有参宏）两种。

10.1.1 不带参数的宏定义

不带参数的宏定义也叫作字符串的宏定义，它用来指定一个标识符代表一个字符串常量。它的一般形式为

```
#define  标识符  字符串
```

这就是我们前面已经介绍过的定义符号常量。其中标识符就是宏的名字，简称为宏，字符串是宏的替换正文。通过宏定义，使得标识符等同于字符串。例如：

```
#define  MAX  150
```

其功能是指定标识符 MAX 来代替"150"这个字符串，源程序开始编译前，将会把源程序中所有引用 MAX 宏名替换成"150"字符串，然后再编译源程序。

这种替换的优点在于，用一个有意义的标识符代替一个字符串，便于记忆，易于修改，提高了程序的可移植性。

例 10.1 宏定义示例。

```
#define PI 3.14
main()
{
  float r=3,s,c;
  s=PI*r*r;  c=2*PI*r;
  printr(r,s,c);
}
main()
{
```

宏定义，其中 PI 为宏名，代表 3.14

宏调用

```
    float r=3,s,c;
    s=3.14*r*r;  c=2*3.14*r;
    printf(r,s,c);
}
```

宏展开

说明

① 宏名是一个常量的标识符，它不是变量，不能对它进行赋值。因此，如果用赋值语句对它们重新赋值是错误的。

② 宏替换是在编译之前进行的，由编译预处理程序完成，不占用程序的运行时间。在替换时，只是作简单的替换，不作语法检查。只有当编译系统对展开后的源程序进行编译时才可能报错。

③ 宏定义不是 C 语言的语句，不需要使用语句结束符“;”，如果使用了分号，则会将分号作为字符串的一部分一起进行替换。例如：#define PI 3.14;，展开为 s=3.14; *r*r;，导致编译错误。

④ 字符串可以是一个关键字、某个符号或为空，如果字符串为空，表示从源文件中删除已定义的宏名。例如：

```
#define BOOL  int
#define BEGIN {
#define END   }
#define DO
```

⑤ 一个宏的作用域是从定义的地方开始到本文件结束。也可以用#undef 命令终止宏定义的作用域。例如，在程序中定义：

```
#define E 2.71828
void main()
{
   fun();
   printf("%f",E);
}
#undef E
#define E "abc"
fun()
{
  char *s=E;
  printf("%s\n",s);
}
```

宏名 E 的有效范围，代表串 2.71828

宏名 E 的有效范围，代表 "abc"

一般情况下，宏定义放在程序开头，所有函数之前。也可以把所有定义语句放在单独一个文件里，再把这个文件包含到程序文件中。

⑥ 在进行宏定义时，可以使用已定义过的宏名，即宏定义嵌套形式。例如：

```
#define MESSAGE  "This is a string"
#define PRN  printf(MESSAGE)
void main()
 {
     PRN;
 }
```

程序运行后的结果是：This is a string。

⑦ 程序中用双引号括起来的字符串中的宏名在预处理过程中不进行替换，如上例改为

```
#define MESSAGE  "This is a string"
#define PRN  printf("MESSAGE")
main()
```

```
    {
        PRN;
    }
```

程序运行时不能输出 This is a string，而是输出字符串 MESSAGE。也就是说，PRN 将替换成 printf("MESSAGE")，而引号内的 MESSAGE 将不能再替换成"This is a string"，因为它不再表示上面的宏名。又如：

```
#define TRUE  1
printf("TRUE=%d\n",TRUE);
```

运行结果为：TRUE=1。

字符串内的 TRUE 不作替换，而 printf 函数中参数 TRUE 被替换成 1。

⑧ 宏定义是预处理指令，与定义变量不同，它只是进行简单的字符串替换，不分配内存。

⑨ 使用宏的优点：程序中的常量可以用有意义的符号代替，程序更加清晰，容易理解（易读）；常量值改变时，不要在整个程序中查找、修改，只要改变宏定义就可以，比如，提高 PI 精度值。

10.1.2 带参数的宏定义

进行预处理时，不仅对定义的宏名进行替换，而且对参数也要进行替换。带参数宏定义的一般形式为

```
#define  标识符(参数表)  字符串
```

字符串中应包含参数表中所指定的参数。例如：

```
#define  M (a,b)  (a*b)+s
```

则语句：

```
c=M (3,4);
```

将被替换为语句：

```
c= (3*4)+s;
```

上述带参数宏定义的替换过程是：按宏定义#define 中命令行指定的字符串从左向右依次替换，其中的形参（如 a、b）用程序中的相应实参（如 3、4）去替换。若定义的字符串中含有非参数表中的字符，则保留该字符，如本例中的“(”“)”“+”和“s”这些符号原样照写。注意：一个字符串的替换过程，只是将形参部分的字符串用相应的实参字符串替换。

例 10.2 用带参数宏定义表示两数中的较大数。

```
#define MAX(a,b)  (a>b)?a:b
void main()
{
  int i=15,j=20;
  printf("MAX=%d\n",MAX(i,j));
替换后：
  printf("MAX=%d\n",(i>j)?i:j);
}
```

宏展开：
a、b 用 I、j 替换，
其他照抄

说明

① 在写带有参数的宏定义时，宏名与带括号参数间不能有空格。否则，将空格以后的字符都作为替换字符串的一部分，这样就成了不带参数的宏定义了。例如：

```
#define  M  (a,b)  (a*b)+s
```

则这样定义的 M 为不带参数的宏名，它代表字符串"(a,b) (a*b)+s"。

② 要注意用括号将整个宏和各参数全部括起来，用括号完全是为了保险一些。

```
#define S(a,b) a*b
```

程序中

```
area=S(a+b,c+d);=>area=a+b*c+d;
```

明显和我们的意图不同。

假如宏定义的字符串中的形参用括号括起来，即

```
#define S(a,b) (a)*(b)
```

此时程序中

```
area=S(a+b,c+d);=>area=(a+b)*(c+d);
```

符合我们的意图。

为了避免出错，建议将宏定义“字符串”中的所有形参用括号括起来。以后替换时括号作为一般字符原样照抄，这样用实参替换时，实参就被括号括起来作为整体，不至于发生类似错误。

例 10.3 要求 45 被 3 的平方除。

用括号将宏及各参数全部括起来，将得到正确结果。

```
#define  AREA(x)  ((x)*(x))
main( )
{
 printf("SQUARE=%5.1f\n",45.0/AREA(3));
 printf("SQUARE=%5.1f\n",45.0/AREA(1+2));
}
```

程序运行结果：

```
SQUARE=  5.0
SQUARE=  5.0
```

不用括号将宏及各参数括起来将得到错误结果。

```
#define  AREA(x)  x*x
main( )
{
 printf("SQUARE=%5.1f\n",45.0/AREA(3));
 printf("SQUARE=%5.1f\n",45.0/AREA(1+2));
}
```

程序运行结果：

```
SQUARE=  45.0
SQUARE=  49.0
```

带参数的宏定义在程序中使用时，它的形式及特性与函数相似，但本质完全不同。这是需要读者特别注意的一点。通过分析下面的两个例子，来看一下它们的区别。

例 10.4 利用函数调用输出结果。

```
SQ(int  y)
{return  (y)*(y);}
void main()
{int  i=1;
while(i<=5)
printf("%d\t",SQ(i++));}
```

程序运行结果：

```
1  4  9  16  25
```

例 10.5 利用宏调用输出结果。

利用宏定义对上面程序进行改写。

```
#define  SQ(y)  ((y)*(y))
void main()
{int  i=1;
while(i<=5)
printf("%d\t",SQ(i++));}
```

程序运行结果：

```
1  9  25
```

从以上两个例子来看，带参宏定义和函数有如下区别。

（1）函数调用时，先求实参表达式值，后代入。而带参的宏只是进行简单的字符替换。

（2）函数调用是在程序运行时处理的，分配临时的内存单元。而宏展开则是在编译时进行的，不分配内存单元，不进行值的传递，也无“返回值”。

（3）对函数中的实参和形参都要定义类型，类型应一致。而宏不存在类型问题，宏名和参数无类型，只是一个符号代表，展开时代入指定的字符即可。

（4）调用函数只可得到一个返回值，而用宏可以设法得到几个结果。

（5）使用宏次数多时，宏展开后使源程序增长，而函数调用不使源程序变长。

（6）宏替换不占运行时间，只占编译时间，一般来说，应该用宏去替换小的、可重复的代码段，这样可以使程序运行速度更快；当任务比较复杂，需要多行代码才能实现时，或者要求程序越小越好时，就应该使用函数。

10.2 文件包含处理

预处理程序中的“文件包含处理”是一个源文件可以将另外一个源文件的全部内容包含进来，即将另外的文件包含到本文件之中，如图 10-1 所示。

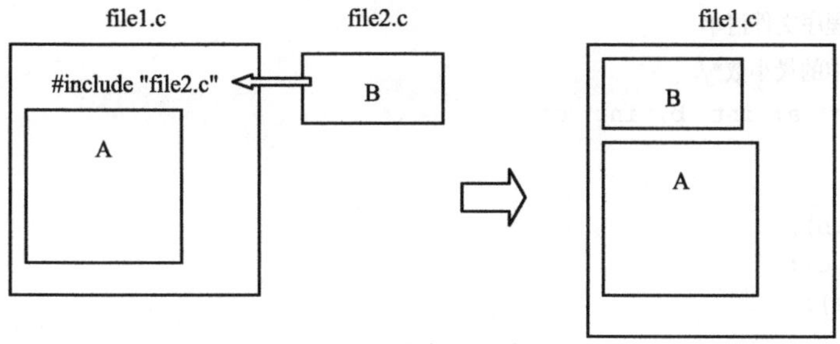

图 10-1 文件包含处理

包含文件的命令格式有如下两种。

```
格式 1：#include  <filename>
格式 2：#include  "filename"
```

两种格式的区别仅在于：格式 1 中使用尖括号是通知预处理程序按系统规定的标准方式检索文件目录。例如，使用系统的 PACH（PATH）命令定义了路径，编译程序按此路径查找 filename，一旦找到与该文件名相同的文件，便停止搜索。如果路径中没有定义该文件所在的目录，即使文件存在，系统也将给出文件不存在的信息，并停止编译。预定义的默认路径通常是在 INCLUDE

环境变量中指定的，例如：

```
INCLUDE=C:\COMPILER\INCLUDE; S:\SOURCE\HEADERS;
```

对于上述 INCLUDE 环境变量，如果用#include<file>语句包含文件，编译程序将首先到 C:\COMPILER\INCLUDE 目录下寻找文件；如果未找到，则到 S:\SOURCE\HEADERS 目录下继续寻找；如果还未找到，则到当前目录下继续寻找。

格式 2 中使用双引号是通知预处理程序首先在原来的源文件目录中检索指定的文件 filename；如果查找不到，则按系统指定的标准方式继续查找。

对于上述中的 INCLUDE 环境变量，如果用#include"file"语句包含文件，编译程序将首先到当前目录下寻找文件；如果未找到，则到 C:\COMPILER\INCLUDE 目录下继续寻找；如果还未找到，则到 S:\SOURCE\HEADERS 目录下继续寻找。

#include<file>语句一般用来包含标准头文件（例如 stdio.h 或 stdlib.h），因为这些头文件极少被修改，并且它们总是存放在编译程序的标准包含文件目录下。#include"file"语句一般用来包含非标准头文件，因为这些头文件一般存放在当前目录下，用户可以经常修改它们，并且要求编译程序总是使用这些头文件的最新版本。

就像函数一样，利用包含文件，不仅可以实现程序的模块化，还可以使程序设计得简单和直观，提高程序的易读性和可维护性，这样也为程序的可移植性、可修改性提供了良好的条件。

例 10.6 将多个源程序清单合并成一个源程序。

假如有 3 个源程序文件 file1.c、file2.c、file3.c，它们的文件内容如下。

file1.c 源程序文件清单：

```
//file1.c 源程序文件清单
/* 求两个整数中的最小数*/
int min1(int a, int b )
   {
    if(a>b)  return( a);
     else    return( b);}
```

file2.c 源程序文件清单：

```
//file2.c 源程序文件清单
/* 求 3 个整数中的最小数*/
int min2(int a, int b, int c)
{
    int z,m;
    z=min1(a,b);
    m=min1(z,c);
    return (m);
 }
```

file3.c 源程序文件清单：

```
//file3.c 源程序文件清单
/* 主函数*/
    void main(  )
    { int x1,x2,x3,min;
      scanf("%d,%d,%d",&x1,&x2,&x3);
      min=min2(x1,x2,x3);
      printf("min=%d\n",min);
    }
```

上面 3 个 C 源程序均不能单独编译成功，因为它们均是一个不完整的 C 源程序。下面利用文件包含命令将分散的 3 个 C 源程序合并成一个完整的 C 源程序。

方法一：将 file3.c 源程序文件清单改为

```
#include  "file1.c"
#include  "file2.c"
void main(   )
    {  int  x1,x2,x3,min;
       scanf("%d,%d,%d",&x1,&x2,&x3);
       min=min2(x1,x2,x3);
       printf("min=%d\n",min);
    }
```

方法二：新建 file4.c 源程序文件，文件清单如下。

```
#include  "file1.c"
#include  "file2.c"
#include  "file3.c"
```

编译合并后所得的源程序就能正确执行。因为在编译预处理时，合并后的程序清单已经用包含文件 file1.c 和 file2.c（在方法二中还要用包含文件 file3.c）的内容替代文件包含命令，显然已成为正确的程序。

说明

① 被包含的文件常常被称为“头文件”（#include 一般写在模块的开头）。头文件常常以“.h”为扩展名（也可以用其他的扩展名，.h 只是习惯或风格）。

② 一条#include 命令只能包含一个头文件，如果要包含多个头文件，使用多条#include 命令。

③ 被包含的头文件可以用""括起来，也可以用<>括起来。区别在于：<>先在 C 系统目录中查找头文件，""先在用户当前目录查找头文件。习惯上，用户头文件一般在用户目录下，所以常常用""；系统库函数的头文件一般在系统指定目录下，所以常常用<>。

④ 文件包含可以嵌套，即被包含文件中又包含另一个文件。但在编写程序时，应该避免过多的嵌套，以免降低编译速度。一般来说，只有在确实需要时才嵌套包含文件，如建立一个头文件，使其包含每个模块所需的每个头文件。

10.3　条件编译

条件编译是指对源程序中某段程序通过条件来控制是否参加编译。一般情况，C 源程序清单中的所有代码都应参加编译，但有时希望只对其中的一部分代码进行编译，可以使用条件编译来进行。预处理程序提供了条件编译的功能，可以按不同的条件去编译不同的程序部分，因而产生不同的目标代码文件。这对于程序的移植和调试是很有用的。

条件编译命令有以下 3 种常用形式。

1. # if 形式

一般格式为

```
#if  <常量表达式>
          <程序段 1>
   [#else
```

```
    <程序段 2>]
  #endif
```

其功能是：如常量表达式的值为真（非 0），则对程序段 1 进行编译，否则对程序段 2 进行编译。因此，可以使程序在不同条件下完成不同的功能。

说明 预处理程序扫描到#if 时，通过测试表达式值是否为真（非零）来选择对程序段 1 还是程序段 2 进行编译。如果方括号扩起来的#else 部分被省略且表达式值为假时，就没有语句被编译。

例 10.7 #if 形式举例。

```
#include"stdio.h"
#define  SUM  10
void main( )
{
#if (SUM>10)
printf("Compile correctly! \n");
#else
printf("Compile error! \n");
#endif
}
```

这里 SUM=10，表达式 SUM>10 为假，因此，不编译# if 之后的程序段，而编译#else 后的程序段，结果显示 Compile error!。

说明 通过上面的例子可知，如果不用条件编译而直接用条件语句也能达到要求。那么用条件编译到底有什么好处呢？显然，使用条件编译可以减少被编译的语句，从而减少目标代码的长度。当条件编译段较多时，目标代码的长度可以大大减少。

例 10.8 如果条件成立，就计算圆面积并输出，否则计算圆周长并输出。

```
#include"stdio.h"
#define  F  2
void main(  )
{  float  c,s;
   printf("input a number: ");
   #if  F
      s=3.14*F*F;
      printf("area of circle is: %f\n",s);
   #else
      c=2*3.14*F;
      printf("circumference of circle is: %f\n",c);
   #endif
}
```

2. #ifdef 形式

一般格式为

```
#ifdef  <标识符>
          <程序段 1>
      [#else
          <程序段 2>]
   #endif
```

其功能是：如果标识符在此之前已经由#define 给出了定义，就编译程序段 1，如果这部分内容没有可以空着。否则编译程序段 2，如果没有程序段 2，#else 也可省略。

说明：预处理程序扫描到#ifdef 时，判别其后面的<标识符>是否被定义过（一般用#define 命令定义），从而选择对哪个程序段进行编译。对#ifdef 格式而言，若<标识符>在编译命令行中已被定义，则条件为真，编译<程序段 1>；否则，条件为假，编译<程序段 2>。由方括号扩起来的#else 部分可以省略，若被省略，且<标识符>在编译命令行中没有被定义时，就没有语句被编译。

例 10.9　#ifdef 形式举例。

```
#include"stdio.h"
#define Print 2
void main ( )
{
#ifdef  Print
printf ( " %d\n",Print);
#else
printf ( " No define\n");
#endif
}
```

程序运行结果：

```
2
```

3. #ifndef 形式

一般格式为

```
#ifndef  <标识符>
         <程序段 1>
     [#else
         <程序段 2>]
   #endif
```

其功能是：如果标识符未被#define 命令定义过则对程序段 1 进行编译，否则对程序段 2 进行编译。这与第 1 种形式的功能正相反。

说明：预处理程序扫描到#ifndef 时，判别其后面的<标识符>是否被定义过（一般用#define 命令定义），从而选择对哪个程序段进行编译。对#ifndef 格式而言，若<标识符>在编译命令行中没有被定义，则条件为真，编译<程序段 1>；否则，条件为假，编译<程序段 2>。由方括号扩起来的#else 部分可以省略，若被省略，且<标识符>在编译命令行中曾被定义过，就没有语句被编译。

例 10.10　对于例 10.9 若用# ifndef 形式实现，只需改写成下面的形式，其作用完全相同。

```
#include"stdio.h"
#define Print 2
void main ( )
{
#ifndef Print
printf ( " %d\n",Print);
#else
printf ( " No define\n");
#endif
}
```

程序运行结果：

```
No define
```

通过#ifndef 和#define 指令，可以避免多次包含同一个头文件。在创建一个头文件时，可以用#define 指令为它定义一个唯一的标识符名称。可以通过#ifndef 指令检查这个标识符名称是否已被定义，如果已被定义，则说明该头文件已经被包含了，就不要再次包含该头文件；反之，则定义这个标识符名称，以避免以后再次包含该头文件。

例如，避免多次包含同一个头文件的程序为

```
#ifndef _FILENAME_H
#define _FILENAME_H
#define VER_NUM " 1. 00. 00"
#define REL_DATE "08/01/94"
#if _WINDOWS_
#define OS_VER      "WINDOWS"
#else
#define OS_VER       "DOS"
#endif
#endif
```

当预处理程序扫描上述头文件时，它首先检查标识符名称_FILENAME_H 是否已被定义。如果没有被定义，预处理程序就对此后的语句进行预处理，直到最后一个#endif 语句；反之，预处理程序就不再对此后的语句进行预处理。

小　　结

本章要求掌握 C 语言的 3 种编译预处理，即宏定义、文件包含和条件编译。它们在程序具体编译之前预先进行处理。预处理功能是 C 语言特有的，有利于增强程序的可移植性，增加程序的灵活性。

在使用预处理命令时，应注意以下几点。

（1）预处理功能是 C 语言特有的功能，它是在对源程序正式编译前由预处理程序完成的。程序员在程序中用预处理命令来调用这些功能。

（2）宏定义是用一个标识符来表示一个字符串，这个字符串可以是常量、变量或表达式。在宏调用中将用该字符串代换宏名。

（3）宏定义可以带有参数，宏调用时是以实参代换形参，而不是“值传送”。

（4）为了避免宏代换时发生错误，宏定义中的字符串应加括号，字符串中出现的形参两边也应加括号。

（5）文件包含是预处理的一个重要功能，它可用来把多个源文件链接成一个源文件进行编译，结果将生成一个目标文件。

（6）条件编译允许只编译源程序中满足条件的程序段，使生成的目标程序较短，从而减少了内存的开销并提高了程序的效率。

（7）使用预处理功能便于程序的修改、阅读、移植和调试，也便于实现模块化程序设计。

总之，C 语言的编译预处理功能为程序调试、程序移植、模块化程序设计等提供了便利和帮助。

习 题 10

1．C 语言中提供的预处理命令有何特点？常用的预处理命令有哪几种？

2．什么是宏定义？什么是宏替换？

3．带参数宏定义的格式如何？使用带参数宏定义时应注意哪些事项？带参数宏定义与函数有何区别？

4．文件包含命令格式如何？被包含文件的引用有哪两种方式？

5．条件编译的含义是什么？常用的条件编译命令格式有哪几种？

6．输入两个整数，求它们相除的余数。用带参数的宏来实现程序编写。

7．使用带参数的宏定义，编写从 a、b、c 3 个数中找出最大者的程序。

8．给年份 year 定义一个宏，以判别该年份是否为闰年。提示：宏名可以定义为 LEAP_YEAR，形参为 y，即定义宏的形式为#define LEAP_YEAR(y)（读者设计的字符串）。

附录A C语言的字符集-ASCⅡ字符表

ASCII（美国信息交换标准编码）表

字符	ASCII 代码			字符	ASCII 代码			字符	ASCII 代码		
	二进制	十进制	十六进制		二进制	十进制	十六进制		二进制	十进制	十六进制
回车	0001101	13	0D	?	0111111	63	3F	a	1100001	97	61
ESC	0011011	27	1B	@	1000000	64	40	b	1100010	98	62
空格	0100000	32	20	A	1000001	65	41	c	1100011	99	63
!	0100001	33	21	B	1000010	66	42	d	1100100	100	64
"	0100010	34	22	C	1000011	67	43	e	1100101	101	65
#	0100011	35	23	D	1000100	68	44	f	1100110	102	66
$	0100100	36	24	E	1000101	69	45	g	1100111	103	67
%	0100101	37	25	F	1000110	70	46	h	1101000	104	68
&	0100110	38	26	G	1000111	71	47	i	1101001	105	69
,	0100111	39	27	H	1001000	72	48	j	1101010	106	6A
(	0101000	40	28	I	1001001	73	49	k	1101011	107	6B
)	0101001	41	29	J	1001010	74	4A	l	1101100	108	6C
*	0101010	42	2A	K	1001011	75	4B	m	1101101	109	6D
+	0101011	43	2B	L	1001100	76	4C	n	1101110	110	6E
,	0101100	44	2C	M	1001101	77	4D	o	1101111	111	6F
-	0101101	45	2D	N	1001110	78	4E	p	1110000	112	70
.	0101110	46	2E	O	1001111	79	4F	q	1110001	113	71
/	0101111	47	2F	P	1010000	80	50	r	1110010	114	72
0	0110000	48	30	Q	1010001	81	51	s	1110011	115	73
1	0110001	49	31	R	1010010	82	52	t	1110100	116	74
2	0110010	50	32	S	1010011	83	53	u	1110101	117	75
3	0110011	51	33	T	1010100	84	54	v	1110110	118	76
4	0110100	52	34	U	1010101	85	55	w	1110111	119	77
5	0110101	53	35	V	1010110	86	56	x	1111000	120	78
6	0110110	54	36	W	1010111	87	57	y	1111001	121	79
7	0110111	55	37	X	1011000	88	58	z	1111010	122	7A
8	0111000	56	38	Y	1011001	89	59				
9	0111001	57	39	Z	1011010	90	5A	{	1111011	123	7B
:	0111010	58	3A	[	1011011	91	5B	|	1111100	124	7C
;	0111011	59	3B	\	1011100	92	5C	}	1111101	125	7D
<	0111100	60	3C	]	1011101	93	5D	~	1111110	126	7E
=	0111101	61	3D	^	1011110	94	5E				
>	0111110	62	3E	-	1011111	95	5F				

附录B
C语言的关键字

C语言共有32个关键字，如表B-1所示。

表B-1　C语言的关键字

auto	break	case
char	const	continue
default	do	double
else	enum	extern
float	for	goto
if	int	long
register	return	short
signed	sizeof	static
struct	switch	typedef
union	unsigned	void
volatile	while	

说明：关键字auto用于说明自动变量，通常不用；volatile（易变的）表示该变量不经过赋值，其值也可能被改变（如表示时钟的变量、表示通信端口的变量等）。

附录C C语言的库函数

库函数提供了一些程序员经常使用的函数，它并不是C语言的一部分。不同的C编译系统提供的库函数的数量和函数名都不完全相同。本附录列举了ANSI C标准中提供的、常用的部分库函数。

标准库中的函数原形、宏以及一些类型被定义在标准头文件中。程序员要使用标准库中的特定函数时，必须首先引用相应的头文件。这些头文件如下所列：

<assert.h>	<float.h>	<math.h>	<stdarg.h>	<stdlib.h>
<ctype.h>	<limits.h>	<setjmp.h>	<stddef.h>	<string.h>
<errno.h>	<locale.h>	<signal.h>	<stdio.h>	<stime.h>

头文件的引用方法如下：

```
#include <header>
```

C库函数的种类和数目非常多，本附录不可能全部罗列。在具体程序设计中，读者可以根据需要查阅所用编译系统的函数手册。

C.1 输入/输出函数<stdio.h>

要使用下面的输入/输出函数，需要使用# include <stdio.h>来把stdio.h头文件包含到源程序文件中。

C.1.1 字符的输入/输出

✍ int fgetc(FILE *stream)

函数功能：从stream所指定的文件中取得下一个字符。

返回值：返回所得到的字符数。如遇到文件尾或读入错误就返回EOF。

✍ char *fgets(char *s, int n, FILE *stream)

函数功能：从stream所指定的文件中读取一个最长为n−1的字符串，存入起始地址为s的数组空间中，遇到换行符或文件尾则读取结束。

返回值：返回地址s，若遇到文件结束或出错，返回NULL。

✍ int fputc(int c, FILE *stream)

函数功能：函数把c转换为unsigned char，并写到stream指向的文件中。

返回值：如果成功返回(int)(unsigned char) c，否则返回EOF。

✍　int fputs(const char *s, File *stream)

函数功能：把 s 指向的字符串写入到 stream 指向的文件中，但字符串结尾的空字符除外。

返回值：返回 0，若出错返回非 0。

✍　int getc*(FILE *stream)

函数功能：从 stream 所指的文件中取得下一个字符。

返回值：返回所得的字符，若遇到文件尾或错误则返回 EOF。

✍　int getchar(void)

函数功能：从标准输入设备中读取下一个字符。

返回值：所读字符。若文件结束或出错，则返回-1。

✍　char *gets(char *s)

函数功能：从标准输入设备中读取字符，并存储到 s 指向的数组中，直到遇到换行符或文件结束标记，最后写入的是空字符，换行符被忽略（fgets()要存储换行符）。

返回值：如果成功返回 s，否则返回 NULL。

✍　int putc(int c, FILE *stream)

函数功能：输出字符 c 到 stream 所指的文件中。等价于 fputc()，不同之处在于本函数用宏实现。

返回值：输出的字符 c，出错时返回 EOF。

✍　int putchar(int c)

函数功能：把字符 c 输出到标准输出设备。

返回值：输出的字符 c，出错时返回 EOF。

✍　int puts(const char *s)

函数功能：把 s 指向的字符串输出到标准输出设备，但不输出空字符'\0'，而是将'\0'转换为回车换行。

返回值：如果调用成功则返回一个非负值，否则返回 EOF。

C.1.2　格式化输入/输出

✍　int fprintf(FILE *fp, const char * format, args,…)

函数功能：把 args 的值以 format 指定的格式输入到 fp 指向的文件中。

返回值：实际输出的字符数，如果出错会返回一个负值。

✍　int printf(const char *farmat, args,…)

函数功能：把输出列表 args 中的值按 format 指向的格式字符串规定的格式输出到标准输出设备。format 可以是一个字符串或字符数组的起始地址。

返回值：实际输出的字符数，如果出错会返回一个负值。

✍　int scanf(const char *farmat, args,…)

函数功能：从标准输入设备按 format 指向的格式字符串所规定的格式输入数据给 args 所指的单元，其中 args 为指针。

返回值：读入并赋给 args 的数据个数。遇到文件结束返回 EOF，出错时返回 0。

C.1.3　直接输入/输出

✍　int fread (char * pt, unsigned size, unsigned n, FILE * fp)

函数功能：从 fp 所指定的文件中最多读取长度为 size 的 n 个数据项，存入 fp 所指向的数组空间中。

返回值：返回所读的数据项个数，如遇到文件结束或出错返回 0。

✍ int fwrite (char * ptr, unsigned size, unsigned n, FILE * fp)

函数功能：把 ptr 所指向的 n×size 字节输出到 fp 所指向的文件中。

返回值：写到 fp 文件中的数据项的个数。

C.1.4 文件操作

✍ FILE *fopen(const char *filename, const char *mode)

函数功能：以 mode 指定的方式打开名为 filename 的文件。

返回值：成功时返回一个指向文件信息区的起始地址的指针，否则返回 0。

✍ int fclose(FILE *fp)

函数功能：关闭 fp 所指的文件，释放文件缓存区。

返回值：有错误时返回非零值，否则返回 0。

✍ int remove(const char * filename)

函数功能：从文件系统中删除名为 filename 的文件。

返回值：如果成功返回 0，否则返回−1。

✍ int rename(const char *oldname, const char *newname)

函数功能：把由 oldname 所指的文件名改为 newname 所指的文件名。

返回值：成功返回 0，出错返回−1。

✍ int fseek(FILE *fp, long offset, int place)

函数功能：将 fp 所指向的文件的位置指针移动到以 place 所指出位置为基准、以 offset 为位移量的位置。

返回值：如果成功返回当前位置，否则返回−1。

✍ long ftell(FILE *fp)

函数功能：用于得到文件位置指针当前位置相对于文件首的偏移字节数。

返回值：返回 fp 所指向的文件中的读写位置。

C.1.5 错误处理函数<error.h>

✍ void clearerr(FILE *fp)

函数功能：清除与 fp 相关的文件错误指示器和文件尾指示器。

返回值：无。

✍ int feof(FILE *fp)

函数功能：检查文件是否结束。

返回值：遇文件结束符返回非零值。

C.2 动态内存分配<stdlib.h>

在 ANSI C 标准中，动态内存分配函数在<stdlib.h>中定义，但也有一些编译系统中用<malloc.h>。

✍　void * calloc (unsigned n, unsign size)

函数功能：分配 n 个数据项的连续内存空间，每个数据项的大小为 size，并用 0 按位对该空间初始化。

返回值：如成功返回分配内存空间的起始地址，否则返回 0。

✍　void free(void *p)

函数功能：释放由 p 指向的内存空间。

返回值：无。

✍　void * malloc (unsigned size)

函数功能：在内存中分配 size 字节的存储区，但对存储区不进行初始化。

返回值：如成功返回分配内存空间的起始地址，否则返回 0。

✍　void * realloc (void * p, unsigned size)

函数功能：将 p 指向的已分配内存区的大小改为 size，但对内存区中的内容不作改变。

返回值：返回指向该内存区的指针。

C.3　数学函数<math.h>

使用数学函数时，要包含头文件<math.h>。

C.3.1　三角函数

✍　double cos(double x)

函数功能：计算 cos(x)的值。

返回值：计算结果。

✍　double sin(double x)

函数功能：计算 sin(x)的值。

返回值：计算结果。

✍　double tan(double x)

函数功能：计算 tan(x)的值。

返回值：计算结果。

C.3.2　反三角函数

✍　double acos(double x)

函数功能：计算 $\cos^{-1}(x)$的值。

返回值：计算结果。

✍　double asin(double x)

函数功能：计算 $\sin^{-1}(x)$的值。

返回值：计算结果。

✍　double atan(double x)

函数功能：计算 $\tan^{-1}(x)$的值。

返回值：计算结果。

✍　　double atan2(double y, duble x)

函数功能：计算 $\tan^{-1}(x/y)$的值。

返回值：计算结果。

C.3.3　双曲函数

✍　　double cosh(double x)

函数功能：计算 x 的双曲余弦 cosh(x)的值。

返回值：计算结果。

✍　　double sinh(double x)

函数功能：计算 x 的双曲正弦 sinh(x)的值。

返回值：计算结果。

✍　　double tanh(double x)

函数功能：计算 x 的双曲正切 tanh(x)的值。

返回值：计算结果。

C.3.4　幂、指、对函数

✍　　double exp(double x)

函数功能：求 e^x 的值。

返回值：计算结果。

✍　　double log(double x)

函数功能：求 lnx 的值。

返回值：计算结果。

✍　　double log10(double x)

函数功能：求 $\log_{10}x$ 的值。

返回值：计算结果。

✍　　double pow(double x, double y)

函数功能：求 x^y 的值。

返回值：计算结果。

C.3.5　其他数学函数

✍　　double fabs(double x)

函数功能：求 x 的绝对值。

返回值：计算结果。

✍　　double floor (double x)

函数功能：求不大于 x 的最大整数。

返回值：该整数的双精度数。

✍　　modf(double val, double * iptr)

函数功能：把双精度数 val 分解为整数部分和小数部分，把整数部分存放到 iptr 指向的单元。

返回值：val 的小数部分。

✍　　int rand (void)

函数功能：产生-90～32767 的随机整数。

返回值：产生的随机整数。

✍　　duble sqrt (double x)

函数功能：计算 $\sqrt{x}$ 。

返回值：计算结果。

C.4　字符函数 <ctype.h>

头文件<ctype.h>中定义了对字符进行测试的一些函数。

✍　　int isalnum(int c)

函数功能：检查 c 是否是字母或数字。

返回值：是字母或数字返回 1，否则返回 0。

✍　　int isalpha(int c)

函数功能：检查 c 是否是字母。

返回值：如果是返回 1，否则返回 0。

✍　　int iscntrl(int c)

函数功能：检查 c 是否是控制字符，即 ASCII 码值为 0～31。

返回值：如果是返回 1，否则返回 0。

✍　　int isdigit(int c)

函数功能：检查 c 是否是 0～9 的数字。

返回值：如果是返回 1，否则返回 0。

✍　　int islower(int c)

函数功能：检查 c 是否是小写字母 a～z。

返回值：如果是返回 1，否则返回 0。

✍　　int isprint(int c)

函数功能：检查 c 是否是可打印字符，即 ASCII 码值为 32～126。

返回值：如果是返回 1，否则返回 0。

✍　　int isspace(int c)

函数功能：检查 c 是否是空格、跳格符或换行符。

返回值：如果是返回 1，否则返回 0。

✍　　int isupper(int c)

函数功能：检查 c 是否是大写字母 A～Z。

返回值：如果是返回 1，否则返回 0。

✍　　int isxdigit(int c)

函数功能：检查 c 是否是十六进制数字符，即 0～9、A～F 或 a～f。

返回值：如果是返回 1，否则返回 0。

✍　　int tolower(int c)

函数功能：将字符 c 转换为小写。

返回值：转换后的小写字符。

✍ int toupper(int c)

函数功能：将字符 c 转换为大写。

返回值：转换后的大写字符。

C.5 字符串函数 <string.h>

✍ char * strcat(char * str1, char * str2)

函数功能：把 str2 复制到 str1 的后面，同时删除 str1 后面的'/0'，要完成该操作必须确保 str1 后面有足够的空间容纳 str2。

返回值：返回字符串 str1。

✍ char * strchr(char * str, int c)

函数功能：在 str 中搜索与字符 c 相匹配的第 1 个字符。

返回值：找到的字符的地址，否则返回 NULL。

✍ int strcmp(char * str1, char * str2)

函数功能：按字典顺序比较串 str1 和 str2。

返回值：str1<str2 时，返回负值；str1>str2 时，返回正值；str1=str2 时，返回 0。

✍ char * strcpy(char * str1, char *str2)

函数功能：将 str2 指向的字符串复制到 str1 中，包括结尾的空字符。str1 中的旧值被覆盖，同时要确保 str1 所指的空间能容纳复制后的内容。

返回值：字符串 str1。

✍ unsigned int strlen(char *str)

函数功能：统计 str 中字符的个数，但不包括结尾的'/0'。

返回值：字符的个数。

✍ char * strstr(char * str1, char * str2)

函数功能：在串 str1 中搜索串 str2 第 1 次出现的位置，搜索时不包括 str2 的串结束符。

返回值：指向该位置的指针，找不到时返回 NULL。

附录D Turbo C 常见英文错误提示及含义

序号	英文错误提示	含义
1	Ambiguous operators need parentheses	不明确的运算需要用括号括起
2	Ambiguous symbol "xxx"	不明确的符号
3	Argument list syntax error	参数表语法错误
4	Array bounds missing	丢失数组界限符
5	Array size too large	数组尺寸太大
6	Bad character in paramenters	参数中有不适当的字符
7	Bad file name format in include directive	包含命令中文件名格式不正确
8	Bad ifdef directive synatax	编译预处理 ifdef 有语法错
9	Bad undef directive syntax	编译预处理 undef 有语法错
10	Bit field too large	位字段太长
11	Call of non-function	调用未定义的函数
12	Call to function with no prototype	调用函数时没有函数的说明
13	Cannot modify a const object	不允许修改常量对象
14	Case outside of switch	漏掉了 case 语句
15	Case syntax error	case 语法错误
16	Code has no effect	代码不可述，不可能执行到
17	Compound statement missing{	分程序漏掉“{”
18	Conflicting type modifiers	不明确的类型说明符
19	Constant expression required	要求常量表达式
20	Constant out of range in comparison	在比较中常量超出范围
21	Conversion may lose significant digits	转换时会丢失有意义的数字
22	Conversion of near pointer not allowed	不允许转换近指针
23	Could not find file "xxx"	找不到 xxx 文件
24	Declaration missing	说明缺少“;”
25	Declaration syntax error	说明中出现语法错误
26	Default outside of switch	default 出现在 switch 语句之外
27	Define directive needs an identifier	定义编译预处理需要标识符

续表

序号	英文错误提示	含义
28	Division by zero	用零作除数
29	Do statement must have while	do…while 语句中缺少 while 部分
30	Enum syntax error	枚举类型语法错误
31	Enumeration constant syntax error	枚举常数语法错误
32	Error directive :xxx	错误的编译预处理命令
33	Error writing output file	写输出文件错误
34	Expression syntax error	表达式语法错误
35	Extra parameter in call	调用时出现多余错误
36	File name too long	文件名太长
37	Function call missing	函数调用缺少右括号
38	Fuction definition out of place	函数定义位置错误
39	Fuction should return a value	函数必须返回一个值
40	Goto statement missing label	goto 语句没有标号
41	Hexadecimal or octal constant too large	十六进制或八进制常数太大
42	Illegal character "x"	非法字符 x
43	Illegal initialization	非法的初始化
44	Illegal octal digit	非法的八进制数字
45	Illegal pointer subtraction	非法的指针相减
46	Illegal structure operation	非法的结构体操作
47	Illegal use of floating point	非法的浮点运算
48	Illegal use of pointer	指针使用非法
49	Improper use of a typedefsymbol	类型定义符号使用不恰当
50	In-line assembly not allowed	不允许使用行间汇编
51	Incompatible storage class	存储类别不相容
52	Incompatible type conversion	不相容的类型转换
53	Incorrect number format	错误的数据格式
54	Incorrect use of default	default 使用不当
55	Invalid indirection	无效的间接运算
56	Invalid pointer addition	指针相加无效
57	Irreducible expression tree	无法执行的表达式运算
58	Lvalue required	需要逻辑值 0 或非 0 值
59	Macro argument syntax error	宏参数语法错误
60	Macro expansion too long	宏扩展以后太长
61	Mismatched number of parameters in definition	定义中参数个数不匹配
62	Misplaced break	此处不应出现 break 语句
63	Misplaced continue	此处不应出现 continue 语句
64	Misplaced decimal point	此处不应出现小数点

续表

序号	英文错误提示	含义
65	Misplaced elif directive	不应编译预处理 elif
66	Misplaced else	此处不应出现 else
67	Misplaced else directive	此处不应出现编译预处理 else
68	Misplaced endif directive	此处不应出现编译预处理 endif
69	Must be addressable	必须是可以编址的
70	Must take address of memory location	必须存储定位的地址
71	No declaration for function "xxx"	没有函数 xxx 的说明
72	No stack	缺少堆栈
73	No type information	没有类型信息
74	Non-portable pointer assignment	不可移动的指针（地址常数）赋值
75	Non-portable pointer comparison	不可移动的指针（地址常数）比较
76	Non-portable pointer conversion	不可移动的指针（地址常数）转换
77	Not a valid expression format type	不合法的表达式格式
78	Not an allowed type	不允许使用的类型
79	Numeric constant too large	数值常量太大
80	Out of memory	内存不够用
81	Parameter "xxx" is never used	参数 xxx 没有用到
82	Pointer required on left side of ->	符号->的左边必须是指针
83	Possible use of "xxx" before definition	在定义之前就使用了 xxx（警告）
84	Possibly incorrect assignment	赋值可能不正确
85	Redeclaration of "xxx"	重复定义了 xxx
86	Redefinition of "xxx" is not identical	xxx 的两次定义不一致
87	Register allocation failure	寄存器定址失败
88	Repeat count needs an lvalue	重复计数需要逻辑值
89	Size of structure or array not known	结构体或数组大小不确定
90	Statement missing ;	语句后缺少“;”
91	Structure or union syntax error	结构体或联合体语法错误
92	Structure size too large	结构体尺寸太大
93	Sub scripting missing	下标缺少右方括号
94	Superfluous & with function or array	函数或数组中有多余的“&”
95	Suspicious pointer conversion	可疑的指针转换
96	Symbol limit exceeded	符号超限
97	Too few parameters in call	函数调用时的实参数少于形参数
98	Too many default cases	default 太多（switch 语句中一个）
99	Too many error or warning messages	错误或警告信息太多
100	Too many type in declaration	说明中类型太多
101	Too much auto memory in function	函数用到的局部存储太多

续表

序号	英文错误提示	含义
102	Too much global data defined in file	文件中全局数据太多
103	Two consecutive dots	两个连续的句点
104	Type mismatch in parameter xxx	参数 xxx 类型不匹配
105	Type mismatch in redeclaration of "xxx"	xxx 重定义的类型不匹配
106	Unable to create output file "xxx"	无法建立输出文件 xxx
107	Unable to open include file "xxx"	无法打开被包含的文件 xxx
108	Unable to open input file "xxx"	无法打开输入文件 xxx
109	Undefined label "xxx"	没有定义的标号 xxx
110	Undefined structure "xxx"	没有定义的结构 xxx
111	Undefined symbol "xxx"	没有定义的符号 xxx
112	Unexpected end of file in comment started on line xxx	从 xxx 行开始的注解尚未结束，文件不能结束
113	Unexpected end of file in conditional started on line xxx	从 xxx 开始的条件语句尚未结束，文件不能结束
114	Unknown assemble instruction	未知的汇编结构
115	Unknown option	未知的操作
116	Unknown preprocessor directive: "xxx"	不认识的预处理命令 xxx
117	Unreachable code	无路可达的代码
118	Unterminated string or character constant	字符串缺少引号
119	User break	用户强行中断了程序
120	Void functions may not return a value	void 类型的函数不应有返回值
121	Wrong number of arguments	调用函数的参数数目错
122	"xxx" not an argument	xxx 不是参数
123	"xxx" not part of structure	xxx 不是结构体的一部分
124	xxx statement missing (	xxx 语句缺少左括号
125	xxx statement missing)	xxx 语句缺少右括号
126	xxx statement missing ;	xxx 缺少分号
127	"xxx" declared but never used	说明了 xxx 但没有使用
128	"xxx" is assigned a value which is never used	给 xxx 赋了值但未用过
129	Zero length structure	结构体的长度为零

附录E 习题参考答案

习题 1 参考答案

1．程序：从自然语言的角度来说，程序是对解决某个问题的方法步骤的描述；从计算机的角度来说，程序是用某种计算机能识别并可执行的计算机语言描述解决问题的方法步骤。

2．程序设计的 3 个基本步骤：分析问题、确定算法、编程实现。

3．结构化程序设计的方法：

（1）自顶向下；

（2）逐步细化；

（3）模块化设计；

（4）结构化编码。

习题 2 参考答案

1．C 语言的特点

（1）语言简洁、紧凑，使用方便、灵活。

（2）运算符丰富。

（3）数据结构丰富，具有现代化语言的各种数据结构。

（4）具有结构化的控制语句。

（5）语法限制不太严格，程序设计自由度大。

（6）C 语言能进行位（bit）操作，能实现汇编语言的大部分功能，可以直接对硬件进行操作。

（7）生成目标代码质量高，程序执行效率高，可移植性好。

2．C 语言源程序的结构特点和书写规则

结构特点如下。

（1）一个 C 语言源程序可以由一个或多个源文件组成。

（2）每个源文件可由一个或多个函数组成。

（3）一个源程序不论由多少个文件组成，都有一个且只能有一个 main 函数，即主函数。

（4）源程序中可以有预处理命令（include 命令仅为其中的一种），预处理命令通常应放在源文件或源程序的最前面。

（5）每一个说明，每一个语句都必须以分号结尾。但预处理命令、函数头和花括号“}”之后不能加分号。

（6）标识符、关键字之间必须至少加一个空格以示间隔。若已有明显的间隔符，也可不再加空格来间隔。

书写规则如下。

（1）一个说明或一个语句占一行。

（2）用{} 括起来的部分，通常表示了程序的某一层次结构。{}一般与该结构语句的第 1 个字母对齐，并单独占一行。

（3）低一层次的语句或说明可比高一层次的语句或说明缩进若干格后书写。

3. C 程序运行的基本步骤

包括上机输入与编辑源程序，对源程序进行编译，与库函数链接，运行目标程序。

习题 3　参考答案

一、选择题

1～5　DCCDB　　6～10　BACAA　　11～15　BAADB　　16～20　CBAAC

21～25　ADABA

二、填空题

1．6.0　2．(int)(a+10)/10.0　3．ch-32　4．(n–n/100)/10　5．(3+a*b)/(c+d)

三、程序设计

习题 4　参考答案

一、选择题

1～5　CABDC　　6～11　CADCCA

二、填空题

1．continue　break

2．在它上面、距它最近且尚未配对

3．顺序结构　选择结构（或分支结构）　循环结构（或重复结构）

4．8，9，10<回车>

5．%

6．#include<stdio.h>

7. while　do…while　for

8. 11

9. \nn1=%d\nn2=%d

10. 0

三、阅读程序

1. ABCCDE

2. 321

3. m=1,n=4

4. k=10,s=6

四. 编写程序

1.

```
#include <stdio.h>
void main()
{
   float pi,r,l,s;
   r=3;
   pi=3.14159;
   l=2*pi*r;
   s=pi*r*r;
   printf("The circle length: l=%.2f\n",l);
   printf("The circle area: s=%.2f\n",s);
   }
```

2.

```
#include <stdio.h>
void main()
{
int x;
scanf("%d",&x);
if(x%7==0) printf("yes");
else printf("no");
}
```

3.

①

```
#include <stdio.h>
void main()
{
int n,i=1;
int s=1;
scanf("%d",&n);
while(i<=n)
{
s=s*i;
i++;
}
printf("%d",s);
}
```

②

```
 #include <stdio.h>
 void main()
{
int n,i=1;
int s=1;
scanf("%d",&n);
do
{
s=s*i;
i++;
} while(i<=n);
printf("%d",s);
}
```

③

```
 #include <stdio.h>
 void main()
{
int n,i;
int s=1;
scanf("%d",&n);
for(i=1;i<=n;i++)
{
s=s*i;
}
printf("%d",s);
}
```

4.

```
 #include <stdio.h>
 void main()
{
int m,n,i;
long j;
scanf("%d,%d",&m,&n);
if(m<=n) i=m,j=n;
else i=n,j=m;
while(!(m%i==0&&n%i==0))
i--;
while(!(j%m==0&&j%n==0))
j++;
printf("i=%d,j=%ld\n",i,j);
}
```

5.

```
 #include <stdio.h>
  void main()
  {
      long int amount,bonus;
      printf("Enter amount:");
      scanf("%ld",&amount);
      if (amount<=100000)
           bonus=amount*0.1;
```

```
      else if(amount<=200000)
           bonus=100000*0.1+(amount-100000)*0.075;
      else if(amount<=400000)
           bonus=100000*0.1+100000*0.075+(amount-200000)*0.05;
      else if(amount<=600000)
           bonus=100000*0.1+100000*0.075+200000*0.05+(amount-400000)*0.03;
      else
bonus=100000*0.1+100000*0.075+200000*0.05+200000*0.03+(amount-600000)*0.015;
           printf("bonus=%d\n",bonus);
  }
```

6.

```
  #include <stdio.h>
  void main()
{   int i,j,k,m,n;
   for(m=100;m<1000;m++)
   {
   i=m%10;
   j=m/10%10;
   k=m/100;
   n=i*i*i+j*j*j+k*k*k;
   if(m==n)
   printf("%10d",m);
}
}
```

习题5 参考答案

一、选择题

1～5 ADCDB 6～10 BBBBC 11～15 BCCCC

二、程序填空

0 a[i][4-i]=1 printf("\n")

三、写出程序运行的结果

【程序1】a[0],1

```
        a[2],2
        a[4],2
        a[6],2
```

【程序2】 7

四、程序设计

1.

```
#include<stdio.h>
void main()
{ int i,j,a[100];
for(i=2;i<100;i++)
```

```
{ a[i]=i;
for(j=2;j<=i;j++)
{if(j<i)
if(a[i]%j==0)
break;
if(a[i]-j==0)
printf("%5d",a[i]);
}
}
printf("\n");
}
```

2.

```
#include<stdio.h>
void main()
{ int i,j,a[10],t;
for(i=0;i<10;i++)
scanf("%d",&a[i]);
for(j=1;j<10;j++)
for(i=0;i<=9-j;i++)
if(a[i]>a[i+1])
{t=a[i+1];a[i+1]=a[i];a[i]=t;}
for(i=0;i<10;i++)
printf("%5d",a[i]);
}
```

3.

```
#include<stdio.h>
void main()
{ static int a[10]={1,7,8,17,23,24,59,62,101};int i,j,t;
scanf("%d",&a[9]);
for(i=9;i>0;i--)
if(a[i]<a[i-1])
{t=a[i-1];a[i-1]=a[i];a[i]=t;}
for(i=0;i<10;i++)
printf("%5d",a[i]);printf("\n");
}
```

4.

```
#include <stdio.h>
void main()
{
    int a[16][16];
    int i,j,k,p,m,n;
/*初始化*/
    p=1;
    while(p==1)
  {
       printf("请输入n.(0<n<=15,n是奇数)\n");
       scanf("%d",&n);
       if((n!=0)&&(n<=15)&&(n%2!=0))
   {
   printf("矩阵阶数是:%d\n",n);
   p=0;
   }
       for(i=1;i<=n;i++)
```

```
         for(j=1;j<=n;j++)
            a[i][j]=0;
  }
/*建立魔方阵*/
   j=n/2+1;
   a[1][j]=1;
   for(k=2;k<=n*n;k++)
  {
       i=i-1;
       j=j+1;
       if((i<1)&&(j>n))
   {
           i=i+2;
           j=j-1;
   }
       else
   {
           if(i<1)    i=n;
           if(j>n)    j=1;
   }
       if(a[i][j]==0)
           a[i][j]=k;
       else
   {
           i=i+2;
           j=j-1;
           a[i][j]=k;
   }
  }
/*输出*/
 for(i=1;i<=n;i++)
  {
       for(j=1;j<=n;j++)
           printf("%5d",a[i][j]);
  printf("\n");
  }
}
```

习题 6　参考答案

一、选择题

1～5　ADAAA　　6～10　CCCAA

二、程序填空

s[i]　 s[j]='\0'　 s,c

三、写出程序运行的结果

【程序 1】　51

【程序 2】 16　　【程序 3】 8　10　12
【程序 4】 10　12　【程序 5】 14
【程序 6】 0　10　1　11　2　12
【程序 7】 4　3　3　4

习题 7　参考答案

一、选择题

1～5　CABAB　　6～10　CCCDD　　11～15　ABBAB

二、填空题

1．30
2．110
3．71
4．'\0'
5．Porm
6．*pmax=*px（或*pmax=x）
7．6,6,6,6
8．40

三、编程题

1.

```
int length(char *s)
{
  int n=0;
  while(*(s+n)!='\0')n++;/* 当s+n没有指向串尾，n增1，直到s+n指向串尾 */
  return n;
}

main()
{
  char str[]="this is a book";
  printf("%d\n",length(str));
}
```

结果：17

2.

```
#include <stdio.h>
int *iabs(int *p)
{
  if (*p<0)
      *p=-*p;
  return p;
```

```
}
main()
{
   int a;
   printf("输入一整数:");
   scanf("%d",&a);
   printf("绝对值为:%d\n",*iabs(&a));
      /* 调用 iabs()函数后，由于是传地址调用，因此 a 的值变成绝对值 */
}
```

3.

```
#include<stdio.h>
main()
{
 int a[3][4]={{65,67,66,60},{80,83,87,88},{90,99,91,95}};
 int *p,max,min,i,j;
 float average=0.0;
 p=a;
 max=min=a[0][0];                        /*将 a[0][0]的值赋给 max 和 min*/
 for(i=0;i<3;i++)
  for(j=0;j<4;j++)
    {
      if(*(p+i*4+j)>max)max=*(p+i*4+j);  /*元素 a[i][j]大于当前最大数则更新当前最大数*/
      if(*(p+i*4+j)<min)min=*(p+i*4+j);  /*元素 a[i][j]小于当前最小数则更新当前最小数*/
      average+=*(p+i*4+j);               /*将元素 a[i][j]加到 average 变量中*/
    }
 printf("max=%d\n",max);
 printf("min=%d\n",min);
 printf("average=%f\n",average/12);
}
```

4.

```
#include <stdio.h>
int *seek(int (*ptr_row)[3])
{ int i=0, *ptr_col;                  /*定义一个(列)指针变量 ptr_col */
  ptr_col=*(ptr_row+1);               /*使 ptr_col 指向下一行之首(作标志用)*/
  for(;i<3;i++)
     if(*(*ptr_row+i)<60)             /*某门课成绩不合格*/
          { ptr_col=*ptr_row;         /*使 ptr_col 指向本行之首*/
            break;                    /*退出循环*/
          }
  return(ptr_col);
}
```

```
main()
{
  int grade[3][3]={{55,65,75},{65,75,85},{75,80,90}};
  int i,j,*ptr;                 /*定义一个(列)指针变量 ptr */
  for(i=0;i<3;i++)
     { ptr=seek(grade+i); /*用行指针作实参，调用 seek()函数*/
         if(ptr==*(grade+i))     /*该学生至少有一门课成绩不合格*/
```

```
        { /*输出该学生的序号和各项成绩*/
          printf("No.%d grade list: ",i+1);
          for(j=0;j<3;j++)
             printf("%4d",*(ptr+j));
          printf("\n");
        }
    }
}
```

5.

```
#include<stdio.h>
main()
{char str[50],*pstr;
int i,j,k,m,e10,digit,ndigit,a[10],*pa;
printf("input a string:\n");
gets(str);
pstr=&str[0];                         /*字符指针 pstr 指向数组 str 首地址*/
pa=&a[0];                             /* 指针 pa 指向数组 a 的首地址*/
ndigit=0;                             /*  ndigit 用于记录字符串中共有多少个整数  */
i=0;                                  /*  代表字符串中字符的位置  */
j=0;                                  /* 代表连续数字的位数  */
while(*(pstr+i)!='\0')
 {if((*(pstr+i)>='0') &&(*(pstr+i)<='9'))
     j++;
  else
     if(j>0)                          /*该分支首先进行数字串向整数的转换*/
       { digit=*(pstr+i-1)-48;        /*  将个位数值赋予 digit */
         k=1;                         /*  k=1 时处理十位，k=2 时处理百位 */
         while(k<j)   /*将含有两位以上数的其他位的数值累加于 digit*/
         { e10=1;
           for(m=1;m<=k;m++)
             e10=e10*10;              /* e10 代表该位数所应乘的因子*/
           digit=digit+(*(pstr+i-1-k)-48)*e10;   /*将该位数值累加于 digit */
           k++;
         }
         *pa=digit;                   /*将求得的整数赋予数组 a 的当前元素*/
         ndigit++;
         pa++;                        /* 指针 pa 指向 a 数组的下一元素 */
         j=0;
     }
   i++;
}
if(j>0)                               /*  当数字字符为字符串的最后一个数据时 */
{ digit=*(pstr+i-1)-48;               /*  将个位数值赋予 digit */
  k=1;
  while(k<j)                          /*将含有两位以上数的其他位的数值累加于 digit*/
   { e10=1;
     for(m=1;m<=k;m++)
       e10=e10*10;                    /* e10 代表该位数所应乘的因子*/
     digit=digit+(*(pstr+i-1-k)-48)*e10;
```

```
        k++;                        /*  位数k自增  */
     }
     *pa=digit;                     /*将数字字符串转换所得数值赋予数组a的当前元素*/
     ndigit++;
     j=0;
   }
   printf("There are %d numbers in this line.They are:\n",ndigit);
   j=0;
   pa=a;
   for(j=0;j<ndigit;j++)           /* 打印所得的各个整数  */
     printf("%d ",*(pa+j));
   printf("\n");}
```

习题8 参考答案

一、选择题

1～5 ADABB 6～10 DBDBD

二、填空题

1. 10，x.
2. 12，6.000000.
3. 5，3.
4. p<person+3 old=p->age q->name, q->age

三、判断题

1. 错 2. 对 3. 错 4. 错 5. 对 6. 对 7. 对 8. 错 9. 对 10. 错
11. 错 12. 错 13. 错 14. 对 15. 对

四、编程题

1.

```
#include <stdlib.h>
#include <stdio.h>
struct stu
{
   char name[20];
   long number;
   float score[4];
} ;
main( )
{
   void input(); /*函数声明*/
   void aver();
   void order();
   void output();
```

```
    void out_row();
    struct stu stud[4]; /* 定义结构体数组*/
    float row[3];
    input(stud, 4); /*依次调用自定义函数*/
    aver(stud,4);
    order(stud,4);
    output(stud, 4);
    out_row(stud,4);
}
/****************************/
void input(arr,n)
struct stu arr[];
int n;
{
    int i,j;
    char temp[30];
    for (i=0;i<n;i++)
    {
        printf("\nInput Name,Number,English,Mathema,Physic\n");
        gets(arr[i].name);
        gets(temp);
        arr[i].number=atol(temp);
        for(j=0;j<3;j++)
        {
            gets(temp);
            arr[i].score[j]=atoi(temp);
        }
    }
}
/ ****************************************/
void aver(arr,n)
struct stu arr[];
int n;
{
    int i,j;
    for(i=0;i<n;i++)
    {
        arr[i].score[3]=0;
        for(j=0;j<3;j++)
            arr[i].score[3]=arr[i].score[3]+arr[i].score[j];
        arr[i].score[3]=arr[i].score[3]/3;
    }
}
/********************************************/
void order(arr,n)
struct stu arr[];
int n;
{
    struct stu temp;
    int i,j,x,y;
    for(i=0;i<n-1;i++)
        for(j=0;j<n-1-i;j++)
            if (arr[j].score[3]>arr[j+1].score[3])
            {
                temp=arr[j];
```

```
                arr[j] = arr[j+1];
                arr[j+1]=temp;
            }
    }
    /*******************************************/
    void output(arr,n)
    int n;
    struct stu arr[];
    {
       int i,j;
       printf("******************TABLE******************\n");
       printf("-----------------------------------------------\n");
       printf("|%10s|%8s|%7s|%7s|%7s|%7s|\n","Name","Number","English","mathema","ph
ysics","average");
       printf("-----------------------------------------------\n");
       for (i=0;i<n;i++)
       {
          printf("|%10s|%8ld|",arr[i].name,arr[i].number);
          for(j=0;j<4;j++)
          printf("%7.2f|",arr[i].score[j]);
          printf("\n");
          printf("-----------------------------------------------\n");
       }
    }
    /*******************************************/
    void out_row(arr,n)
    int n;
    struct stu arr[];
    {
       float row[4]={0,0,0,0};
       int i,j;
       for(i=0;i<4;i++)
       {
          for(j=0;j<n;j++)
          row[i]=row[i]+arr[j].score[i];
          row[i]=row[i]/n;
       }
       printf("|%19c|",' ');
       for (i=0;i<4;i++)
       printf("%7.2f|",row[i]);
       printf("\n--------------------------------------------------\n");
    }
```

2.

```
#include"stdio.h"
struct student
{ int num;
 char name[20];
 char sex;
 char jb;
float score;
}stu[3];
main()
{ int i,sum,count=0;
 float average,jgl;
 for( i=0; i<3; i++)
```

```
scanf("%d%s%c%c%f",&stu[i].num,&stu[i].name,&stu[i].sex,&stu[i].jb,&stu[i].score);
for (i=0;i<3;i++)
{sum+=stu[i].score;
  if (stu[i].score>=60)
    count++;
}
average=sum/3;
jgl=count/3;
printf("平均成绩=%f\t 及格率=%f",average,jgl);
}
```

习题 9 参考答案

一、选择题

1～4 CBBC

二、填空题

1．文件指针变量　标准输入输出头文件 stdio.h

2．rewind( )

三、编程题

1．

```
(文件名：n1.c)
#include<stdio.h>
void main()
{ FILE *fp;
  char str[100];
  int i=0;
  if ((fp=fopen("test.dat","w"))==NULL)
    {  printf("打不开文件 \n");
      exit(0);
    }
  printf("输入一个字符串:\n");
  gets(str);
  while (str[i]!='\0')
  {   if (str[i]>='a'&&str[i]<='z')
              str[i]=str[i]-32;
         fputc(str[i],fp);
         i++;
}
         fclose(fp);
         fp=fopen("test.dat","r");
         fgets(str,strlen(str)+1,fp);
         printf("%s\n",str);
         fclose(fp);
     }
```

2.

```
(文件名：n2.c)
#include "stdio.h"
struct student
{ char num[6];
char name[8];
int score[3];
 float avr;
}stu[5];
void main()
{ int i,j,sum;
 FILE *fp;
for (i=0;i<5;i++)
{ printf("\n 请输入学生%d 的成绩:\n",i+1);
      printf("学号:");
      scanf("%s",stu[i].num);
      printf("姓名:");
      scanf("%s",stu[i].name);
      sum=0;
      for (j=0;j<3;j++)
        { printf("成绩:",j+1);
         scanf("%d",&stu[i].score[j]);
         sum+=stu[i].score[j];
        }
     stu[i].avr=sum/3.0;
    }
    fp=fopen("stud.dat","w");
    for (i=0;i<5;i++)
        if (fwrite(&stu[i],sizeof(struct student),1,fp)!=1)
             printf("file write error \n");
    fclose(fp);
}
```

习题 10　参考答案

1．编译预处理：编译前根据编译预处理指令对源程序的一些处理工作。

C 语言编译预处理主要包括宏定义、文件包含、条件编译。

2．宏定义：用标识符来代表一个字符串（给字符串取个名字）。C 语言用“#define”进行宏定义。C 编译系统在编译前将这些标识符替换成所定义的字符串。

在编译预处理时，对源程序中所有出现的“宏名”，均可用宏定义中的字符串去替换，这种将宏名替换成字符串的过程称为“宏替换”或“宏展开”。

3．带参数宏定义的格式为

#define　宏名(参数表)　字符串

使用带宏参数的注意事项如下。

（1）正因为带参宏定义本质还是简单字符替换（除了参数替换），所以容易发生错误。

（2）定义带参数宏时还应该注意宏名与参数表之间不能有空格。有空格就变成了不带参数的宏定义。

（3）带参数的宏定义在程序中使用时，它的形式及特性与函数相似，但本质完全不同。区别在下面几个方面：

（4）许多问题可以用函数也可以用带参数的宏定义。

（5）宏占用的是编译时间，函数调用占用的是运行时间。在多次调用时，宏使得程序变长，而函数调用不明显。

带宏参数与函数区别如下。

- 函数调用，在程序运行时，先求表达式的值，然后将值传递给形参；带参宏展开只在编译时进行的简单字符置换。
- 函数调用是在程序运行时处理的，在堆栈中给形参分配临时的内存单元；宏展开是在编译时进行，展开时不可能给形参分配内存，也不进行“值传递”，也没有“返回值”。
- 函数的形参要定义类型，且要求形参、实参类型一致。宏不存在参数类型问题。

4．包含文件的命令格式有如下两种。

格式 1：#include <filename>

格式 2：#include "filename"

5．条件编译：条件编译是指对源程序中某段程序通过条件来控制是否参加编译。

条件编译命令有以下 3 种常用形式。

（1）# if 形式

```
#if  <常量表达式>
          <程序段 1>
    [#else
          <程序段 2>]
   #endif
```

（2）#ifdef 形式

```
#ifdef  <标识符>
          <程序段 1>
     [#else
          <程序段 2>]
   #endif
```

（3）#ifndef 形式

```
#ifndef  <标识符>
          <程序段 1>
     [#else
          <程序段 2>]
   #endif
```

6.

```
#include"stdio.h"
#define Q(a,b) a%b
   main()
   {int c,d,t;
    scanf("%d %d",&c,&d);
    t=Q(c,d);
    printf("t=%d\n",t);
   }
```

7.

```
#include"stdio.h"
#define MAX(a,b,c)  (a>((b>c)? b:c))? a:((b>c)? b:c)
    main()
    {float x,y,z,t;
     scanf("%f,%f,%f",&x,&y,&z);
     t=MAX(x,y,z);
     printf("%.4f\n",t);
     }
```

8.

```
#define LEAP_YEAR(y)(y)%4==0&&(y)%100!=0||(y)%400==0
```

参考文献

[1] 徐建民．C 语言程序设计[M]．北京：电子工业出版社，2002．

[2] 迟成文．高级语言程序设计[M]．北京：经济科学出版社，2007．

[3] 朱健．C 语言程序设计案例教程[M]．北京：北京交通大学出版社，2007．

[4] 杨旭等．C 语言程序设计案例教程[M]．北京：人民邮电出版社，2005．

[5] 杨开城，张志坤．C 语言程序设计教程、实验与练习[M]．北京：人民邮电出版社，2002．

[6] 谭浩强，张基温．C 语言程序设计教程（第二版）[M]．北京：高等教育出版社，2003．

[7] 谭浩强．C 语言程序设计（第三版）[M]．北京：清华大学出版社，2005．

[8] 何钦铭，颜晖．C 语言程序设计[M]．北京：高等教育出版社，2008．

[9] 吕凤翥．C 语言基础教程（修订版）[M]．北京：北京大学出版社，1998．

[10] [美]Brian W.Kernighan，Dennis M.Ritchie．C 语言程序设计（第 2 版）[M]．徐宝文，译．北京：机械工业出版社，2004．

[11] 罗杰红．C 程序设计实验与习题[M]．北京：电子工业出版社，2005．

[12] 赛煜．C 语言程序设计实训教程[M]．北京：中国铁道出版社，2008．

[13] 陈宝贤．C 语言程序设计教程[M]．北京：人民邮电出版社，2005．